国家自然科学基金面上项目（51874276）
国家自然科学基金青年科学基金项目（52004273）
江苏省自然科学基金青年基金项目（BK20200639）
中央高校基本科研业务费专项资金资助项目（2020ZDPY0209、2017CXNL01）
中国博士后科学基金面上项目（2019M661992）

巷道围岩智能感知理论与实践

方新秋　梁敏富　薛广哲　著

科学出版社
北京

内 容 简 介

本书全面系统阐述了基于光纤光栅传感技术的煤矿巷道围岩智能感知理论与实践应用，概括了我国煤矿典型矿区巷道围岩智能感知研究的最新成果、经验及可供借鉴的国内先进巷道围岩智能感知技术。内容包括光纤光栅感知原理和传感特性、巷道锚固岩体收敛智能感知技术、巷道围岩应力智能感知技术、巷道锚杆（索）受力载荷智能感知技术、巷道顶板离层智能感知技术及巷道围岩智能感知云平台设计与实现。

本书可作为采矿工程专业智能开采的参考书，也可供从事煤矿开采的生产技术管理、科研、设计等部门人员参考。

图书在版编目（CIP）数据

巷道围岩智能感知理论与实践 / 方新秋，梁敏富，薛广哲著. —北京：科学出版社，2021.4

ISBN 978-7-03-066470-9

Ⅰ. ①巷… Ⅱ. ①方… ②梁… ③薛… Ⅲ. ①光纤光栅-光纤传感器-应用-巷道围岩-巷道支护 Ⅳ. ①TD353

中国版本图书馆CIP数据核字（2020）第201714号

责任编辑：李 雪 崔慧娴 / 责任校对：何艳萍
责任印制：吴兆东 / 封面设计：无极书装

科 学 出 版 社 出版
北京东黄城根北街16号
邮政编码：100717
http://www.sciencep.com
北京厚诚则铭印刷科技有限公司 印刷
科学出版社发行 各地新华书店经销
*
2021年4月第 一 版 开本：720 × 1000 1/16
2023年3月第二次印刷 印张：15
字数：305 000

定价：128.00 元

（如有印装质量问题，我社负责调换）

序

我国作为世界上最大的煤炭生产国和消费国，虽然近几年面临着资源结构性改革及能源多元化发展，但煤炭仍将是我国的主导能源。伴随着经济的快速发展、煤炭开采和需求量的增加，我国煤炭安全开采形势依然严峻。因此，确保我国煤炭安全高效绿色生产是实现国民经济健康、高效、持续发展的重要基础和保障。而信息化、无人化和智能化是实现科学采矿的必要手段，未来采矿需要向着无人化和智能化迈进，煤炭安全智能精准开采势在必行。

目前，我国煤炭安全智能精准开采尚处于初级阶段，在智能感知、安全决策、智能控制等技术和管理上还存在诸多难题。智能感知既是煤炭安全智能精准开采的基础也是核心要素，而智能感知的核心是传感监测技术。煤矿巷道围岩安全状态智能感知的研究基础在于监测手段的升级，但现有的监测技术尚不能有效满足智能化、无人化安全开采要求。因此，建立煤矿巷道围岩安全状态智能感知系统，将为煤炭精准开采提供可靠的技术保障，也为矿山智能化建设提供技术支撑。

方新秋博士多年来一直从事采矿教学与科研工作，长期致力于智能化、无人化安全开采技术的研究与工程实践，在国内外率先建立了智能工作面系统工程模型，构建了智能工作面开采技术体系。他结合多年工作心得和科研实践经验，编写了《巷道围岩智能感知理论与实践》一书。该书介绍了巷道锚固岩体收敛智能感知技术、巷道围岩应力智能感知技术、巷道锚杆(索)受力载荷智能感知技术、巷道顶板离层智能感知技术及巷道围岩智能感知云平台设计与实现等关键问题，为巷道围岩的稳定性和安全性评估提供了科学依据。

该书凝聚了方新秋博士及其科研团队多年的创新与成果，是集体智慧的结晶，相信能够为从事智能化开采的学者和工程技术管理人员提供内容丰富、手段全面的技术参考，同时对巷道围岩监测和实时预警技术产生重要的推动作用。

中国工程院院士

2020 年 12 月

前　言

光纤传感技术是 20 世纪 70 年代中期发展起来的一门新技术。人们在光纤传感技术的基础上开发了光纤传感器，并通过集成创新形成各种系统，应用于相关行业的监测和预警中。光纤传感器监测技术是利用外界因素使光在光纤中传播时光强、相位、偏振态和波长等特征参量发生变化，从而对外界因素进行监测和信号传输的技术。光纤传感器安全防爆、抗电磁干扰、抗腐蚀、防水、体积小、灵活方便，尤其适用于煤矿井下的恶劣环境。国内外对该技术进行了大量研究，并取得了一定成果，为地层、地质构造和水文地质条件复杂的岩土工程领域提供了比较可靠的安全保证。近年来光纤传感监测技术开始在煤矿中推广，在复杂地层、地质构造及水文地质条件下的煤矿围岩和支护结构中进行监测，能够准确监测巷道顶板的变形、破坏，进而选择巷道治理的最佳时机，为巷道围岩变形监测和隐患预警提供了一种稳定可靠的技术方案。该技术将会对巷道的监测和实时预警技术革新产生重要的推动作用，对于其他复杂地层中岩土工程监测具有重要的指导意义。

本书基于新型的光纤光栅技术研制适应监测煤矿井下巷道围岩安全状态参数的传感器，结合数据监测系统及云计算技术，构建煤矿巷道围岩安全状态的智能监测体系和信息云平台。通过对巷道锚固岩体、围岩应力、锚杆或锚索支护体系受力、围岩收敛情况及顶板离层进行现场监测，实时掌握采煤工作回采过程中巷道的矿压显现规律和围岩变形情况，进而揭示巷道围岩变形机制，优化巷道断面尺寸和支护参数，以便指导矿井日常的安全生产和合理支护方案的确定，为巷道围岩的稳定性和安全性评估提供科学依据。为矿山智能化建设提供了技术支撑，具有很大的推广应用前景。

本书第 1 章介绍了煤矿巷道围岩安全状态智能感知研究的背景和国内外研究现状；第 2 章研究分析了光纤光栅感知原理和传感特性，包括光纤光栅的传感基础理论，中心波长和 3dB 带宽的感知原理，及温度和应变等特性；第 3 章针对巷道锚固岩体收敛特征与锚固岩体力学状态的感知问题，设计了具有锚固岩体力学状态感知和变形重构功能的自感知锚杆，分别实施了基于二维和三维形态重构的 FBG 智能格栅的形态重构试验，证明了二维和三维 FBG 智能格栅系统具有较高的精度，可满足巷道断面形状和轴向收敛形态感知和监测需求，并成功地应用于煤矿巷道锚固岩体的感知实践；第 4 章结合光纤光栅传感原理及其传感特性，对管状结构和囊状结构光纤光栅钻孔应力计进行了结构设计和性能测试，证明其初始应力不足和伸缩性能不够等缺陷的同时提出一种更优的分级组合体结构钻孔应力计；第 5 章通过分析现存光纤光栅测力锚杆存在的问题，对现有光纤光栅测力锚杆进行改进，设计了新型光纤光栅测力锚杆，分析了锚杆(索)测力计光纤光栅传感原理，研制了光纤光栅锚杆(索)测力计，通过试验测试和现场工业性试验，成功验证了新型光纤光栅测力锚杆和光纤光栅锚杆(索)测力计的可行性；第 6 章在参考传统机械式顶板离层仪的基础上，对顶板离层仪结构及工作原理进行改进和优化，自主研制了光纤 Bragg 光栅顶板离层仪，并进行现场调试和应用；第 7 章基于光纤光栅传感技术构建了能实现高性能数据采集、存储和处理的巷道围岩安全状态监测云平台，并进行了现场工业性试验，为巷道围岩安全状态监测预警提供了可能性。

本书在撰写过程中得到了多位专家的关心与支持，他们提出了宝贵的意见和建议。尉瑞、谢小平、刘晓宁、宁耀圣、马盟、谷超、冯裕堂、卢海洋、蔡承锋、权志桥、马国玺等参与了全书的资料收集、文字校对及图表绘制工作，在此谨向他们致谢。在现场期间得到了华晋焦煤有限责任公司沙曲煤矿、阳泉煤业(集团)有限责任公司一矿和寺家庄矿有关领导和工程技术人员的大力支持和帮助，他们提供了大量的资料和素材，在此表示诚挚的感谢！

本书在写作过程中参考了众多专家和学者的文献资料，还引用了一些前人的研究成果与实测数据，未完全标出，在此向所有文献资料的作者表示感谢和敬意！

由于作者经验和水平有限，加上智能化开采技术在不断丰富和发展，书中疏漏和欠妥之处，敬请读者不吝指正。本着相互学习、相互促进的初衷，欢迎读者来信进行沟通与交流，可发送至 xinqiufang@163.com。

著　者

2020 年 3 月

变量注释表

σ_{n}	锚固界面轴向应力
σ_{r}	围岩应力
E_{r}	围岩的弹性模量
E_{a}	锚固剂的弹性模量
μ_{a}	围岩的泊松比
μ_{r}	锚固剂的泊松比
κ	锚固剂安装过程中的影响系数
s_{e}	最大剪切位移
θ_{m}	最大界面剪胀角
s_{m}	剪胀滑移状态下的最大位移
k_{r}	薄层界面的径向等效刚度系数
τ	锚固岩体的界面剪应力值
s	薄层界面的剪切位移
k	锚固岩体薄层界面的刚度系数
λ_{e}	锚固岩体弹性状态下的应变传递函数
u_{e}	锚固岩体薄层界面的最大弹性剪切位移
β	锚固岩体滑移状态下的应变传递函数
δ	锚固岩体滑移状态下的载荷传递函数
$F(r,\varphi,x)$	折射率变化函数
r_{f}	光纤纤芯半径
r_{c}	光纤包层半径
n_1	光纤纤芯初始折射率
n_2	光纤包层折射率
n_3	空气的折射率

k_g	光栅的传播常数
Λ	均匀光纤光栅的周期长度
$\Delta\Lambda$	当受到应力作用时光纤发生的弹性变形
Δn_{max}	光纤最大折射率的微扰
$A_q(x)$	沿光纤轴向正向传输的第 q 个模的慢变振幅
$B_q(x)$	沿光纤轴向逆向传输的第 i 个模的慢变振幅
$E_q^T(r,\varphi)$	第 q 个模的径向模分量场
n_{eff}	光纤光栅的有效折射率
λ	光纤光栅波长
$P^x{}_{pq}(x)$	第 p 模式和第 q 个模式之间的轴向耦合系数
$\varepsilon(r,\varphi,z)$	介电常数
$\Delta\varepsilon(r,\varphi,z)$	介电常数的微小扰动
φ	光栅啁啾参数，均匀光纤光栅的取值为 0
v	折射率改变的条纹对比度
δ	波数失谐量
β_1	正向传输模式的传播常数
β_2	逆向传输模式的传播常数
λ_B	光纤光栅反射光波长
P_e	光纤光栅弹光系数
ξ	热光系数
α_F	热膨胀系数
h_0	黏结层的总厚度
α	FBG 和黏结层间应变耦合的表征系数
ε_m	被测物体表面的应变真值
$\Delta\eta$	感知率误差
k	退火梯度
T	系统温度
T_{thr}	温度阈值

f_{ifv}	相对方差判定函数
f_{ifm}	方差判定函数
f_{ifp}	乘积和判定函数
$R(k)$	当前应变函数所对应的单个传输矩阵反射率
$R_{\text{g}}(k)$	目标反射谱所对应的单个传输矩阵反射率
m	传输矩阵个数
ρ	曲率半径
k	曲率
I	截面为圆形梁的惯性矩
l	梁的长度
z_{i}	z 轴坐标值

目　录

第1章 绪　论

1.1 巷道围岩智能感知研究背景

近年来，虽然国家大力发展以核能、风能、太阳能等为代表的新型能源，但煤炭作为我国的主体能源，仍将在相当长的时期内保持能源占比第一的地位。根据英国石油公司《世界能源统计年鉴 2018》(Statistical Review of World Energy 2018)[1]，中国在 2017 年共消耗了 1747.2mtoe(百万吨油当量)的煤炭，约占全世界煤炭消耗总量的 46.4%。国家统计局国民经济和社会发展统计公报显示，2018 年中国原煤产量为 36.8 亿 t，较 2017 年增长了 4.5%[2]。因此，在此背景下，保证煤炭的安全高效化生产对我国能源安全乃至国民经济和社会发展具有十分重要的意义。

我国 90%以上的煤矿为井工开采[3]，并且随着开采强度的增加，以每年 10～25m 的速度向深部延伸，最深的矿井已达到 1500m[4]。深部开采矿井已构成我国煤炭生产的重要内容之一。矿井进入深部后，岩体在复杂应力和地质条件下呈现出非线性大变形软岩的特性[5]，为巷道围岩控制带来了巨大的挑战，巷道大变形、支护结构失稳时有发生。自 1956 年将锚杆应用于煤矿巷道支护工程以来，我国逐渐探索发展出了木锚杆、水泥锚杆、右螺纹自旋锚杆、管缝式锚杆、玻璃钢锚杆、水胀式锚杆等多种形式和功能的锚杆单元[6]，也由初期的低阻力支护不断完善，最终演变为如今的高强度、高预紧力锚杆支护系统[7-10]，巷道的支护方法也由单一的锚杆支护发展为锚注[11-13]、锚索网+混凝土梁等[14-17]各式组合支护方法，在现场取得了良好的效果。

锚杆支护技术是一种主动支护技术，通过内植岩体的锚杆、锚索激发岩体自身的稳定潜力。该技术以其经济合理性、施工简便性和效果突出性等优势[18,19]，已成为我国煤矿巷道最主要的支护方式，文献[20]显示我国锚杆支护率已达到 80%以上。五十余年来，国内外众多学者针对锚杆的支护机制提出了多种假说和理论，在一定程度上揭示了锚固岩体的稳定机制，指导了锚杆支护技术从无到有、从单一到多元的良性发展，也促进了锚杆及配件的材质、结构由粗放到精细化生产，有效地提升了锚杆支护技术和工艺水平。但由于锚杆支护工程岩体的结构复杂性和锚固岩体感知技术的滞后性，锚杆支护机制的研究与验证问题仍未完全解决，缺乏对岩体承载机制、锚杆围岩耦合关系、杆体载荷传递和锚固失效机制等问题的系统可靠认识。加之煤矿开采进入深部，复杂高地应力、构造扰动问题突出，使得对锚固岩体的受力应激、承载原理与内部力学状态演化问题的研究显得更加紧迫。

光纤光栅传感器是一种新型的全光纤无源器件，是用光纤光栅(FBG)作敏感元件的功能型光纤传感器。光波由于不怕电磁干扰，易被探测器件接收，可方便进行光电转换，易与电子传感器相匹配，同时光纤本身不带电，体积小，质量轻，抗电磁干扰，抗辐射能力好，特别适合易燃、易爆、空间受严格限制及强电磁干扰等恶劣环境，因此，在煤矿井下使用光纤光栅传感器有着巨大的优势。基于煤炭能源的重大国家安全战略意义及以人为本的煤炭安全生产理念，本书从众多煤矿安全问题优化和解决的课题中选取煤矿巷道围岩稳定性这一煤矿安全问题分支，针对矿井巷道围岩安全状态的智能感知这一具体问题进行了深入研究。

煤矿巷道围岩安全状态智能感知技术的研究基础是监测手段的升级，但现有的监测技术手段落后，远不能有效满足煤矿生产安全要求。比如传统的机械式、液压式监测传感器，虽然价格便宜，但精度低、需要人工进行现场读数，数据相对滞后，不能如实反映煤矿安全参数的连续性和实时性，不能迅速地预测灾害；而传统的电磁式监测传感器的精度同样相对较低，需要人工巡检，费时费工。针对目前煤矿巷道围岩监测传感器的不足，本书基于新型的光纤光栅技术研制适应监测煤矿井下巷道围岩安全状态参数的传感器，配套光波信号解调主机及相关材料、设备，再结合数据监测系统及云计算技术，构建煤矿巷道围岩安全状态的智能监测体系和信息云平台。通过对巷道锚固岩体、顶板离层、锚杆或锚索支护体系受力、巷道围岩应力及收敛情况进行现场监测，实时掌握采煤工作回采过程中巷道的矿压显现规律和围岩变形情况，进而揭示巷道围岩变形机制，优化巷道断面尺寸和支护参数，以便指导矿井日常的安全生产和合理支护方案的确定，为巷道围岩的稳定性和安全性评估提供科学依据。建立基于光纤传感技术的煤矿巷道围岩安全状态智能感知系统，不仅为煤矿安全高效开采提供了可靠的技术保障，而且为矿山智能化建设提供了技术支撑，具有很大的推广应用前景。

1.2 巷道围岩智能感知国内外研究现状

1.2.1 光纤光栅传感技术

光纤是用于光信号传输的材料，是传输光信号的载体，具有容量大、信息传输量大、频带宽、质量小、不怕腐蚀、不怕外界磁场干扰、通信质量高、对小变形敏感等特点。光纤光栅(fiber bragg grating，FBG)的制作原理是基于材质的光敏性，采用特殊处理使光波在光纤纤芯内的折射率形成轴向趋势周期性规律，从而使光栅具备特定衍射功能，具有体积小、波长选择性好、不受线性效应影响、耦合性好等特性，其优越性特别明显。光纤光栅是光纤传感技术的核心元件，具有优良的发展前景和优越的研究价值，因此其具有无穷的潜力成为信息时代研究的热点课题。光纤传感技术具有很多优点，例如，光纤光栅是由硅质玻璃做成的，它不具有导电性，在各类恶劣环境下可以把干扰尽可能降低，达到一定的稳定性；光波在光纤中能做到全反射传播，并且可以做到低损耗下的长距离传输，将超远程监测变成现实；光纤光栅传感技术具有高灵敏性和高精度的特征；光纤光栅技术发展迅猛，随着技术手段更迭，成本也在不断降低，从而促进其更大的发展势头，简单、便携、易组装的结构使其可以满足多个领域工程监测需求[15-20]。因此，光纤传感器技术在各个工程领域内得到广泛应用。

1978 年，加拿大国家通信研究中心 Hill 等[21]研究发现光纤的光敏性和光子诱导光栅，成功研发出了世界上首个光纤布拉格光栅(FBG)，引起了世界上大量学者的关注。1979 年美国国家航空航天局在复合材料内使用光纤，尝试性地监测其温度和应变，其后光纤被广泛应用[22]。1989 年，Meltz 等[23]采用紫外光侧面写入技术制作光纤光栅，即分振幅干涉法；同年 Mendez 等将光纤传感器首次用于混凝土结构，获得成效。之后光纤传感器被拓展到基建、水坝、交通隧道、边坡等复杂系统的监测。1993 年，Lemaire 等[24]和 Atkins 等[25]研发了掺锗光纤载氢增敏技术，此技术在普通单模光纤上很容易获得大于 0.01 的折变量；同年 Hill 等[26]提出了相位掩模写入技术，使得大规模批量生产光纤光栅成为可能。1993 年，Jackson 等[27]研究出基于平行阵列的光纤布拉格光栅 WDM 拓扑结构，推动了光纤光栅复用技术的发展及其在工业工程方面的普遍使用。1996～2000 年，美国的光纤传感器大量应用于军事、高精尖产业。

我国在 20 世纪 70 年代末开始了光纤传感器的研究。1995 年刘浩吾[28]用 F-P 光纤传感器对混凝土的应变测量进行了试验研究。1997 年杨建良等[29]探讨了基于强度增敏的光纤传感阵列，发展了一种新颖的光纤模域振动传感器。2003 年，蔡德所等[30]基于 OTDR 原理，用斜交分布式光纤传感技术对三峡古洞口面板堆石坝工程进行了现场试验，并对其裂缝进行了检测。2003～2004 年，李宏男等[31]采用自行研制的光纤光栅温度传感器监测地源热泵系统中地下埋管周围土壤温度的变化。2005 年，李宏男等[32]采用光纤光栅传感器对南堡油田石油平台进行健康监测，是我国首次将光纤光栅监测技术应用于海洋工程领域。2010 年，魏世明等[33]使用特殊的合金材质作为光纤光栅外部结构体，制作成一种火灾探测器，将结构体感知到的温度转变为光信号，并通过矿用光缆传递至解调仪、井上数据分析设备，完成对井下火灾的预警。2014 年张博明等[34]分别采用光纤微弯传感器和模斑谱传感器对复合材料的固化过程进行了监测。中国矿业大学近年来基于光纤光栅技术[35-38]及其他先进技术，以“科学采矿”理念为指导，在国内外率先开展煤矿智能化、无人化开采方面的研究，建立了智能工作面系统工程模型，构建了智能工作面开采技术体系。

光纤光栅本身是一种较为脆弱的传感元器件，为确保其可以安全稳定应用于工程实践，必须将其与特定材料进行一定方式的设计与组装，构建成实用的传感器形式，方可有效发挥其作用。关于传感器的发展，社会大环境为其提供了诸多规范和引导。国家科学技术委员会于 1987 年 4 月起制定的《传感器发展政策》白皮书及随后近三十年里逐代更新版本均确定了必须大力发展传感器技术的方向，特别是要把新型传感器技术作为优先领域予以发展[39]。1991 年 12 月 30 日《中共中央关于制定国民经济和社会发展的十年规划和八五计划的建议》中第 21 条明确了要大力加强传感器的开发和在国民经济中的普遍应用[40]。

通过以上梳理可知，随着光纤传感技术的快速发展，其在技术上已经趋于成熟，现已形成了一个庞大的产业和稳定的研究领域。光纤光栅从问世至今，其核心技术的深入研究得到了各国各界尤其是军工航空航天业的重点关注和大力投入，短短 40 年间在其元件性能层级和传感器应用层面均获得了巨大发展，并逐渐从高精尖行业普及至工业应用层级，各高科技企业以及高校对于各类传感器的研发和投产为各领域现场工程实践带来了巨大的安全保障及经济效益，并使效率得到提升。

1.2.2　智能格栅技术

从通俗意义上讲，所有网状连环结构均可称为格栅[41]。基于功能的差异，根据材料类型和应用情况，格栅逐步演化出土工格栅、玻纤格栅、格栅钢架、进气格栅、喷氨格栅、钢格栅、粗格栅、细格栅等种类。

土工格栅[42]通常作为加固基体应用于路桥工程或坡道工程，当其应用环境要求其具备更高稳定性时，往往会对其进行加筋处理，可明显提升其韧性。基于土工格栅材质柔韧、易于拓展的特性，亦可将其作为构建传感器件所搭载的基体，如可将特殊力学构件与其相组合得到具备特殊性能的新型传感器件。早年王正方[43]在自己的博士论文中就研究了将光纤光栅植入土工格栅的可行性，并成功构建了具备实时感知路桥表面形态变化这一功能的智能土工格栅。玻纤格栅[44]是对土工格栅植入特殊工艺处理后的玻纤，其可有效增强格栅结构的抗拉性能和抗裂性能。格栅钢架[45]是主要应用于铁路隧道的典型支撑结构体，国内对其开展的研究主要针对其在服役环境中的支护能力的分析测算。进气格栅[46]是汽车结构的一部分，国内对其开展研究主要围绕各类外观、性能以及工艺优化问题。喷氨格栅[47]是火力发电机组的选择性催化还原烟气脱硫装置，国内对该装置开展的优化研究非常热门，因为对该问题深入研究具有非常深远的环保和提效意义。钢格栅或称钢筋格栅[48]，主要应用于隧道支护中，其与喷射混凝土的组合结构是当下研究的主要方向。粗、细格栅[49,50]均主要应用于污水的处理。

本小节围绕“格栅结构”这一概念，对各种格栅的概念和现状进行了介绍，旨在阐述清楚格栅的共性与特性、内含与外延，从而选择或创造出所需格栅。本书所研究的矿用 FBG 智能格栅作为一款创新性传感器，暂未有其他试验或文献对其进行研究，故本书仅从类似的格栅结构中借鉴和总结其优点。在前文所述诸多类型格栅中，研究对象与格栅族中土工格栅最为接近，无论是设计思路还是工艺手法上，均是根据工程实践需求倒推出相应结构和功能，并对工艺流程进行创新或优化。

1.2.3 锚固岩体力学行为

锚固系统技术广泛应用于多种开挖岩体结构中，路桥隧道、煤矿巷道、堤坝等工程均对锚固系统的稳定性和有效性具有较高要求。国内外专家就该问题重点针对锚杆轴向应力分布进行了多变量控制的拉拔试验，取得了大量珍贵的试验数据，并进一步丰富了该研究领域的理论成果。

1)锚固系统界面载荷传递规律研究

目前关于锚固系统界面载荷传递规律的研究热点是：针对锚固系统中的关键构件锚杆和锚索，对其在所作用岩体部位的受力情况进行具体研究，如自身轴向力、自身与所结合岩体间剪应力分布情况。在理想情况下，认为锚固段剪应力是均匀分布的，并由此来指导锚固系统的设计。但是在实际试验和工程应用测量中，杆体或索体与所结合岩体部位的剪应力却是非均匀分布的。故该剪应力所遵循的具体分布便成为众多专家学者提出假设、建立模型、不断试验的研究内容，以期能得到可对其进行准确描述的理论成果。

基于假设锚固组合体与锚固体外部岩体间为协调变形关系，张季如和唐保付[51]通过与试验和工程实测数据的相互验证，建立并优化了用于表征锚杆轴向力分布的双曲线函数关系模型。基于假设锚固组合体内部之间以及与外部岩体之间为协调变形状态，高永涛等[52]设计并进行了若干实测试验，获得了预应力下锚杆张力部位剪应力、轴向应力以及应变规律。基于室内试验，顾金才等[53]先假设后成功拟合出了指数形态函数作为模型，得到了锚杆锚索张力段与锚固剂相应接合面、锚固剂与岩体孔内壁表面之间剪应力分布规律。通过一定的平面划分方法建立起特定立体模型，刘建庄等[54]提出了锚杆、锚索问题的新概念——衰减系数，并基于此得到了沿杆或锚索轴向力以及剪应力的分布规律，且分不同岩体类型进行了衰减规律的研究。国外学者 Phillips[55]的研究拟合出的分布形式为幂函数模型，并基于此获得了锚固段杆体或锚索体最短设计长度取值。

通过研究不同设定条件下的拉拔试验并对锚固段着重进行分析，肖世国和周德培[56]构建了轴向衰减指数模型，多次重复验证后获得了较为稳定的剪应力分布曲线图形，且提出了一种特定类型锚杆、锚索的锚固段长度设计原则。通过现场测试，蒋忠信[57]利用三参数高斯曲线法作为模型来表征剪应力分布情况，分类研究了锚固段长度的合理取值。以单开孔复合型结构锚杆作为研究对象，邬爱清等[58]进行了一系列实测，获得了大量不同类型载荷作用下锚固体的受力分布数据，并通过数值分析进一步得到了研究对象的应力应变分布规律以及锚固系统机制原理。基于理想条件将锚固体视作弹性体，尤春安[59-61]分别研究了多种受力情形下锚固段边界面之间剪应力分布规律以及轴向应力的特征，最终通过实测总结了基于其研究数据的锚固体荷载传递基本原理。

对现有研究成果进行归纳可发现，其研究普遍基于弹性体和协调变形的假设，虽然建立了诸多可以描述试验结果的模型，且所总结规律在弹性范围内均可合理解释和刻画分布情况，但煤矿巷道工程现场实际情况往往非常复杂，多种因素扰动极易造成锚固系统功能失效，从而使巷道安全风险性增大。基于此，锚固系统支护功能的失效机制同样是需要进行深入研究的重大课题。

2）锚固系统失效机制研究

在锚杆(索)与锚固剂界面黏结破坏特性研究方面，国内外学者也进行了大量试验研究，并建立了若干锚杆(索)界面失效力学模型，分析了锚杆(索)与锚固剂之间的相互作用机制。

基于微观力学测度，赵同彬等[62]利用颗粒流仿真方法进行了若干实验室拉拔试验，详细记录了破坏过程的始终，得到了相关力学参数的全程变化情况。通过划分模块方法，李铀等[63]重点研究了受到预应力束缚的锚索与锚固剂固体模块间剪切分离过程，严密推算出了荷载传递规律表达式，得到了基于其研究方法的破坏过程中荷载传递规律。基于全局下特定若干处的形变规则，通过不同条件下拉拔实测试验，刘波等[64]分别针对破坏过程中弹性形变、塑性形变、破断移动三个阶段建立了函数模型，完整还原了破坏失效的关键过程，并对比得出了全程受力变化经过。外国学者 Ito 等[65]针对锚固剂微观结构进行研究，在拉拔实测过程中，采用特殊微观扫描仪器对锚固剂进行全程监控测量，获得了失效过程中的力学参数变化规律，并阐述了微观测度下锚固剂损伤机制。

(1)锚杆(索)杆体破断。在锚杆(索)杆体破断机制研究方面，引起杆体破断的因素有很多，比如受到围岩节理面剪切作用、腐蚀或锚杆(索)托盘剪切作用等，从而使锁杆(索)杆体产生剪切破断、拉伸破断或杆尾破断。

针对地下水因素造成的锚杆、锚索腐蚀情况，国外学者 Spearing 等[66]通过采集不同水样并进行浸泡和拉拔试验，给出了基于腐蚀情况的锚杆锚索防护和使用限度指导。对于海底隧道的锚固系统，丁万涛等[67]营造了基于海底隧道环境的模拟环境，并通过仿真测试得出了各种腐蚀情形下锚杆锚索对锚固体以及外部围岩的破坏规律。通过对焦作某煤矿巷道现场锚固体损伤情况调研，肖玲等[68]测试了地下水内腐蚀成分浓度、腐蚀后锚杆残余质量、杆体腐蚀坑处深度测量等数据，并对弹性限度内力学规律和锚固体极限承载能力进行了分析测试。通过对加强版锚杆的外露部分螺母胀裂及螺纹错位问题进行研究，康红普与吴拥政等[69-71]反推出了破坏成因，并基于大量不同方位和测试得出了最佳及最差锚固方位角度，指出了最稳定螺母力学参数和几何参数，从而有利于避免锚杆损伤的发生，进而避免影响锚固体和外部围岩稳定性。通过建立巷道内肩角处的锚杆特定结构模型，肖同强等[72]总结出该情形下肩角处煤岩体剪切滑移冲击是造成肩角处锚杆弯折破断的主要原因。

(2) 锚固围岩破裂。当锚杆(索)锚固体与围岩黏结强度较大，甚至超过围岩整体强度，或由于围岩软弱夹层及结构面的存在，在锚固拉拔荷载作用下则会导致锚固围岩破裂。目前，在锚固围岩破裂机制研究方面，国内外相关研究内容还较少。

对于受拉力型锚索钢绞线，高德军和徐卫亚[73]通过研究得出了承载能力的极限值与围岩破坏形态以及锚索钢绞线结构有关，拟合了锚固体及外部围岩破断面形状的曲面关系式，并求出了承载能力极限值的方程解。何思明和王成华[74]对预应力下锚固系统及外部围岩的整体破坏进行研究后，总结出圆锥面和类圆锥波浪曲面两种破断面形状，并进一步拟合建立了可表征曲面形态的双参表达式以及破断情形下钢绞线最大抵抗拔出张力的表达式。国外学者 Hsu 和 Chang[75]通过设计和进行特定变量控制下拉力型和压力型拉拔试验，对试验数据进行对比和处理，得出了锚杆长度对其承载力的影响规律，最终得出在控制等长情形下，压力型较拉力型而言具备更强抗拉拔性能，即可负担更大荷载量。

(3) 锚固剂-围岩界面滑脱失效。受深井高地应力环境及极软弱地层环境影响，围岩软弱破碎，锚固支护构件的承载能力受围岩性质影响较大，尤其在锚固剂与围岩之间界面的相互黏结作用机制也变得更加复杂。该界面的滑脱失效也成为软弱破碎围岩锚固支护设计应重点考虑的一种工况。

通过研究和建立拉拔条件下锚固结构软化力学模型，雒亿平等[76]着重对松动临近条件以及松动长度与载荷量关系进行了量化分析计算，分别得到了基于所建模型的缓慢破坏临近条件以及突变破坏临界条件。针对预应力下锚固剂与作用岩体内部界面间结合强度分析计算不统一的问题，张发明等[77]提出该结合强度同时与结合岩体裂隙情况以及岩块单轴抗压强度密切相关，并且通过严密推导给出了特定条件下结合强度的计算表达式。基于能量的传递规律，刘红军和李洪江[78]在弹性形变范围内对锚固体建立了与势能方程以及模糊论相结合的新模型，可从能量运动的角度判断锚杆的有效性及失效边界，并最终利用模型推出相应可表征失效关系以及临界条件的函数关系式。

3) 锚固围岩承载机制研究

当巷道开挖后，围岩初始地应力场破坏，在应力重分布作用下，靠近巷道表面内围岩开始进入塑性破坏状态，形成围岩内的裂隙发育。若采用锚杆支护技术进行加固，则在锚杆支护范围内的围岩产生有效径向约束，提高围岩自身强度，调动围岩自承能力，使围岩成为承载的主体，共同抵抗外部围岩的变形破坏，维护巷道的安全稳定。关于锚固围岩承载作用机制的研究，一直是众多学者研究的热点，概括起来主要包括理论分析、数值模拟、室内试验及现场应用等四方面内容。

基于锚固体系统弹性形变和将隧道视作对称几何形状圆形的理想假设，Osgoui和 Oreste[79]重点研究了曲线峰值后非线性关系破断特性，得出了多种锚固条件下外部围岩的破断程度并分析了影响因素。根据散体模型理论以及锚固对抗外力机制，何满潮等[80]通过研究给出了煤矿井下巷道锚固中附加可靠度参数的所抗外力和所加载力的推导方法全过程，最终通过实测比对指出可靠度数值在 90%及以上即是稳定的。根据 Mohr-Coulomb 原理，韩建新等[81]针对锚固问题构建了相应裂隙强度和破断机制的求解模型，进一步基于此研究得出了锚固体最合理优化的布置方案。超前预支模型由陶龙光和侯光羽[82]提出，具体研究的是锚固体自身应力分布以及锚固体外部围岩的上方部位应力分布。通过分析加载预应力下整段黏固式锚杆体对外部围岩的稳固有效性，朱浮声和郑雨天[83]通过推导求出了可用于表征锚固系统外部围岩等效结构的表达式，最终给出了通过外部围岩位移量来调控锚护设计参数值的原则。为减小煤矿巷道四周应力集中系数，Muya 等[84]利用控制变量法分类讨论了单因素变量为锚杆角度、地应力数值、锚杆锚固段长度、锚杆全长时的情况，通过仿真计算确定了锚杆在加固巷道结构稳定性上的显著贡献，并介绍了锚固体的力学结构。

通过对多种单因素变量的控制，诸如锚杆全长、单位面积锚杆数、锚杆角度、锚杆预应力等，康红普等[85-86]、张镇等[87]逐一分析了锚固系统的轴向和剪切应力分布形式，创造性地提出了预应力长度参系数、预应力扩散参系数、临界支护下刚度、锚杆体主动支护参系数、强度匹配系数等新概念，规范了锚杆锚索的设计制造准则，使理论在现场得到了运用和验证。首先假设锚固剂与锚固系统中岩体之间的作用力以及所发生位移为线性关系，其次采取适当的网格划分方法进行仿真分析，张向阳等[88]获得了全长型黏固结合锚杆锚索在软性岩体中位移与摩擦作用力、轴向应力的相关分布关系式及曲线。针对综合机械化放顶煤开采方式下较大断面沿空留巷技术所造成的失稳关键问题，王继承等[89]利用仿真技术针对顶板内锚杆的力学特征进行了深入分析研究，获得了基本顶回转角与锚杆打入角度对顶板锚杆剪切力的定量影响关系式，并通过分析归结出适当的顶板锚杆打入角度可明显减小杆体所受剪切作用，从而减小其被剪切断裂的可能性。通过分析单位面积内设置锚杆数量对外部围岩损伤的作用，Indraratna[90]进行了一系列基于理想形状(即将隧道断面视作圆形)的锚固试验，根据研究推断出增加单位面积内所设置的锚杆锚索数量可以大幅度增加锚固体以及外部围岩的稳定性。通过设计实验室内相关锚固试验，侯朝炯和勾攀峰[91]有针对性地研究了锚固体和外部围岩的塑性阶段及破碎阶段的相关特征，具体包括围岩受力最大值附近强度的变化趋势以及锚固系统应力参数的相关响应改变。对于潜在爆炸风险对锚固体稳定性的影响，杨苏杭等[92]建立了相关模型并进行了附加预应力的锚固测试试验，研究了爆炸作用对锚杆锚索与锚固剂及围岩组成的锚固系统的具体影响，基于试验数据和计算推导给出了相应加固措施，并进行了最大影响程度预测，得出最大加固参数。基于理论分析及实测试验多角度对比附加预应力锚杆和未加预应力锚杆二者特征，王飞虎[93]详细优化了预应力锚杆的设计、使用、故障分析、失效临界值等参数，并同时根据各参数研究进行了对应可行性和可靠度分析。为探究预应力锚杆锚索对锚固体系各项参数的加强效果，周辉等[94]设计和制造了若干锚固体试样单元，并进行了特定约束下的单轴压缩试验，经过试验数据处理和分析，得出预应力锚杆在延缓破碎扩张问题上的显著效果，分析了预应力大小与稳定性的强正相关作用。

基于上述对前人研究成果的学习和总结，可以发现，已有成果几乎全面研究了锚固系统围岩承载机制所涉及的各个问题细节，所取得的试验进展和理论成果均极大地丰富了该项研究，也为工程实际提供了更多科学有效且稳定可靠的指导，从而在效率和安全性上均实现了大幅提升。但尚存在一些问题，理论分析、模型建立、试验研究多是基于理想条件或围绕理想条件，并未能足够深入地就理想条件之外更接近复杂真实环境的研究对象进行分析研究。另外，现有锚固技术所适用条件具有较大环境局限性，当巷道岩质发生变化后，现有的一部分锚固技术将不再适用，因此今后还需要针对多种地下工程岩质情形进行相应承载机制研究，以使各项地下工程项目均能有更强的安全保障性以及更高的工作效率，从而为行业发展贡献力量，最终实现技术造福人类的终极目标。

1.2.4 采动应力监测方法

在采动影响下，围岩应力在工作面前方实体煤和巷道围岩重新分布，产生应力集中或释放，同时会沿底板岩层向下传递，产生应力集中区和峰值区，因此准确掌握采动后的应力变化规律对煤矿安全开采至关重要，也成为影响巷道布置和维护的重要因素。

采动应力也称为次生应力、二次应力，是地下岩体在掘进巷道和回采期间作用在围岩中和支护物上的力。围岩受到扰动，原有应力平衡状态被打破，引起岩体内部应力重新分布，当重新分布的应力超过煤岩的极限强度时，巷道或采煤工作面周围的煤岩发生破坏，并向已采空间移动，直到形成新的应力平衡状态。采动应力监测常用方法有：钻孔应力监测技术、电磁辐射监测技术、微震测试技术等。

1）钻孔应力监测技术

目前国内外现场监测采动应力的主要技术为钻孔应力监测技术，主要包括钻孔应力解除法和钻孔应力计测试法。钻孔应力解除法的测量原理与测量地应力相似，在现场采动应力测量应用中最为成熟和广泛，主要用到的传感器有 CSIRO 空心包体应变计和 KX-81 应变仪，可以实现在单孔中通过一次套芯得到该点的三维应力状态；钻孔应力计测试法是我国目前工程现场测量煤层采动应力的主要技术，常用传感器大都以格鲁兹 Glotzi 压力盒为基础，在外观和信号转换上进行改进发展成各种钻孔应力计，主要包括振弦式和液压式[95]两种，在安装方式上采用钻孔探入式固定安装。曹业永等[96]采用可定位主动承压式钻孔应力计，对煤体静态和动压影响下的应力变化情况进行了实测；李虎威等[97]针对目前围岩应力监测效率不高、监测真实性和准确性差等问题，利用光纤光栅钻孔应力计对围岩应力进行了监测，并得出相应结论；周钢等[98]采用空心包体应力测量技术对采动应力的演化过程和采动应力影响下工作面覆岩及巷道围岩应力的动态变化规律进行了探究，研究结果对回采巷道围岩稳定控制具有重要指导意义。

2) 电磁辐射监测技术

岩石电磁辐射已经得到许多国家的关注和研究，苏联和我国是较早对此进行研究的国家[99]，美国、日本等国家也开展了这方面的研究[100]。

国外最早关于岩石电磁辐射的研究始于 20 世纪 50 年代，研究人员用实验方法对花岗岩、脉石英试样进行了压电现象研究；1972～1974 年，托木斯克理工大学的研究人员和乌兹别克斯坦共和国科学院地震研究所，在塔什干地区的恰尔瓦克水平坑道中进行了地球脉动电磁场变化的观测，证明地壳发射电磁脉冲，而且在震前发射强度急剧上升；Yamada、Brady、Cress、Ogawa 等学者对岩石破裂及地震电磁辐射进行了大量研究，并取得了相应成果[101]。

我国最早关于电磁辐射的相关研究是徐为民等[102]在实验室研究中得出岩石受力破裂时会有电磁辐射发生；此后，钱书清等[103]在野外观测到岩石破裂过程中存在大量电磁波发射现象；王春秋等[104]通过运用微地震和电磁辐射综合监测手段分析孤岛综放工作面两次强动压显现事件，获得了工作面煤体发生冲击地压前后能量积聚与释放规律及相应微震和电磁辐射监测数据变化规律；窦林名等[105]通过局部预测电磁辐射方法和高压射流割煤技术记录了工业性试验期间打眼前、冲孔前和冲孔后电磁辐射数据，验证了煤体高压射流钻割冲孔技术在煤壁卸压方面的作用；何学秋等[106]在完善的弹塑脆性突变模型的基础上揭示了煤岩体损伤及冲击动力破坏特征与声发射、微震、电磁辐射等前兆信息的耦合关系，提出了煤岩体冲击破坏前兆信息辨识准则与监测原理。

3) 微震测试技术

微震测试技术在矿山方面应用已有 20 多年，1908 年德国采用维歇尔特水平地震仪在 Ruhr 煤田建立了世界上第一个矿山观测台站；20 世纪 40 年代，美国矿业局提出了应用微震法探测矿山冲击地压的观点，经过多方面的研究，美国工业局研制出覆盖全矿范围的微震监测系统；后来南非、波兰、澳大利亚都对微震测试进行了相关研究，并取得了许多成果。

我国微震监测技术研究与应用始于“八五”期间，早期对微震技术的研究以波兰 SYLOK 微震监测系统为基础，后来一些学者陆续进行了微震系统的基础监测工作。蔡武等[107]基于微震实时监测系统对矿震震动波速度层析成像技术评估冲击危险进行了研究；孔令海[108]结合采矿理论，利用高密度微震检波器对煤矿采场上覆岩层运动与围岩破裂、上覆岩层运动与支承压力分布、微震事件数量与支承压力分布等之间的关系进行了分析和现场实测研究；李楠等[109]对煤岩变形破坏声发射和微震事件进行了大量的基础实验，获得了一定的研究成果。

1.2.5 煤矿巷道收敛变形监测技术

为了得出巷道变形规律，针对煤矿巷道的破坏情况进行研究是十分必要的，巷道收敛变形监测是对煤矿破坏情况最直接的体现。煤矿巷道收敛变形监测技术是定量描述巷道围岩变形程度、揭示变形破坏趋势以及确定合理支护参数的有效方式，通过巷道围岩收敛量监测分析并结合岩石强度特性、岩体结构特征和岩体采动应力场演化来揭示巷道岩体变形破裂机制。收敛变形监测技术是在巷道围岩内埋设变形监测点，利用监测点间距的变化来量化围岩的收敛变形量，具有方便快捷、准确度高的特点。

目前人工测量依然是我国煤矿巷道收敛变形监测的主体。收敛变形监测具有时效性要求高、巷道环境复杂、监测技术的时空要求和空间制约等特点[110]。根据上述技术特点的要求，收敛变形监测技术经历了不断改进。由于现代岩石力学及测量与监控技术的进步，采矿等地下工程的围岩变形监测技术目前取得了飞速发展，国内外学者做了大量的相关研究工作。刘志刚、陈凡等[111,112]通过若干正交试验以及卸压研究，总结了巷道变形重要成因之一冲击地压因素的具体机制以及相关控制技术。荆洪迪等[113,114]研究了巴塞特收敛系统，该系统能够实时监测巷道的收敛变形，变形数据可以即时传输到地面的计算机，地表技术人员可以随时通过计算机掌握地下巷道变形情况，从而合理地安排和改进施工方案。针对锚杆支护巷道围岩破坏具有隐蔽性等特点，冯春等[115]通过对巷道两帮及顶板围岩发生的相对位移进行监测分析，在验证基本支护参数合理性的同时为修改完善初始设计提供依据，以便及时发现安全隐患，保障安全生产。高悦等[116]采用十字交叉法对巷道的变形进行了监测，巷道经过返修后，变形得到了有效控制。姜明[117]通过对巷道表面收敛监测、巷道顶板离层及深部位移监测以及锚杆(索)受力监测，观测并分析了结果，了解了顺槽围岩变形特性，确定了巷道松动圈大小，得到了回采巷道收敛规律。

随着中国的隧道、矿山建设的迅猛发展，人们的工程安全和风险意识不断提高，工程施工的安全问题，尤其是如何确保工程安全、高效运转引起了研究人员的广泛关注。地下工程工作面的收敛变形监测历来受到工程界的高度重视，尤其是在干扰活动频繁的地下矿山巷道中，已经成为检验工程设计、施工效果，确保安全施工及运行的重要手段。随着科技飞速发展，变形监测技术手段也随之更新换代。收敛计、全站仪等传统人工观测技术逐步被机器人、三维激光扫描等自动测量技术取代。纵观主要的观测方法及发展情况，目前除了常规的收敛变形监测技术，新的监测技术已有逐渐向智能化发展的趋势。现代变形监测正逐步实现多层次、多视角、多技术、自动化的立体监测体系。但是目前人工测量依然是我国矿山变形监测的主体。

1.2.6　顶板离层仪的发展

顶板离层仪按量测原理可分为电阻式和机械式两类，其中机械式顶板离层仪是通过直接测量弹簧的变形(位移)来测量离层值的；而电阻式离层仪则是顶板离层带动滑块运动后转化成电信号，然后电信号按相关计算，转换成离层值输出结果[118,119]。各种顶板离层仪存在的问题见表 1-1。

表 1-1　各种类型的顶板离层仪存在的问题

顶板离层仪类型	存在的主要问题及缺点
机械式	(1)受井下环境影响严重，对施工的干扰大 (2)测量的读数不方便，精度也较低 (3)不能远距离实时测量，测量滞后性大
电阻式	(1)存在零点漂移(简称零漂)，影响了测试的稳定性及精度 (2)无法消除应变滞后量给测量结果所带来的误差 (3)在大量电磁干扰、潮湿甚至已饱水的特殊工作环境中，其绝缘电阻不稳定，很难保证长期测量的可靠性和精确度 (4)有源作业，在高瓦斯环境下无法工作

1)机械式顶板离层仪

机械式顶板离层仪是在塑料管体内放置刚度系数合适的弹簧，离层仪的锚固爪锚固在顶板岩层的钻孔中，而另一端则引至孔口与弹簧的挡板相连。当顶板发生离层时，锚固在其上的锚固爪会相应被带动发生位移，导致弹簧被压缩。弹簧的压缩位移量即是顶板的离层值。

2)电阻式顶板离层仪

电阻式顶板离层仪的传感器由若干个矩形固定极板及一个滑动极板构成，滑动极板与测绳相连。使用时，将它的锚固爪锚固在顶板岩层的钻孔中，用电容传感器测定滑块的位移值，即顶板的离层值。

综合以上分析不难得出这样的结论：无论是从经济效益还是安全角度出发，开发新型顶板离层仪及其监测系统是十分必要的。而光纤 Bragg 光栅技术自身的优点为研究这类传感器提供了新的途径[120]。

1.2.7　J2EE 软件开发技术及云平台技术

1)J2EE 软件开发技术

目前，可用于开放式企业应用集成的平台有两大技术主流，一个是微软公司的 Net 平台，另一个是 SUN 公司的 J2EE 平台。

J2EE 的全称是 Java 2 Platform Enterprise Edition，它是由 SUN 公司、各厂商共同制定并得到广泛认可的工业标准。业界各大中间件厂商(如 BEA、IBM、Orade 等)都参与了 J2EE 规范的制定，他们利用在企业计算领域多年来成熟的经验，积极地促进了它的“诞生”和“长大”。因为采取了以上策略，现在已经有超过 25 个不同的服务器端平台支持 J2EE 规范。由于有了大量的厂商支持，用户的选择范围就会更广泛。

从规范的开放性、支持异构性、可移植性、支持的广泛性、对企业现有系统的继承性和技术的成熟性等方面比较，我们认为 J2EE 是一个更好的选择，因此本书的监测系统选择建立在 J2EE 规范之上。

2)云平台技术

云计算是指以按需、易扩展的方式通过网络获得所需的资源和服务。云计算平台即云平台，分为存储型、计算型以及两者兼顾的综合云平台三类。本书主要研究以存储型为主的云平台，对光纤光栅传感器采集的巷道围岩安全状态监测数据进行有效的存储。云存储为海量数据存储和管理提供了良好的解决方案，受到广泛的关注与支持，其具有高性能、低成本、大容量、高通用性和易扩展性等众多优点[121]。不同于现有的存储模式，云存储是将存储作为一种服务内容，建设在庞大计算机集群上，统一管理和维护，在高速宽带网络的基础之上提供高效、大规模的数据服务，国内外的互联网相关企业纷纷加入到云存储开发的行列中来。

Google 云：谷歌是最早研发云计算、分布式计算的企业。到目前为止，谷歌公司提出了许多关于云的软件架构与设计。2012 年，谷歌发布了云存储集成服务 Google Drive，是一种一体化存储系统，提供云端文件存储和搜索服务。在这套系统中，谷歌文件系统是其最主要的基础，该文件系统集成了很多先进的分布式文件分配管理技术，大幅度降低了分布式集群建设的成本，使用廉价的民用计算机就能实现高性能的数据存储和数据管理[122]，并有不逊于传统服务器的可靠性。

Amazon 云：亚马逊作为一个以商业零售为主要业务的企业，对于数据和信息管理非常敏感，早在 2007 年就开始提供云计算服务[123]，早期以 SAAS 为主，为用户提供 API 接口，满足网络应用的开发和运营。经历了改进和功能的扩展之后，如今 Amazon 提供 S3 系统，能够为用户提供 IAAS 业务[124]，即提供计算能力、存储空间、安全管理等服务，其低廉的价格能够为一些中小企业甚至个人用户创业初期提供很大的数据业务帮助。

IBM 云：与 Amazon 不同，IBM 的云战略的主要实施对象是企业。IBM 公司有很好的数据库开发能力和经验[125]，其主要的发展思路是提供数字化、虚拟化的策略和高效能存储传感器，为大型用户的高速、安全数据应用提供技术支持，并且更多的是以私有化云存储为主的技术服务，包括硬件设施在内的模块化方案，具有很好的整体性。

微软云：微软在早年提出了 Sky Drive 的概念。该平台仅涉及云存储，而现在又提出了 Microsoft Azure 云平台，为开发者提供了很多环境，结合微软自家的 SQL 数据库、Net 应用框架[126]，目前软件服务较为完善和全面，针对商业和个人用户都能提供很好的帮助。

EMC：EMC 的 Atmos 云存储是一种基于策略的管理系统，由用户自己设置存储策略[127]，为其提供所需的云服务。Atmos 为了保障文件的可靠性和访问性能，为不同的用户灵活创建不同的副本数目，如为付费用户提供 5～10 个副本，而普通用户只有 2 个副本等。

近年来随着政府和投资人的大力支持，我国的云存储也进入了一个新的阶段，得到了迅速的发展，各个互联网巨头(如百度、阿里巴巴、腾讯等)推出了自己的云存储服务。如阿里云提供建站的一系列服务，减少了中小企业在网络建设上的许多人员和资源的开支，降低了硬件维护的难度[128]。随着时间的推移，云存储将迎来一个飞速发展的时期。

第 2 章　光纤光栅感知原理和传感特性

光纤光栅(FBG)由于具有灵敏度高、耐腐蚀、体积小、对被测物体干扰小、波分复用、易实现准分布式测量等优点，已在航空航天、市政工程、智能结构与材料等诸多领域获得了广泛应用[129-131]，在我们的生活中扮演着越来越重要的角色。加之其无源特性，对井下煤矿潮湿、高危险气体的测量环境具有先天优势[132,133]。如何满足特定使用环境下的特定需求一直是 FBG 应用研究的一个重要的研究方向。自 FBG 发明以来，其光学理论模型陆续得到了建立，并在实践中逐渐得到证实和完善，这些方法包括耦合模理论[134-136]、传输矩阵法[137-139]、傅里叶变换法[140,141]、多层膜传输法[142-144]、有效折射率法[145]及 Bloch 波和散射理论[146,147]。这些理论借助 Matlab、Opti-grating、COMSOL 等专业软件，使得 FBG 的理论研究和设计更加方便。目前 FBG 的理论分析方法中耦合模理论和传输矩阵法最为成熟和完善，本章将对这两种方法进行详细介绍，并分别研究均匀 FBG 在线性应变场、非均匀应变场调制下的光谱响应特征，为 FBG 的测量实践、传感器研发、参数优化等提供理论基础和指导。

2.1　光纤光栅传感基础理论

2.1.1　光纤的基本结构

光纤主要由纤芯、包层、涂覆层(即保护层)、增强纤维和保护套组成。其中纤芯和包层是光纤的主体，直径约为 125μm，对光波的传输起决定性作用。涂覆层、增强纤维和保护套主要起隔离杂光、提高光纤强度和保护作用。光纤的基本结构如图 2-1 所示[148]。

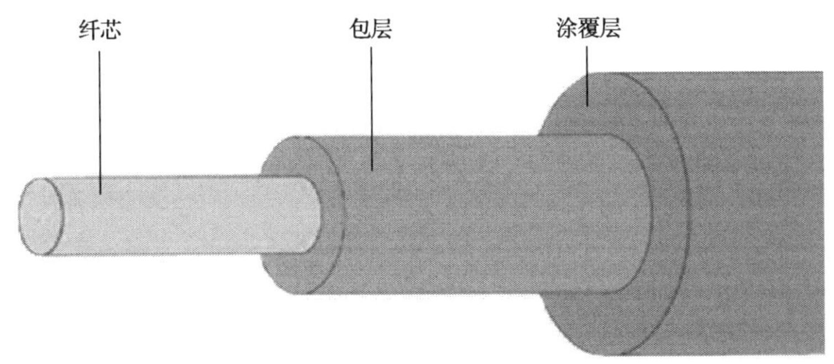

图 2-1　光纤基本结构

光纤工作的基本原理是基于光的全反射现象。光在纤芯内传播，由于纤芯折射率大于包层折射率，则当数值孔径满足全反射条件时，入射光将不发生折射，全部沿着纤芯反射向前传播。因此，光纤能将以光的形式出现的电磁波能量利用全反射的原理约束在其纤芯内，并引导光波沿着光纤轴线的方向前进[149]。

2.1.2 光纤光栅耦合模理论

耦合模理论具有直观、精确和严谨的特点，它能精确地计算大多数 FBG 的独特光学性能，通常用于研究弱耦合波导介质中的光传播规律。它的基本思想是首先求解无扰动或无耦合结构模式，再将这些模式的线性组合作为有扰动或复杂耦合结构麦克斯韦方程组的特征解，得到可以解析或数值求解的耦合模方程。该理论假设复杂耦合结构的场可以由无扰动结构模态的线性叠加表示。一般情况下，这种假设是实际有效的，可以为电磁波的传播提供精确的数学描述。

耦合模理论是由 Yariv[150]应用光波导分析而开发出来的，后经 Erdogan[151]的改进，成功地应用于 FBG 的理论分析。如图 2-2 所示，FBG 的原理是利用掺锗光纤纤芯的紫外光敏特性，人为调制出纤芯反射率的周期性变化，从而造成光纤波导条件的改变，使得一定波长的光发生模式耦合，导致透射光谱和反射光谱中该波长光波缺失或增加。一般而言，如图 2-3 所示，裸光纤内各层的折射率分布描述为[152]

$$n(r,\varphi,x)=\begin{cases}n_1[1+F(r,\varphi,x)], & r\leqslant r_{\mathrm{f}}\\ n_2, & a_{\mathrm{f}}\leqslant r\leqslant r_{\mathrm{f}}\\ n_3, & r>r_{\mathrm{c}}\end{cases} \tag{2-1}$$

式中，$F(r,\varphi,x)$ 为折射率变化函数；r_{f} 为光纤纤芯半径；r_{c} 为光纤包层半径；n_1 为光纤纤芯初始折射率；n_2 为光纤包层折射率；n_3 为空气的折射率，如图 2-2 所示。

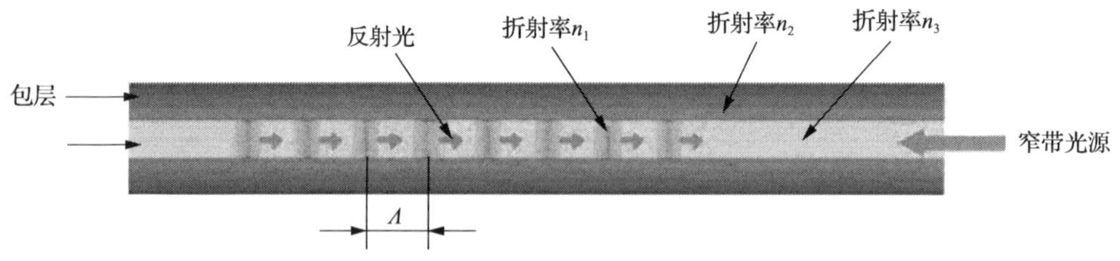

图 2-2　光纤光栅传感原理图

Λ 为光纤光栅周期长度

为了更全面地描述光致折射率的变化函数，可以直接利用傅里叶级数的形式对折射率周期变化和准周期变化进行分解，并分别采用光栅传播常数 k_{g} 修正光栅周期及折射率调制沿 x 轴的渐变性、折射率调制在横截面上的非均匀分布等误差，可得到描述光致折射率变化的一般性函数为[153]

$$F(r,\varphi,x)=\frac{\Delta n_{\max}}{n_1}F_0(r,\varphi,x)\sum_{q=-\infty}^{\infty}a_q\cos[k_g q+\varphi(x)x] \tag{2-2}$$

式中，$F(r,\varphi,x)$为光纤轴向折射率调制的不均匀性；k_g为光栅的传播常数，$k_g=2\pi/\Lambda$，Λ 为光栅周期；q 为非正弦分布时进行傅里叶展开得到的谐波阶数；a_q 为傅里叶级数的展开系数；$\varphi(x)$为周期非均匀的渐变函数；$\Delta n_{\max}$为光纤最大折射率的微扰。

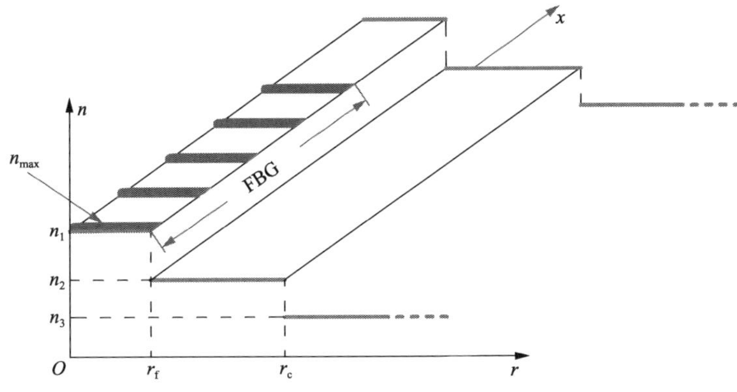

图 2-3　光纤光栅折射率分布示意图

将式(2-2)进行类似于周期函数的傅里叶展开，可得光纤光栅刻写范围内的折射率调制函数为

$$n(r,\varphi,x)=n_1+\Delta n_{\max}F_0(r,\varphi,x)\sum_{q=-\infty}^{\infty}a_q\cos[k_g q+\varphi(x)x] \tag{2-3}$$

上式即为光纤布拉格光栅理论模型，是分析光纤光栅反射特性的基础。

在 FBG 刻写过程中，由于光纤包层为纯石英材质，紫外光对其折射率的调制微乎其微，则可将紫外光引起的整个光纤折射率的变化视为仅考虑光纤纤芯的折射率变化，则光栅光纤内折射率分布函数表示为

$$n(x)=\begin{cases}n_1+\Delta n_{\max}\cos\left(\dfrac{2\pi}{\Lambda}mx\right), & -\dfrac{L}{2}\leqslant x\leqslant\dfrac{L}{2}\\ n_2, & x<-\dfrac{L}{2},x>\dfrac{L}{2}\end{cases} \tag{2-4}$$

式中，Λ 为均匀光纤光栅的周期长度。

耦合模理论主要考虑光纤正、逆方向传输模式的耦合，假设光纤内光场可表示为理想光波导模式的简单叠加，则光纤中的横向模场函数描述为

$$\boldsymbol{E}^{\mathrm{T}}(r,\varphi,x,t)=\sum_{q=-\infty}^{\infty}\left[A_q(x)\mathrm{e}^{\mathrm{i}\beta_q x}+B_q(x)\mathrm{e}^{-\mathrm{i}\beta_q x}\right]\boldsymbol{E}_q^{\mathrm{T}}(r,\varphi)\mathrm{e}^{-\mathrm{i}\omega t} \tag{2-5}$$

式中，$A_q(x)$为沿光纤轴向正向传输的第 q 个模的慢变振幅；$B_q(x)$为沿光纤轴向逆向传输的第 i 个模的慢变振幅；$\boldsymbol{E}_q^{\mathrm{T}}(r,\varphi)$为第 q 个模的径向模分量场；β_q为传播常数，表示为$\beta_q=2\pi n_{\mathrm{eff}}/\lambda$，$n_{\mathrm{eff}}$为光纤光栅的有效折射率，$\lambda$为光纤光栅波长。

光在光纤纤芯内传输时，在理想状态下相互正交的模式是不发生能量交换的，但介电扰动作用可使两者间发生耦合，分别描述为

$$\frac{\mathrm{d}A_q}{\mathrm{d}x}=\mathrm{i}\sum_p A_p(P_{pq}^r-P_{pq}^x)\exp(\mathrm{i}x\beta_p-\mathrm{i}x\beta_q)+\mathrm{i}\sum_p B_p(P_{pq}^r-P_{pq}^x)\exp(\mathrm{i}x\beta_p-\mathrm{i}x\beta_q) \tag{2-6}$$

$$\frac{\mathrm{d}B_q}{\mathrm{d}x}=-\mathrm{i}\sum_p A_p(P_{pq}^r-P_{pq}^x)\exp(\mathrm{i}x\beta_p-\mathrm{i}x\beta_q)-\mathrm{i}\sum_p B_p(P_{pq}^r+P_{pq}^x)\exp(\mathrm{i}x\beta_p-\mathrm{i}x\beta_q) \tag{2-7}$$

式中，$P_{pq}^r(x)$为第 p 模式和第 q 个模式之间的径向耦合系数；$P_{pq}^x(x)$为两者的轴向耦合系数，分别表示为

$$P_{pq}^r(x)=\frac{\omega}{4}\iint_\infty \Delta\varepsilon(r,\varphi,z)E_p^r(r,\varphi)\times E_q^{r*}(r,\varphi)\mathrm{d}r\mathrm{d}\varphi \tag{2-8a}$$

$$P_{pq}^x(x)=\frac{\omega}{4}\iint_\infty\left[\frac{\varepsilon(r,\varphi,z)\cdot\Delta\varepsilon(r,\varphi,z)}{\varepsilon(r,\varphi,z)+\Delta\varepsilon(r,\varphi,z)}\cdot E_p^x(r,\varphi)\times e_q^{r*}(r,\varphi)\right]\mathrm{d}r\mathrm{d}\varphi \tag{2-8b}$$

式中，$\varepsilon(r,\varphi,z)$为介电常数；$\Delta\varepsilon(r,\varphi,z)$为介电常数的微小扰动，由于 Δn 远小于 n，所以在一般的光波导模式中，轴向耦合系数远小于径向耦合系数，则前者可忽略不计。为了简化式(2-8)，定义两个耦合系数 S_{pq} 和 A_{pq}，则简化后的径向耦合系数可表示为

$$P_{pq}^r(x)=S_{pq}(x)+2A_{pq}(x)\cos\left[\frac{2\pi}{\Lambda}+\varphi(x)\right] \tag{2-9}$$

式中，φ 表示光栅啁啾参数，均匀光纤光栅的取值为 0；系数 S_{pq} 和 A_{pq} 分别被称为自耦合系数和交耦合系数，分别表示为

$$S_{pq}(x)=\omega\frac{n_{\mathrm{eff}}}{2}\overline{\Delta n_{\mathrm{eff}}}(x)\iint_{\mathrm{core}} E_p^r(r,\varphi)\times E_q^{r*}\mathrm{d}r\mathrm{d}\varphi \tag{2-10}$$

$$A_{pq}(x)=\frac{v}{2}S_{pq}(x) \tag{2-11}$$

式中，v 为折射率改变的条纹对比度；n_{eff}为光纤光栅的有效折射率；$\overline{\Delta n_{\mathrm{eff}}}$ 为光纤光栅的有效折射率变化均值。

在光纤光栅中，耦合主要发生在 FBG 波长附近的正向传输光波振幅 A_p 和模式相同但逆向的光波振幅 B_p 之间，定义入射光波和反射光波模式分别为 $A(x)$、$B(x)$，则式(2-6)和式(2-7)可分别简化为

$$\frac{\mathrm{d}A(x)}{\mathrm{d}x}=\mathrm{i}\hat{a}A(x)+\mathrm{i}\gamma B(x) \tag{2-12}$$

$$\frac{\mathrm{d}B(x)}{\mathrm{d}x}=-\mathrm{i}\hat{a}A(x)-\mathrm{i}\gamma B(x) \tag{2-13}$$

其中入射光波模式 $A(x)$ 和反射光波模式 $B(x)$ 分别表示为

$$A(x)=A_p\exp(\mathrm{i}\delta x-\varphi/2) \tag{2-14}$$

$$B(x)=B_p\exp(\varphi/2-\mathrm{i}\delta x) \tag{2-15}$$

其中，δ 为波数失谐量；$\hat{a}$ 为直流自耦合系数，分别表示为

$$\delta=\beta_1-\beta_2 \tag{2-16}$$

$$\hat{a}=\delta+a-\frac{1}{2}\frac{\mathrm{d}\varphi}{\mathrm{d}x} \tag{2-17}$$

式中，β_1 为正向传输模式的传播常数；β_2 为逆向传输模式的传播常数。

对于单模光纤，在相位匹配条件下，满足

$$\beta_1-\beta_2=\beta-\frac{\pi}{\Lambda}=\frac{2\pi n_{\mathrm{eff}}(\lambda_{\mathrm{B}}-\lambda)}{\lambda\lambda_{\mathrm{B}}} \tag{2-18}$$

$$\alpha=\frac{2\pi}{\lambda}\overline{\Delta n_{\mathrm{eff}}} \tag{2-19}$$

$$\gamma=v\frac{\pi}{\lambda}\overline{\Delta n_{\mathrm{eff}}} \tag{2-20}$$

式中，λ_{B} 为光纤光栅反射光波长；α 和 γ 分别为自耦合系数和交耦合系数。

对于单模光纤中的均匀 FBG，光栅周期 Λ、Δn_{eff} 在轴向上是均匀分布的，且啁啾参数为 0，所以自耦合系数 α、$\hat{a}$ 和交耦合系数 γ 均是常数，则 FBG 的耦合模方程可简化为一阶微分方程，在特定的边界条件下可解得唯一满足的解析解。假定光纤光栅中心点为坐标原点，栅区范围为[$-L/2$，$L/2$]，则方程的边界条件可描述为

$$A\left(-\frac{L}{2}\right)=1,\ B\left(-\frac{L}{2}\right)=0,\ B\left(\frac{L}{2}\right)=0 \tag{2-21}$$

可求得方程解为

$$A(x)=\frac{-\mathrm{i}\gamma\sinh\left[(x-L/2)\sqrt{\gamma^2-\hat{a}^2}\right]}{\sqrt{\gamma^2-a^2}\cosh\left[\sqrt{L^2(\gamma^2-\hat{a}^2)}\right]-\mathrm{i}a\sinh\sqrt{L^2(\gamma^2-\hat{a}^2)}} \tag{2-22}$$

$$B(x)=\frac{\sqrt{\gamma^2-a^2}\cosh\left[\sqrt{\gamma^2-a^2}(x-L/2)-\mathrm{i}a\sinh\sqrt{\gamma^2-a^2}(x-L/2)\right]}{\sqrt{\gamma^2-a^2}\cosh\left[\sqrt{L^2(\gamma^2-a^2)}\right]-\mathrm{i}a\sinh\sqrt{L^2(\gamma^2-a^2)}} \tag{2-23}$$

光纤光栅的反射系数为反射波与入射波模式的比值：

$$\rho=A(-L/2)/B(-L/2) \tag{2-24}$$

可求得光纤光栅的反射系数 ρ 与反射率 R 分别为

$$\rho=\frac{-\gamma\sinh\sqrt{(\gamma L)^2-(\hat{a}L)^2}}{\hat{a}\sinh\sqrt{(\gamma L)^2-(\hat{a}L)^2}+\mathrm{j}\sqrt{(\gamma^2-\hat{a}^2)}\cosh\sqrt{(\gamma L)^2-(\hat{a}L)^2}} \tag{2-25}$$

$$R=\frac{\sinh^2\left(L\sqrt{\gamma^2-\hat{a}^2}\right)}{-\left(\dfrac{\hat{a}}{\gamma}\right)^2+\cosh^2\left(L\sqrt{\gamma^2-\hat{a}^2}\right)} \tag{2-26}$$

式(2-26)中，定义 α=0 可得光纤光栅的最大反射率 $R_{\max}$ 及对应的波长。

对均匀 FBG 进行赋参：λ_B=1550nm，n_{eff}=1.456，L=10mm，$\Delta n_{\mathrm{eff}}=10^{-4}$，$v$=1，则可依据以上推导仿真出该 FBG 的反射光谱，如图 2-4 所示。

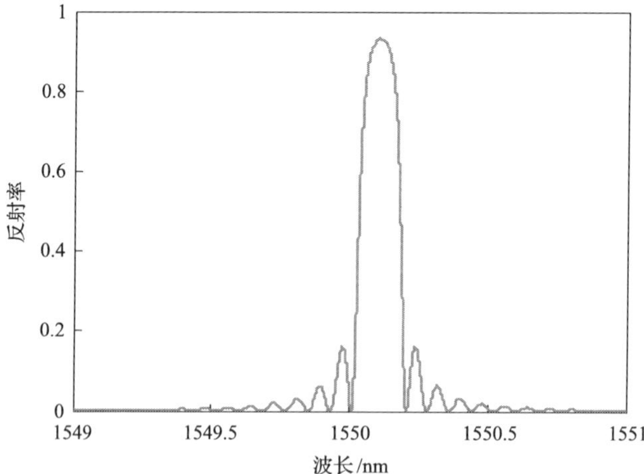

图 2-4　均匀光纤光栅的反射光谱图

由式(2-26)可知，当光纤直流自耦合 $\hat{a}$=0 时，反射率达到最大值 $R_{\max}$：

$$R_{\max} = \tanh^2(\gamma L) \tag{2-27}$$

其对应的波长为

$$\lambda_{\max} = \left(1 + \frac{\overline{\Delta n_{\text{eff}}}}{n_{\text{eff}}}\right)\lambda_{\text{B}} \tag{2-28}$$

对于均匀 FBG，其带宽为最大反射率位置两侧的零点最近距离，计算可得反射谱的半幅值全宽：

$$\frac{\Delta\lambda_{3\text{dB}}}{\lambda_{\text{B}}} = \frac{1}{2n_{\text{eff}}}\sqrt{\Delta n_{\text{eff}}{}^2 + \left(\frac{\lambda_{\text{B}}}{L}\right)^2} \tag{2-29}$$

对式(2-28)作如下变换：

$$\lambda_{\max} = \lambda_{\text{B}} + 2\overline{\Delta n_{\text{eff}}}\Lambda \tag{2-30}$$

由式(2-29)和式(2-30)可知，光纤光栅对外界因素扰动的响应主要集中于两个参量，即最大反射率波长位置 $\lambda_{\max}$ 和带宽 $\Delta\lambda$。均匀 FBG 最大反射率波长位置 $\lambda_{\max}$ 与 FBG 的调制深度(折射率变化均值)和周期长度有关，而带宽 $\Delta\lambda_{3\text{dB}}$ 则与调制深度和光栅的整体长度有关。

2.1.3　光纤光栅传输矩阵理论

在光纤光栅的实际测量中，往往会处于非均匀的应变场，而且为了实现某种功能，也会采用周期不均匀的光纤光栅[154-156]。对于此类光纤光栅，原本均匀一致的周期和相位将不复存在，导致耦合模方程不再是常系数一阶微分方程，使得求解更加复杂，很难直接求出解析解。针对这一问题，Yamada 和 Sakuda[157]提出了传输矩阵法，其基本思想是将整体不均匀的光纤光栅看成若干个独立的均匀子光栅的集合，每个子光栅可通过耦合模方程解析解求出，如图 2-5 所示。传输矩

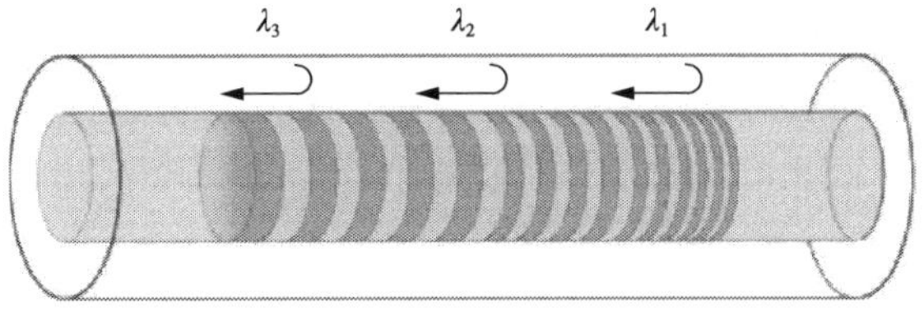

图 2-5　传输矩阵法示意图

阵法通过与数值仿真方法结合，突出了其精确、简便和适用性强的特点，可快速地分析非均匀 FBG 的光谱特性，现已成为进行理论分析的主要方法之一。

在非均匀 FBG 中，光栅周期 Λ、Δn_{eff} 及参数 φ 沿 x 轴非均匀分布，将整根光纤光栅分解为 M 个子段，假设每个子段符合均匀 FBG 的调制特性，即 Λ、Δn_{eff} 相同，自耦合系数 α、$\hat{a}$ 和交耦合系数 γ 均是常数。之后，将子段依次级联，从而形成整个非均匀 FBG 的解。定义经过第 i 子段后，光波在其中传播的正、逆向模式的振幅为 A_i 和 B_i，则

$$\begin{bmatrix} A_i \\ B_i \end{bmatrix} = \boldsymbol{M}_i \begin{bmatrix} A_{i-1} \\ B_{i-1} \end{bmatrix} \tag{2-31}$$

传输矩阵 $\boldsymbol{M}_i$ 描述为

$$F_i = \begin{bmatrix} \cosh(s\Delta x) - \mathrm{i}\dfrac{\hat{a}}{s}\sinh(s\Delta x) & -\mathrm{i}\dfrac{\gamma}{s}\sinh(s\Delta x) \\ \mathrm{i}\dfrac{\gamma}{s}\sinh(s\Delta x) & \cosh(s\Delta x) + \mathrm{i}\dfrac{\hat{a}}{s}\sinh(s\Delta x) \end{bmatrix} \tag{2-32}$$

式中，$\hat{a}$、γ 分别为自耦合系数和交耦合系数，定义与均匀光纤光栅相同。

已有结果表明，非均匀场对 FBG 的调制效应与光栅周期施加非均匀应变的作用等效，等效应变 $\varepsilon_{\mathrm{eff}}$ 表示为

$$\varepsilon_{\mathrm{eff}} = (1 - p_{\mathrm{e}})\varepsilon(x) \tag{2-33}$$

光纤轴向应变 $\varepsilon(x)$ 对周期和折射率的调制可等效为光栅周期的变化[158,159]：

$$\Lambda(x) = \Lambda_0[1 + (1 - p_{\mathrm{e}})\varepsilon(x)] \tag{2-34}$$

则光纤光栅的折射率分布函数描述为

$$\Delta n_{\mathrm{eff}}(x) = \overline{\Delta n_{\mathrm{eff}}(x)}\left(1 + v\cos\left\{\frac{2\pi}{\Lambda_0[1 + (1 - p_{\mathrm{e}})\varepsilon(x)]}x\right\}\right) \tag{2-35}$$

式中，p_{e} 为 FBG 的弹光系数，石英光纤通常取 0.22；Λ_0 为 FBG 的原始周期；v 为折射率改变的条纹对比度。

由于光纤光栅子段被视为均匀光纤光栅，函数 $\varphi(x)$ 取值为 0，自耦合系数可表示为

$$\sigma = \frac{2\pi}{\lambda}\left(n_{\mathrm{eff}} + \overline{\Delta n_{\mathrm{eff}}}\right) - \frac{\pi}{\Lambda(z)} \tag{2-36}$$

由第 i 段内的应变值分别计算每一小段的传输矩阵 M_i，次级相乘即可得整根光纤光栅的解，可表示为

$$\begin{bmatrix} A_M \\ B_M \end{bmatrix} = F_M \times F_{M-1} \times \cdots \times F_2 \times F_1 \begin{bmatrix} A_0 \\ B_0 \end{bmatrix} \tag{2-37}$$

$$F = F_M \times F_{M-1} \times \cdots \times F_2 \times F_1 \tag{2-38}$$

光纤光栅反射系数为

$$\rho = \frac{F(2,1)}{F(1,1)} \tag{2-39}$$

与其他理论分析方法相比，传输矩阵法的突出特点是其与数值仿真方法完美配合，使计算过程更方便，只需将计算得出的分段光纤光栅的传输矩阵相乘，即可获得整个光纤光栅的反射率特征，光纤光栅的分段越密集，精度越高。但需注意的是，每个光纤光栅分段应包含至少 n 个光栅周期 Λ，因此分段数 M 需满足的条件为

$$M = \frac{2n_{\mathrm{eff}}L}{\lambda_{\mathrm{B}}} \tag{2-40}$$

选取 FBG 参数，施加下式所述的轴向应变，采用传输矩阵法得到该应变分布下的 FBG 反射光谱，如图 2-6 所示。

$$\varepsilon(x) = b(x + L/2) \tag{2-41}$$

式中，参数 b 为应变分布趋势的斜率，取值见表 2-1。

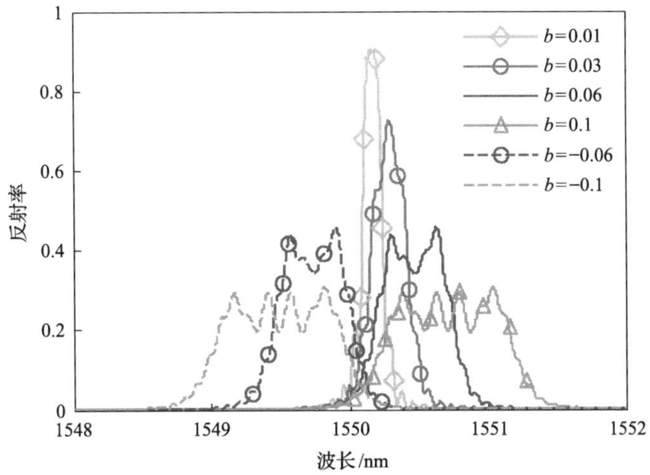

图 2-6 非均匀应变的光纤光栅反射光谱图

表 2-1　应变函数参量 *b* 的取值方案

参量	取值	参量	取值
b	0.01	b	0.1
b	0.03	b	–0.06
b	0.06	b	–0.1

由图 2-6 可知，随着光纤光栅非均匀应变调制程度的增加，其反射光谱同时经历波长漂移和带宽增加的演化过程。Prabhugoud 等针对大应变梯度下传输矩阵法对 FBG 光谱特性的描述与龙格-库塔法求解结果不相符的问题，提出了一种改进的传输矩阵算法，重新定义了等效周期：

$$\overline{\Lambda}(x)=\Lambda_0\left[1+(1-p_{\mathrm{e}})\varepsilon(x)+(1-p_{\mathrm{e}})x\varepsilon'(x)\right] \tag{2-42}$$

当 b 的取值为 0.02 时，改进后的传输矩阵算法输出非均匀 FBG 的光谱特征，如图 2-7 所示，FBG 的反射波波峰和带宽均有明显改变，与 FBG 的实验结果良好符合，说明改进后的传输矩阵法在计算大梯度应变分布下的 FBG 光谱是有效的，目前其已广泛应用于非均匀 FBG 的光谱特征分析和非均匀应变场的传感[160]。

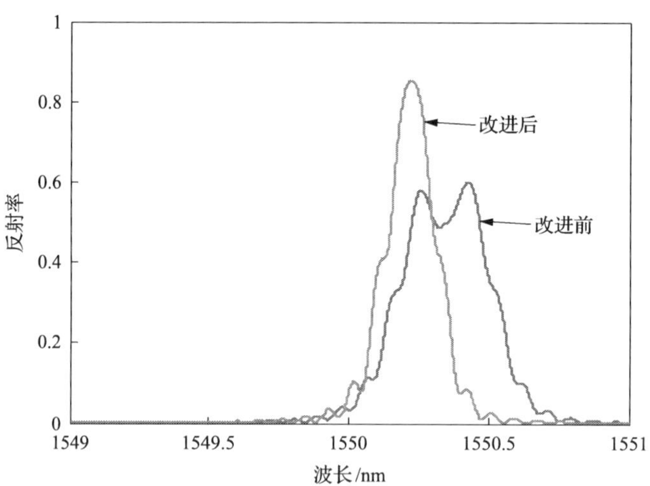

图 2-7　传输矩阵法的优化效果

采用改进的传输矩阵算法，仿真得出表 2-1 所示应变取值方案下 FBG 的反射光谱，如图 2-8 所示。应变梯度不大时(b=0.01)，光纤光栅的反射图谱无明显变化，但是当应变梯度较大时，光纤光栅的最大反射率(波峰高度)和带宽均有明显的改变。

在实际应用中，光纤光栅的解调设备通常是通过探测反射峰对应的带宽来解调 FBG 的波长信息，其算法是在假设带宽为 0.25nm 和光谱图形为光滑高斯型曲线的基础上的。由图 2-8 可知，随着光纤光栅的非均匀程度增加，其反射光谱同时经历波长漂移和带宽增加的演化过程，当非均匀程度超过一定值时，反射光谱不再具有单一的可识别波峰，这给 FBG 的波长解调带来困难。所以，光纤光栅的波长解调方法对非均匀应变的传感不再具有适应性，有必要对此进行深入研究。

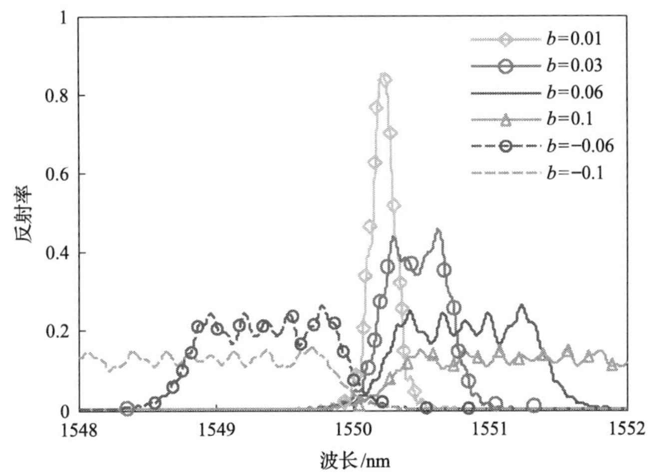

图 2-8　采用改进后的传输矩阵算法得出的非均匀光纤光栅的反射光谱图

2.2　光纤光栅感知原理

光纤光栅的光谱特征与其周期 Λ 和折射率改变量 Δn_{eff} 息息相关，当外界信息发生变化时，FBG 周期 Λ、Δn_{eff} 的改变会使其反射光谱产生相应的变化，当这些变化与外界物理量的改变遵从某种规律时，即可通过测得的光纤光栅光谱信息反演出外界物理量的变化。光纤光栅的光谱参量，如反射波波长、相位、带宽、幅值能量、边模抑制比等均可作为调制手段用于 FBG 的传感，其中以反射波波长最为成熟。

2.2.1　FBG 的中心波长感知原理

光纤光栅的反射波波长 λ_{B} 会随着外界应变和温度的变化而发生变化，这是光纤光栅波长传感调制的理论基础。光纤光栅的布拉格方程为

$$\lambda_{\mathrm{B}} = 2n_{\mathrm{eff}}\Lambda \tag{2-43}$$

光纤光栅的有效折射率 n_{eff} 和光栅周期 Λ 对纤芯轴向应变及温度敏感，所以上式可描述为 FBG 波长与应变 ε 和温度 T 相关的函数：

$$\lambda_{\mathrm{B}} = 2n_{\mathrm{eff}}(\varepsilon,T)\times\Lambda(\varepsilon,T) \tag{2-44}$$

式中，$n_{\mathrm{eff}}(\varepsilon,T)$ 和 $\Lambda(\varepsilon,T)$ 分别为光纤光栅有效折射率和周期关于应变、温度的函数。对上式的自变量进行偏微分，可得

$$\begin{aligned}\mathrm{d}\lambda_{\mathrm{B}} &= \left(2n_{\mathrm{eff}}\Lambda\frac{1}{n_{\mathrm{eff}}}\frac{\partial n_{\mathrm{eff}}}{\partial\varepsilon}+2n_{\mathrm{eff}}\Lambda\frac{1}{\Lambda}\frac{\partial\Lambda}{\partial\varepsilon}\right)\mathrm{d}\varepsilon \\ &\quad+\left(2n_{\mathrm{eff}}\Lambda\frac{1}{n_{\mathrm{eff}}}\frac{\partial n_{\mathrm{eff}}}{\partial T}+2n_{\mathrm{eff}}\Lambda\frac{1}{\Lambda}\frac{\partial\Lambda}{\partial T}\right)\mathrm{d}T\end{aligned} \tag{2-45}$$

将式(2-44)代入式(2-45)可得

$$\mathrm{d}\lambda_{\mathrm{B}}=\lambda_{\mathrm{B}}\left(\frac{1}{n_{\mathrm{eff}}}\frac{\partial n_{\mathrm{eff}}}{\partial\varepsilon}+\frac{1}{\Lambda}\frac{\partial\Lambda}{\partial\varepsilon}\right)\mathrm{d}\varepsilon+\lambda_{\mathrm{B}}\left(\frac{1}{n_{\mathrm{eff}}}\frac{\partial n_{\mathrm{eff}}}{\partial T}+\frac{1}{\Lambda}\frac{\partial\Lambda}{\partial T}\right)\mathrm{d}T \tag{2-46}$$

由光波导理论可知，光纤光栅弹光系数 P_{e}、热光系数 ξ 和热膨胀系数 α_{F} 的定义为

$$P_{\mathrm{e}}=-\frac{1}{n_{\mathrm{eff}}}\frac{\partial n_{\mathrm{eff}}}{\partial\varepsilon},\ \xi=\frac{1}{n_{\mathrm{eff}}}\frac{\partial n_{\mathrm{eff}}}{\partial T},\ \alpha_{\mathrm{F}}=\frac{1}{\Lambda}\frac{\partial\Lambda}{\partial T} \tag{2-47}$$

可得 FBG 的应变和温度传感原理模型：

$$\frac{\Delta\lambda_{\mathrm{B}}}{\lambda_{\mathrm{B}}}=(1-P_{\mathrm{e}})\Delta\varepsilon+(\alpha_{\mathrm{F}}+\xi)\Delta T \tag{2-48}$$

式中，$\Delta\varepsilon$ 和 ΔT 分别为光纤轴向应变和温度的改变量。对于掺锗光纤，以上系数均为常数，则光纤光栅的波长变化量(波长漂移)为应变和温度的一次线性函数，极大地方便了 FBG 传感应用；而且应变和温度仅使光纤光栅反射光谱参数中的波长产生响应，相位、带宽、谱形等均未被干扰，这非常利于以波分复用技术进行 FBG 的串并联组网，可充分发挥光纤光栅传感大容量、长距离、灵活组网的技术优势。

2.2.2　FBG 的 3dB 带宽感知原理

FBG 的波长传感调制仅适用于等折射率和周期变化的传感，非等折射率和周期变化中只简单代入应变均值 $\Delta\varepsilon$ 会产生很大的误差，而且也无法采用单个 FBG 实现非均匀应变的识别与测量，必须另占用一个作为参照。通过分析可知，FBG 反射光谱的带宽对非均匀应变的不均匀程度敏感，会随着应变梯度(表示应变的不均匀程度)或温度梯度而发生变化，这就拓展了 FBG 的传感机制，形成了 FBG 带宽传感调制的理论基础。

传输矩阵法很好地体现了 FBG 的带宽传感调制原理：将非均匀应变中的光纤光栅虚拟划分成可视为均匀 FBG 的小段，每个 FBG 小段对反射光的调制相互独

立，显示为光滑高斯曲线型的反射峰，将所有 FBG 小段的反射光谱叠加，从而获得整个 FBG 完整的反射光谱。在均匀应变和温度的作用下，每个 FBG 小段的反射光谱完全一致，相互叠加可形成单一且峰值明显的反射光谱；而在非均匀应变和温度的作用下，每个 FBG 小段的反射光谱的波长 λ 具有差异性，相互叠加所形成的反射光谱表现为峰值降低和带宽增加。已有的研究成果证明，在线性非均匀应变和温度作用下，FBG 的带宽变化量 $\Delta\lambda_{BW}$ 的数学意义为最大应变或温度调制波长与最小应变或温度调制波长之差：

$$\Delta\lambda_{BW}=\lambda_{max}-\lambda_{min}=2n_{eff}\Lambda\left[(\alpha_F+\xi)(T_{max}-T_{min})+(1-P_e)(\varepsilon_{max}-\varepsilon_{min})\right] \tag{2-49}$$

式中，T_{max}、T_{min} 分别为线性非均匀温度场的最大温度值、最小温度值；ε_{max} 、ε_{min} 为线性非均匀应变场的最大应变值、最小应变值。

施加式(2-41)所述的线性递增应变场，经仿真得到 FBG 半幅值带宽展量，如图 2-9 所示，在线性递增应变场中，FBG 带宽的变化量与应变的最大值、最小值之差表现为线性相关。在实际应用中，只要温度、应变中一方为均匀场，即可实现单个 FBG 的自补偿。

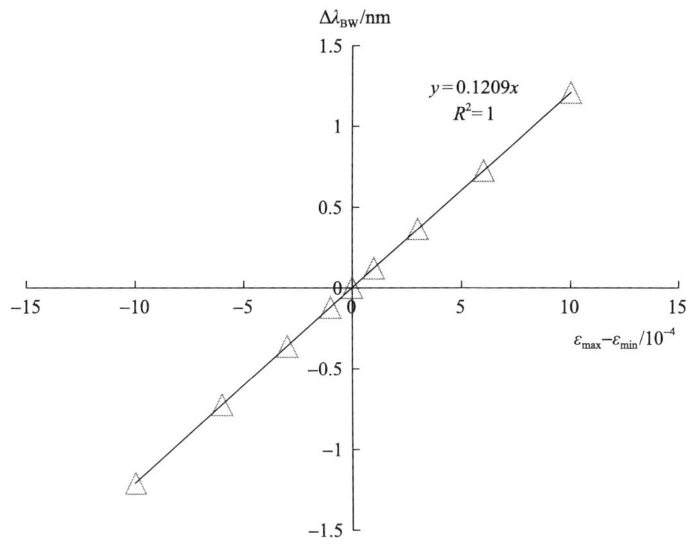

图 2-9　应变的非均匀程度与 FBG 半幅值带宽的关系

2.3　光纤光栅传感特性

2.3.1　光纤光栅温度传感特性

温度对光纤光栅的影响与应力(或应变)相似。当温度发生变化时，光纤光栅的中心波长同样也会发生漂移。外界温度变化在一定程度上主要产生三种效应：①光纤热膨胀效应；②光纤热光效应；③光纤内部热应力引起的弹光效应。这三种效应都会对光纤光栅中心波长变化造成一定的影响。下面就讨论三者对波长变化的影响[161]。

变分形式为

$$\Delta\lambda_{\mathrm{B}} = 2\left(\frac{\partial n_{\mathrm{eff}}}{\partial T}\Delta T + (\Delta n_{\mathrm{eff}})_{ep} + \frac{\partial n_{\mathrm{eff}}}{\partial a}\Delta a\right)\Lambda + 2n_{\mathrm{eff}}\frac{\partial \Lambda}{\partial T}\Delta T \tag{2-50}$$

式中，$\dfrac{\partial n_{\mathrm{eff}}}{\partial a}$ 为由热膨胀导致光纤芯径变化而产生的波导效应。

将上式两端分别除以式(2-44)两端，整理可得

$$\frac{\Delta\lambda_{\mathrm{B}}}{\lambda_{\mathrm{B}} \times \Delta T} = \zeta + \frac{1}{n_{\mathrm{eff}}} K_{\mathrm{wg}} \times a + a \tag{2-51}$$

式中，ζ 为光纤光栅热光系数，$\zeta = \dfrac{1}{n_{\mathrm{eff}}}\dfrac{\partial n_{\mathrm{eff}}}{\partial T}$；$a$ 为光纤的热膨胀系数，$\alpha = \dfrac{1}{\Lambda}\dfrac{\partial \Lambda}{\partial T}$；$K_{\mathrm{wg}}$ 为波导效应引起的光纤光栅波长漂移系数。

在这里做进一步简化，由于波导效应对温度灵敏度系数所造成的影响微乎其微，可以将其当成次要影响因素，所以可忽略它的影响，仅考虑式(2-51)中的热光系数和热膨胀系数，则可以化简为

$$K_{\mathrm{T}} = \zeta + \alpha \tag{2-52}$$

可以推出

$$\frac{\Delta\lambda_{\mathrm{B}}}{\lambda_{\mathrm{B}}} = K_{\mathrm{T}}\Delta T \tag{2-53}$$

上式即为光纤光栅波长变化与温度变化之间的关系。由于系数 K_{T} 为常数，波长漂移量与温度呈线性变化的关系。

在 FBG 的应变测量实践中，所处温度场一般为均匀的。随着温度的改变，FBG 中心波长漂移量主要受控于热光系数 ζ 、热膨胀系数 α 和 FBG 的中心波长，而这三个参数取决于材料的本征特性，取值为常量，因此 FBG 作为温度敏感元件时，在理论上其响应与温度呈线性相关。在参量取值为 $\zeta=6.4\times10^{-6}$℃$^{-1}$、$\alpha=5.5\times10^{-7}$℃$^{-1}$ 时，常用刻写波段 FBG 的温度响应灵敏度见表 2-2，随着 FBG 中心波长的增加，其温度灵敏度也随之增加，不同波长 FBG 对温度的响应具有特异性。如图 2-10 所示，采用水浴实验对无封装(裸 FBG)、acrylate 再涂覆和金属封装下 FBG 的温度灵敏度进行了研究。实验中，以 4℃为梯度调整水温，并保持 FBG 浸泡时间超

过 2min 以使热量充分传导，实验结果如图 2-11 所示。

表 2-2　不同中心波长(1510～1590nm)的 FBG 对温度的理论响应灵敏度

FBG 波长/nm	灵敏度/(pm/℃)	FBG 波长/nm	灵敏度/(pm/℃)
1510	10.495	1560	10.842
1520	10.564	1570	10.912
1530	10.634	1580	10.981
1540	10.703	1590	11.051
1550	10.773		

图 2-10　FBG 温度灵敏度的水浴实验

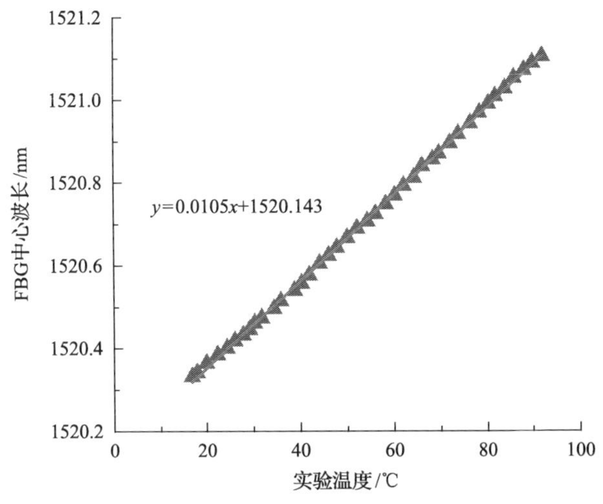

图 2-11　裸 FBG 的温度响应灵敏度

在不同的封装方式下，FBG 的波长漂移量仍表现为与温度的线性相关，如图 2-12

所示，拟合曲线校正决定系数超过 0.999，具有良好的线性度，但封装方式使拟合曲线的斜率呈现差异性，金属基片封装 FBG 的温度灵敏度为 25.9pm/℃、acrylate 重涂覆 FBG 的温度灵敏度为 9.59pm/℃，均不同于裸 FBG 的灵敏度 10.92pm/℃、10.804pm/℃，分别达到了增敏和减敏的效果。实验过程中，FBG 的 3dB 带宽无变化。结果表明，FBG 作为温度传感器具有良好的优势，但在作为应变传感器应用于温度变化明显的测量环境时，对传感器及传感器系统的温度补偿需充分考虑 FBG 封装因素的干扰。

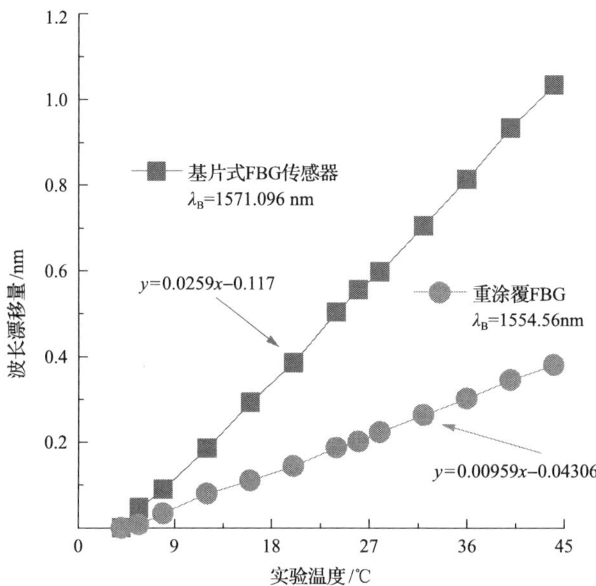

图 2-12　封装 FBG 的温度响应灵敏度

2.3.2　光纤光栅应变传感特性

定义 FBG 所处的应变场在轴向上的描述为相对于坐标 x 的函数(坐标原点为 FBG 栅区端点)：

$$\varepsilon(x) = ax^2 + bx + c \tag{2-54}$$

当应变参数 $a,b=0$ 且 $c\neq0$ 时，光纤光栅应变场为均匀的；当 $a,c=0$ 且 $b\neq0$ 时，光纤光栅处于等梯度的非均匀应变场，且端头的应变为 0；当 $b,c=0$ 且 $a\neq0$ 时，光纤光栅的应变场存在梯度差异。本节将对这三种应变状态进行分析，研究 FBG 的波长漂移量和带宽变化量在应变场中的响应特征。

1. 轴向均匀应变作用下的光纤光栅传感特性分析

根据应力引起的光纤光栅波长漂移，可以用下式给予描述：

$$\Delta\lambda_{B} = 2n_{eff}\Delta\Lambda + 2\Delta n_{eff}\Lambda \tag{2-55}$$

式中，$\Delta\Lambda$ 为当受到应力作用时光纤发生的弹性变形；Δn_{eff} 为由于弹光效应使光纤的折射率发生的改变量。

当光纤光栅在轴向方向上受到均匀作用力时，光栅将产生一定的轴向均匀应变，受力结构图如图 2-13 所示[162]。

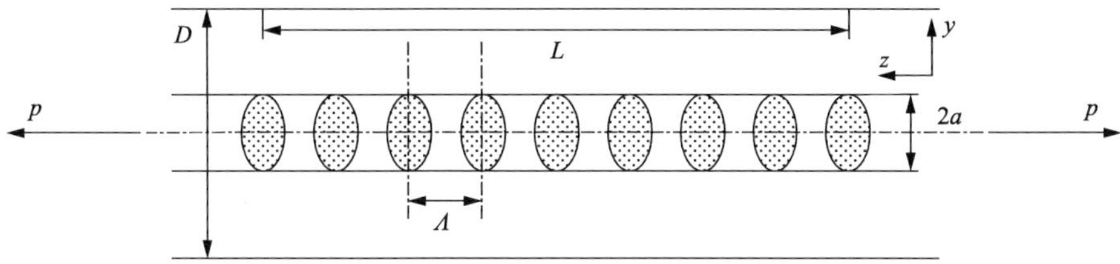

图 2-13　光纤光栅轴向均匀受力结构图

根据材料力学基本原理，计算得到光栅各方向的应变为

$$\begin{bmatrix} \varepsilon_x \\ \varepsilon_y \\ \varepsilon_z \end{bmatrix} = \begin{bmatrix} -v\dfrac{P}{E} \\ -v\dfrac{P}{E} \\ \dfrac{P}{E} \end{bmatrix}，即 \varepsilon_x = \varepsilon_y = -v\varepsilon_z \tag{2-56}$$

式中，E 为石英光纤的弹性模量，GPa；v 为石英光纤的泊松比。

将式(2-56)的两边分别对应除以式(2-46)的两边，可得

$$\frac{\Delta\lambda_B}{\lambda_B} = \frac{\Delta\Lambda}{\Lambda} + \frac{\Delta n_{eff}}{n_{eff}} \tag{2-57}$$

在线弹性范围内，$\dfrac{\Delta\Lambda}{\Lambda} = \varepsilon_z$，即光纤光栅产生的轴向应变。在不考虑波导效应对光纤光栅折射率影响的情况下，我们只考虑轴向应变的弹光效应，根据材料的弹光效应得到

$$\Delta\left(\frac{1}{n_{eff}^2}\right) = (p_{11} + p_{12})\varepsilon_x + p_{12}\varepsilon_z \tag{2-58}$$

近而转化可得

$$\frac{\Delta n_{eff}}{n_{eff}} = -\frac{n_{eff}^2}{2}[(p_{11} + p_{12})\varepsilon_x + p_{12}\varepsilon_z] \tag{2-59}$$

将式(2-58)代入式(2-59)得到

$$\frac{\Delta n_{\text{eff}}}{n_{\text{eff}}}=-\frac{n_{\text{eff}}^2}{2}[(p_{12}-\nu(p_{11}+p_{12})\varepsilon_x] \tag{2-60}$$

将式(2-56)代入式(2-41)可得

$$\frac{\Delta\lambda_{\text{B}}}{\lambda_{\text{B}}}=\left\{1-\frac{n_{\text{eff}}^2}{2}[p_{12}-\nu(p_{11}+p_{12})]\right\}\varepsilon_z \tag{2-61}$$

由于 $p_{\text{e}}=\frac{n_{\text{eff}}^2}{2}[p_{12}-\nu(p_{11}+p_{12})]$，进而化简式(2-61)可得

$$\frac{\Delta\lambda_{\text{B}}}{\lambda_{\text{B}}}=(1-p_{\text{e}})\varepsilon_z \tag{2-62}$$

上式即为当轴向均匀应力(或应变)作用于光纤光栅时，由于弹光效应引起的发射光波长与应变两者关系的表达式[32]。观察灵敏度系数 p_{e} 的表达式，可以得知光纤的有效折射率、弹光系数和泊松比三个物理量决定了 p_{e} 的大小，而在实际应用中，当采用某一种光纤光栅时，其材料特性是确定不变的，这三个物理量也是确定不变的，那么灵敏度系数 p_{e} 也是不变的，为常量。对于某一具体的光纤光栅，其初始中心波长也是常量，因此可以得出这样的结论：光纤光栅受到均匀轴向应力(或应变)时，反射光的中心波长漂移量与应变大小呈现正比的关系，应变越大，波长漂移量一定也越大[163]。

K_ε 为光纤光栅轴向均匀应变与中心波长漂移量关系的灵敏度系数，由此得

$$\frac{\Delta\lambda_{\text{B}}}{\lambda_{\text{B}}}=K_\varepsilon\varepsilon_z \tag{2-63}$$

通过一定的技术手段检测到光纤光栅中心波长漂移量，光栅所受到的轴向应变由上式可以计算得到。

我们以生活中普遍使用的纯石英光纤为例，其具体参数可以从网上查到，其中 n_{eff}=1.456，p_{11}=0.121，p_{12}=0.270，ν=0.17，计算得到 p_{e}=0.216，则 K_ε =0.784。

2. 非均匀应变场光纤光栅的中心波长和 3dB 带宽响应

光纤光栅的均匀应变场环境只是测量应用中的理想状态，在实际中，被测应变通常为非均匀应变场，这就要求研究均匀 FBG 在非均匀应变场中的调制特性。调用上述应变函数，分别定义 $b\neq0$、$a\neq0$ 可获得等递增和非等递增的非均匀应变场。为便于分析，定义应变梯度 d 为 FBG 栅区范围内最大和最小应变之差：

$$d=\varepsilon_{\max}-\varepsilon_{\min} \tag{2-64}$$

当光纤光栅长度确定时，定义应变函数参量 a=0，通过改变 b 参数的取值，可获得等递增的非均匀应变，应变梯度和参数 b 存在如下关系：

$$d = bL \tag{2-65}$$

取 FBG 栅区长度 L=10mm、应变参数 a,c=0，b 分别为±0.01、±0.02、±0.03 时，FBG 反射光谱特征如图 2-14 所示。随着应变梯度 d 的增加，FBG 最大折射率逐渐减小，当 $d > 1\times10^{-4}$ 时，FBG 光谱的单反射峰消失，呈现能量大致均等的多峰特征，不再具有精确唯一的可解调波峰，且光谱图形关于中心线呈左右对称。FBG 的半幅值带宽随着应变梯度 d 绝对值的改变而发生变化，大致呈线性相关。

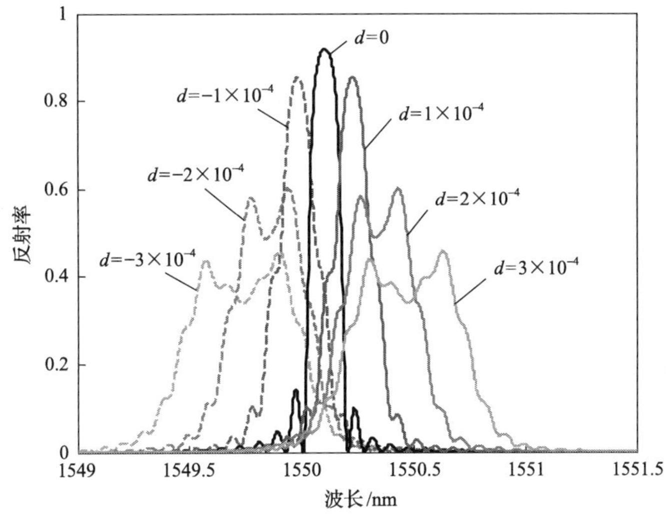

图 2-14　等递增非均匀应变场对光纤光栅调制光谱特征

当光纤光栅长度确定时，应变函数参量 b=0，通过改变 a 参数的取值，可获得 FBG 栅长范围内非等递增的非均匀应变场，应变梯度 d 和参量 b 存在如下关系：

$$d = aL^2 \tag{2-66}$$

取 FBG 栅区长度 L=10mm、应变函数参量 b，c=0，a 分别为±3、±2、±1 时，FBG 的反射光谱特征如图 2-15 所示。在非等递增应变场调制下，FBG 的光谱发生异化，旁瓣向符号对应的展宽方向发育，边模抑制比不再两侧对称，未出现等能量的多峰，使光谱中唯一可解调的单峰继续保留，其中心波长大致位于栅区范围内小应变梯度区所对应的位置，漂移量值远小于如图 2-15 所示的相同应变梯度下的漂移量(如 d=1×10^{-4})，且与应变梯度无明显的数学对应关系，所以波长传感调制方法对该类非均匀应变无测量价值。

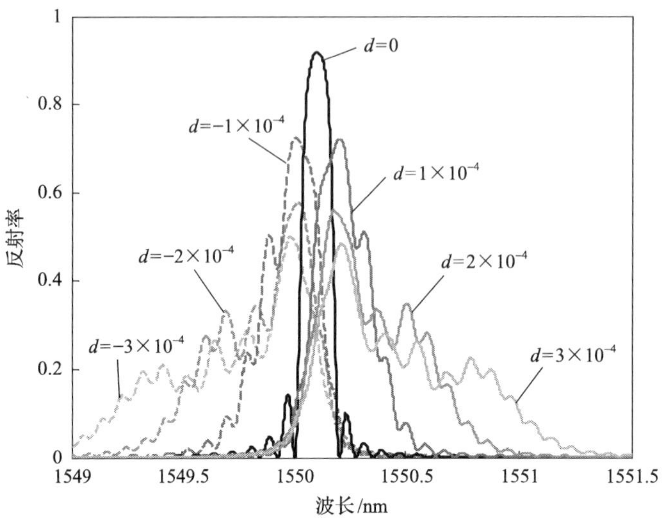

图 2-15　非等递增的非均匀应变场对光纤光栅调制的光谱特征

由图 2-14 和图 2-15 可知，非均匀应变场调制 FBG 光谱发生畸变，光纤光栅中心波长和带宽均发生变化，区别于均匀应变场 FBG 的反射光谱整体性漂移，非均匀应变场调制的 FBG 中心波长和 3dB 带宽均产生变化。如图 2-16 所示，等递增非均匀应变场调制光谱的 3dB 带宽与应变梯度呈线性关系，非等递增非均匀应变场调制光谱的 3dB 带宽也随应变梯度的增加发生变化，但无明显的单调性。这些性质为通过 3dB 带宽实现等递增非均匀应变场的识别与测量提供了方法。

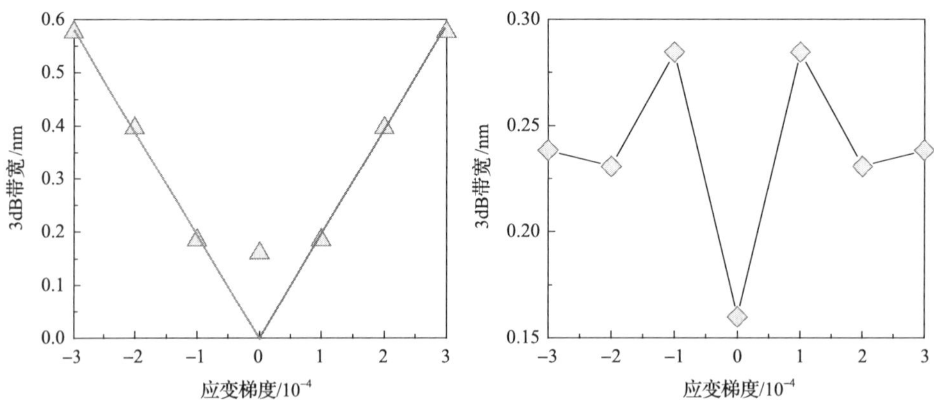

图 2-16　等递增与非等递增均匀应变场调制光谱的 3dB 带宽对比

2.3.3　光纤光栅应变-温度交叉敏感特性

由上述理论推导得到的光纤光栅在受到轴向均匀应变时和温度变化影响时传感特性可知，当应变和温度变化时，两者都会显著改变光纤光栅的中心波长，并

且都存在与波长漂移量一一对应的线性关系。不难得出，在温度和应变都发生变化时，光纤光栅中心波长漂移量的表达式为

$$\frac{\Delta\lambda_B}{\lambda_B}=K_\varepsilon\varepsilon+K_T\Delta T \tag{2-67}$$

光纤光栅灵敏度很高，对应变和温度都十分敏感，而相对于应变灵敏度，温度灵敏度是其 10 倍左右，所以在采用光纤光栅进行结构检测时，必须重视和关注温度灵敏度，并且解决应变-温度交叉敏感问题是在所难免和至关重要的。在实际检测过程中，当只要求关注应变变化对光栅波长漂移量的影响时，如何剔除温度这一影响因素成为棘手问题[164]。

光纤光栅的温度补偿方法是指在大多数情况只需要关注应变时，采用某种方法或途径剔除温度不断上升、下降所造成的光栅中心波长的漂移，达到检测出应变大小而不需要再考虑外界温度变化这一因素的目的，实现检测的精确性和简便快速性。关于温度补偿方法的种类很多，原理也不尽相同，而广泛应用的有聚合物封装法、负热材料法和不受力温度补偿法等。各方法的原理及优缺点见表 2-3。

表 2-3　常用的温度补偿方法的原理及优缺点

常用温度补偿方法	主要原理	优点	缺点
聚合物封装法	在封装光纤光栅时使用聚合物材料来减小温度灵敏度，降低温度的影响	技术发展成熟，结构元件少，易于小型化	光栅容易出现啁啾化而影响补偿效果；材料具有的蠕变效应等对温度补偿的性能也有一定的影响；封装材料不耐高温、高压
负热材料法	基于负热材料有负的温度效应的特性，将光栅粘贴在负热材料上，当温度发生变化时，材料负膨胀导致负形变，使光栅产生的波长漂移与温度变化引起的相抵消，从而剔除了温度影响	结构设计简单、体积小，温度补偿稳定性好，较好地应用于密集波分复用系统	能检测的温度范围有限，且价格昂贵
不受力温度补偿法	将另外一个光纤光栅粘贴在采用同一材料、没有力作用的构件上，让其仅检测温度影响，通过参考不受力光栅的波长漂移量，从而得到所测材料的真实应变大小	原理简单，经济可靠，测试精度较高，可操作性强	需要两个光纤光栅，粘贴要有一定的技术水平

由于不受力温度补偿法简单可靠，下面主要推导采用此法时剔除温度影响后由应变引起的波长变化。由于温度和应变两者之间的耦合作用较复杂，故不予考虑，仅考虑单独作用时的效果。假设不受力光栅(即温度补偿光栅)的初始波长记为 λ_{B2}，其温度灵敏度系数记为 K_{T2}，可以推出

$$\frac{\Delta\lambda_{B1}}{\lambda_{B1}} = K_{\varepsilon 1}\varepsilon + K_{T1}\Delta T \tag{2-68}$$

$$\frac{\Delta\lambda_{B2}}{\lambda_{B2}} = K_{T2}\Delta T \tag{2-69}$$

联立式(2-68)和式(2-69)，令$\gamma = K_{T1} / K_{T2}$，可以得到

$$\varepsilon = (\Delta\lambda_{B1} / \lambda_{B1} - \gamma\Delta\lambda_{B2} / \lambda_{B2}) / K_{\varepsilon 1} \tag{2-70}$$

上式为剔除温度这一影响因素后所测材料的真实应变的数学表达式。

如果使用的光栅传感特性完全相同，且都粘贴在同一种基体材料上(即光栅的温度传感系数是相同的)，则式(2-70)中γ将变为 1，则仅由应变变化引起的波长变化$\Delta\lambda_{\varepsilon}$为

$$\Delta\lambda_{\varepsilon} = \Delta\lambda_{B1} - \Delta\lambda_{B2}\frac{\lambda_{B1}}{\lambda_{B2}} \tag{2-71}$$

第 3 章　巷道锚固岩体收敛智能感知技术

3.1　巷道锚固岩体收敛特征感知

3.1.1　FBG 曲率传感原理

矿用 FBG 智能格栅是一种网格结构，金属化光纤光栅沿金属锚网纵向金属丝的侧面母线布置，因此，格栅可以看成一组纵向曲线，并对格栅的每一根纵向曲线进行重构，然后平滑连接重构后的曲线，以此获得格栅整体的形变信息。

对单根纵向曲线而言，它的曲线形状由弧长和曲率唯一确定，因此可以通过测量曲线的弧长和曲率对该段曲线进行重构，同理可对整个格栅重构。

光栅在外部物理环境改变时，其栅距会随之改变，如温度变化导致的热胀冷缩或应力改变导致的应变。因此，可以将 FBG 智能格栅看成多个窄带光学滤波器的集合，每个滤波器以对应光栅的中心波长为中心。根据以上特性可知，格栅所附着环境的物理量变化可用光栅中心波长的变化来计算。对于巷道应变的测量，可以通过光栅中心波长的变化量与应变之间的关系来计算应变的大小，以此获得巷道被测点的应变。

如图 3-1(a)所示，假定将 FBG 粘贴于距中性线 $h/2$ 处，曲线微元的高度 h 保持不变，长度为 s。如图 3-1(b)所示，当该段微元受应力而发生形变弯曲时，中性线所对应弧段的弧长为 s，其曲率半径为 r，微段竖直方向距中性线 $h/2$ 处弧线(即粘贴 FBG 的弧线)的弧长由于弯曲而增加了 Δs，变为 $s+\Delta s$，曲率半径增加了 $h/2$，变为 $r+h/2$。由材料力学原理可得如下关系式：

$$\frac{s}{r}=\frac{s+\Delta s}{r+h/2}=\theta \tag{3-1}$$

假设光栅受到应力时环境温度不发生改变，光栅栅距只受应变影响，化简式(3-1)得该段曲率 k 为

$$k=\frac{1}{r}=\frac{2\times\Delta s/s}{h}=\frac{2\times\varepsilon}{h} \tag{3-2}$$

式中，ε 为受应力而弯曲引起 FBG 智能格栅所在位置处的应变。光纤光栅中心波长的变化量为

$$\Delta\lambda=\lambda(1-p_{\mathrm{e}})\times\varepsilon=K_{\mathrm{e}}\times\varepsilon \tag{3-3}$$

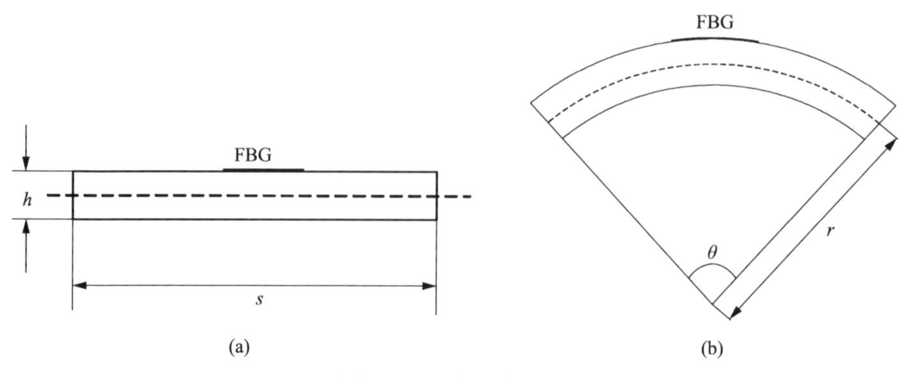

图 3-1　曲率传感原理

由式(3-2)、式(3-3)可知，FBG 智能格栅所在微段曲率 k 与 FBG 格栅中心波长 $\Delta\lambda$ 的对应关系为

$$k=\frac{2\times\Delta\lambda}{h\times K_{\mathrm{e}}} \tag{3-4}$$

式中，K_{e} 的数值大小由光纤材料决定，对于给定的光纤光栅，K_{e} 为定值。由式(3-4)可知，微段受应力弯曲所对应弧段的曲率与 FBG 智能格栅光纤中心波长的变化量 $\Delta\lambda$ 具有线性关系。在工程应用中，若已知 FBG 智能光栅的中心波长 $\Delta\lambda$，便可计算得到对应位置的曲率信息。由于光纤材料、光栅制作工艺等因素会影响光栅的应变灵敏度系数 K_{e} 的大小，因而不同光栅具有不同的应变灵敏度系数。因此在工程应用中，K_{e} 需要经过标定才能确定。

3.1.2　矿用 FBG 智能格栅系统的构建

1. 曲率传感元器件的选取

与传统型传感元器件相比，FBG 传感元器件有很明显的优点，例如：

(1)体积较小，重量较小，形态可塑性强；

(2)具有较高灵敏度和较高分辨率；

(3)可并行多种物理参量的提取测试与处理分析；

(4)光路连通，天然防爆，无源工作，本质安全对高瓦斯煤矿尤其适用；

(5)由以硅元素为主要成分的玻璃材质构成，具有较强耐腐蚀性和较强抗电磁干扰能力，在多种条件复杂的环境中均可使用；

(6)可实现远距离传输，具有较大测量范围和较大系统容量；

(7)结合光开关与耦合器可构建出波分复用系统及时分复用系统，从而可实现分布式监测。

FBG 传感元器件普遍具有较小尺寸，易于实现与传感器基体各表面的贴合，并且对原传感器基体的结构力学分布影响非常小；FBG 传感元器件具有较高灵敏度、较强耐腐蚀性和较强抗电磁电波干扰性的特性，可用于矿井这类复杂的环境，实现对所需应力或应变参数以及相应推导参数的高精度监测；另外，FBG 可用于准分布式测量，容易构建监测网络系统，实现巷道内大范围顶板形态感知的监测。根据如上特征分析，曲率传感元器件优选 FBG。光纤材质的物理参量见表 3-1。

表 3-1　光纤材质的物理参量

光纤材料力学参数	参数数值	外包层材料力学参数	参数数值
纤体直径	125μm	外包层直径	245μm
弹性模量	72GPa	外包层弹性模量	3GPa
泊松比	0.25	外包层泊松比	0.35

2. 基体材料选取

优良的综合性能是具有较好弹性灵敏度的基体材质所必须具备的条件，首先机械强度上需要满足应用要求，其次线性变化范围要足够广泛，再则需要确保监测过程中基体材料不会因变形过度而造成损坏。另外，亦需要小蠕变性和一定程度的机械滞后性，以满足巷道顶板形态感知的监测要求。

纵观其他通用型传感器件的设计，矿用 FBG 智能格栅(传感器)的基体材质选取也需要遵照如下基本原则。

(1) 尺寸相容性。为了减小对被测对象的系统误差，传感器件的尺寸应尽可能微小。

(2) 强度相容性。为了尽可能削弱对被测对象材质强度的误差，传感器件基体材质的强度和被监测对象材质强度应尽可能接近。

(3) 场分布相容性。为了使被监测对象的应力应变场受到尽可能小干扰，要对曲率传感器件的基体材质特征、宏观外形结构进行合理的选择和设计。

(4) 界面相容性。为了不发生相对位移，所选传感器件基体的外表面应与被监测对象致密黏合，以确保黏合面能实现应力应变的有效传递。

在选材的问题上，首先对几种常见金属材料物理参数进行分析：钢铁类材料，如灰铸铁、碳钢、合金钢等，其弹性模量 E 的取值范围随添加合金材质不同而分布于 110～210GPa；锌铝类材料，如镁铝合金、轧制铝、轧制锌等，其弹性模量 E 取值范围分布于 40～85GPa；铜质材料，如轧制纯铜、轧制磷青铜、冷拔纯铜等，其弹性模量 E 取值范围分布于 105～130GPa。三大类材料泊松比依次分布于 0.23～0.30、0.27～0.35、0.31～0.35。

由于本书研究需要，选材时应遵循弹性模量取大、泊松比取小原则，故初步选择钢铁类材料。事实上，经过多年实践检验，近年来煤矿运用最多的几类金属网材料可大致分为以下三类，分别是：4mm 金属网 8 号铁丝、8mm/10mm 焊接钢筋网、4mm/5mm 菱形编织金属网。

在物理性能上，三者均能满足要求，综合考虑基体制作时间、成本、操作便捷性、工艺处理牢固程度等因素后，最终决定选择 4mm 金属网 8 号铁丝作为基体原材料。

3. 基体形状的选择和确定

在上文基体材料选取中，通过综合分析和选择，选定了基体材料。本小节从形状和制作工艺的角度对基体进行进一步分析研究。

本书欲构建的传感器是一种格栅结构，即网状结构，网孔可以有多重几何形状，随不同几何形状而具备不同的稳定性，并会对后续传感器仿真和性能实验环节产生影响，故首先需要对网孔的形状进行分析和确定。

本书从菱形、三角形、正方形三种几何形状中选出一种最适合的。首先从几何稳定性角度考虑，三角形无疑是最优的，因为假设随便抓住三角形的两个点进行拉扯，三角形形状是很难发生改变的，而如果抓住四边形的某条对角线上两点进行拉动，则其形状很容易发生变化；其次从与金属化 FBG 传感元器件组装并构建智能格栅组件的角度考虑，正方形则为最优，因为在经典笛卡儿二维坐标系中正方形的边长均与坐标轴成平行或垂直关系，选正方形边长作为结合点最便于金属化 FBG 传感元器件在网格上进行直观易算的规划和布置；最后从后续仿真及室内实验可行性角度考虑，正方形依旧为最优，因为其形状最容易与经典笛卡儿三维坐标系贴合，后续将三维变形体投影至二维进行拆解分析时，正方形网格是最便于进行分类和计算的。

上文从几何稳定性角度、与金属化 FBG 传感元器件组装并构建智能格栅组件的角度、后续仿真及室内试验可行性角度分别进行了分析，各角度最优解分别为三角形、正方形、正方形。结合本书研究对象的实际背景，格栅组件或格栅组件联合体在工程实践应用中很少会受到来自某网格沿斜对角方向的力，绝大多数情况是沿网格边长方向产生力的牵拉，故从几何稳定性的角度，本书选取正方形亦是可行解。综上分析，可选择正方形作为矿用 FBG 智能格栅的网格形状。

4. 矿用 FBG 智能格栅尺寸选择

1) 格栅基体制作

根据研究需要，分别设计二维格栅基体 1 件、三维格栅基体 1 件，基体结构和尺寸见图 3-2 和图 3-3。图 3-2 和图 3-3 分别为二维格栅基体和三维格栅基体尺寸设计图。根据二维格栅拟实现的测试功能，理论上仅用一根铁丝作为基体即可实现需求，但实际上，考虑到组件布置在应用现场后可能会发生绕轴向的旋转运动，而设计监测工作原理是不允许发生这类转动的，因为会导致误差极大或无法测量甚至严重损坏组件 FBG 核心部位。因此，在基体长边上布置 5 条 7cm 的短边来防止发生组件绕轴转动，以增强组件稳定性和准确性。

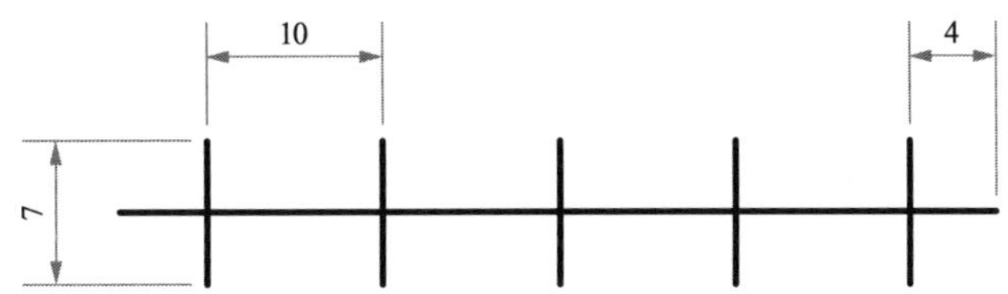

图 3-2　二维格栅基体尺寸设计图(单位：cm)

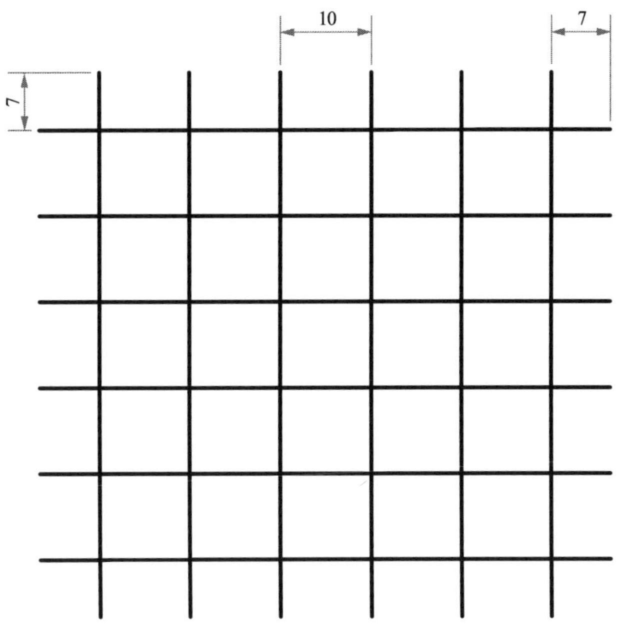

图 3-3　三维格栅基体尺寸设计图(单位：cm)

为制作格栅基体，经计算，根据设计尺寸，所需 8 号铁丝(直径 4mm)长度为 10m。垂直方向的铁丝结合方式可分为编织法和焊接法，考虑到实际应用背景，选择更为牢固和稳定的焊接法实现铁丝横纵连接。图 3-4 为成型后的二维格栅基体和三维格栅基体实物图。

2) 矿用 FBG 智能格栅组件成型

为了提高应力应变传递的准确性，减小测量误差，矿用 FBG 智能格栅的封装需严格遵照以下步骤进行。

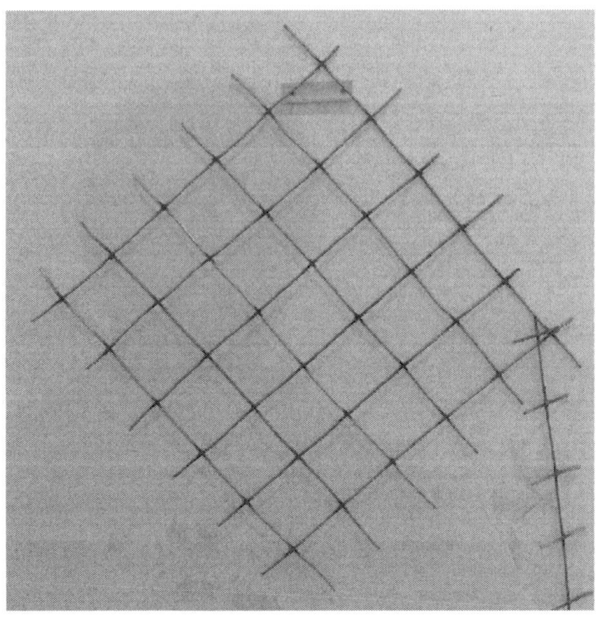

图 3-4　成型后的二维、三维格栅基体实物图

(1) 首先用棉布蘸清水擦拭整个基体，然后蘸洗洁精进行初步除油擦拭，进而用丙酮对基体表面进行深层次清洗，有助于实现后续步骤的紧密黏合。

(2) 用助推器同时将两管 AB 胶推出至搅拌容器内，用棉签均匀搅拌后即可开展黏胶封装环节。

(3) 在基体受力一侧的背面粘贴金属化 FBG，每个 FBG 黏在规划好的正方形格边长正中心母线上。混合胶涂覆完成后 2～3min，用适当的力对胶体处进行按压，以排出封装时可能带入的空气，从而增加金属化 FBG 与基体间贴合的紧密性。

(4) 在 25～35℃条件下贮存封装后的组件 24h 左右，以实现胶体的第一阶段固化。该阶段固化结束后，将组件与 FBG 解调仪连接，检查组件功能是否受损；检查完成后，进行第二阶段固化，即继续在 25～35℃条件下搁置 24h 左右，该阶段完成后，即可作为即插即拔的组件投入试验或者工程应用中。

图 3-5 和图 3-6 分别为矿用 FBG 智能二维格栅和三维格栅组件的实物图。

图 3-5　矿用 FBG 智能二维格栅组件实物图

图 3-6　矿用 FBG 智能三维格栅组件实物图

3.1.3　基于二维变形重构的 FBG 智能格栅感知性能试验

1. 二维格栅的曲率标定

智能二维格栅组件的 FBG 位点分布如图 3-7 所示。组件总长为 480mm，格间距为 100mm，FBG 位点间距为 150mm，格栅宽度为 70mm，厚度为 4mm。3 个 FBG 位点中心波长分别为 1547.573nm、1542.355nm、1539.991nm。

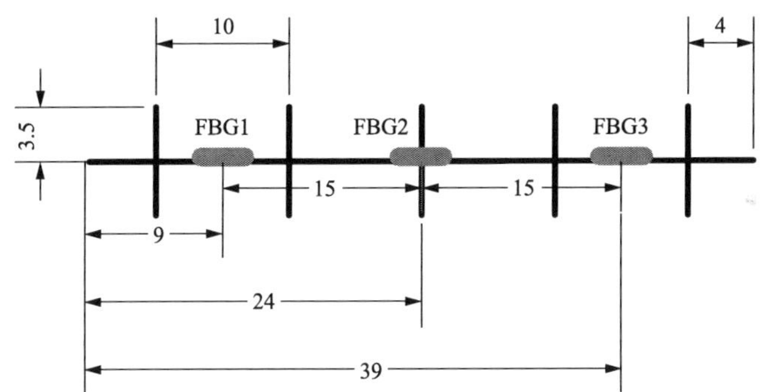

图 3-7　二维格栅组件 FBG 位点分布示意图(单位：cm)

组件封装时金属胶施胶量差异、FBG 布置误差倾角、组件整体受力时局部非均匀变形等因素都会影响测量结果，导致通过 FBG 求出的应变值存在一定程度的误差，并造成各位点 FBG 应变值测量结果一致性不强。基于此，通过组件 FBG 位点应变值实现的重构将会带来巨大误差，严重影响试验结果和结论。针对此问题，可通过矿用 FBG 智能格栅组件曲率标定试验，利用不同半径标准圆直接刻画 FBG 中心波长变化量 $\Delta\lambda$ 与曲率 k 的关系来隔过中间量应变 ε 带来的误差扰动，进而避免组件得到错误的检测结果和相应错误结论。

FBG 智能格栅组件曲率标定系统如图 3-8 所示，基于多功能试验台，用米尺进行测量，通过从不同长度螺钉中选出若干适合长度的螺钉进行点位固定，从而实现不同曲率的构造，并逐一测出对应各 FBG 中心波长变化量。经标定试验，所得标定数据如表 3-2 所示，通过简单计算可得出 FBG1、FBG2、FBG3 的曲率灵敏

度系数 $\Delta\lambda/k$(nm/m^{-1})分别为 0.145、0.083、0.055。图 3-9 展示了实测中心波长漂移量 $\Delta\lambda$ 与曲率 k 之间的散点拟合关系，可以看出将散点拟合后，二者呈线性关系。

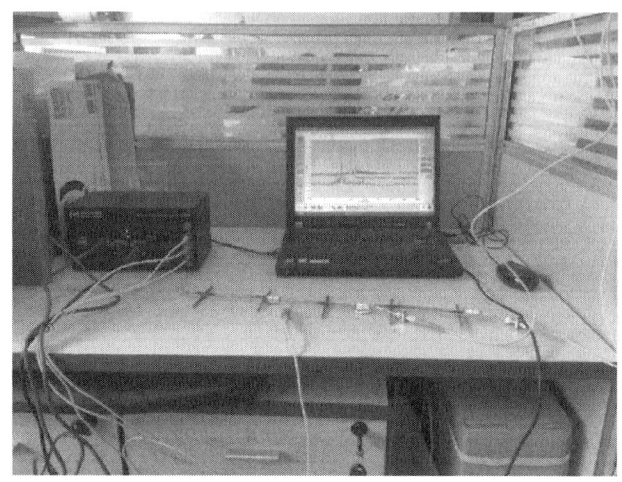

图 3-8　FBG 智能格栅组件标定系统

表 3-2　二维格栅组件 $\Delta\lambda$-k 标定试验结果

半径 $1/k$/m		0.24	0.30	0.36	0.42	0.48	0.54	0.60	0.66	+∞
曲率 k/m^{-1}		4.17	3.33	2.78	2.38	2.08	1.85	1.67	1.51	0
波长变化量 $\Delta\lambda$/nm	FBG1	0.61	0.51	0.40	0.36	0.32	0.30	0.27	0.25	0
	FBG2	0.36	0.30	0.24	0.21	0.18	0.15	0.13	0.12	0
	FBG3	0.22	0.18	0.16	0.14	0.12	0.10	0.09	0.07	0

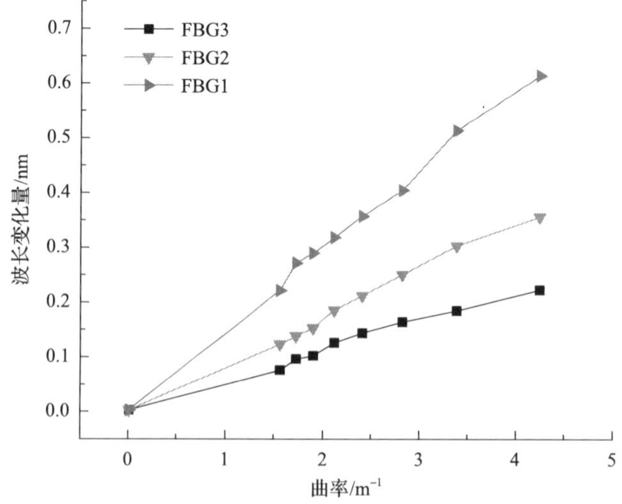

图 3-9　二维格栅组件 $\Delta\lambda$-k 标定试验结果曲线拟合

2. 定量变形重构研究

通过曲率标定可直接从 FBG 中心波长漂移量得到曲率值，接下来进行针对矿用 FBG 智能二维格栅组件的定量变形重构研究。图 3-10 为多功能试验台示意图，图 3-11 为二维格栅组件性能试验所需试验平台和测量工具一览图。

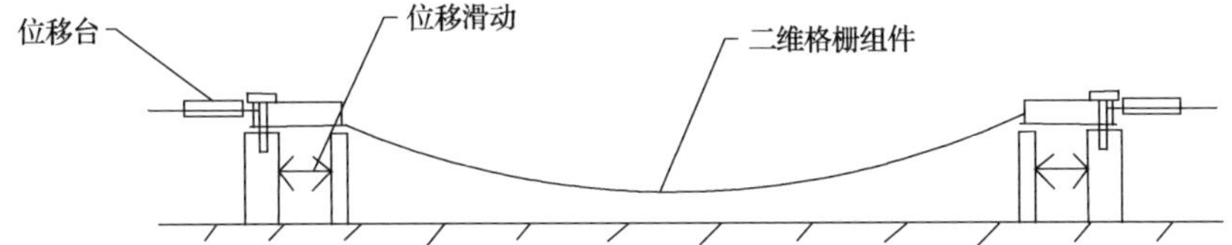

图 3-10　二维格栅组件定量变形重构研究多功能试验台示意图

(a) 位移台实物图

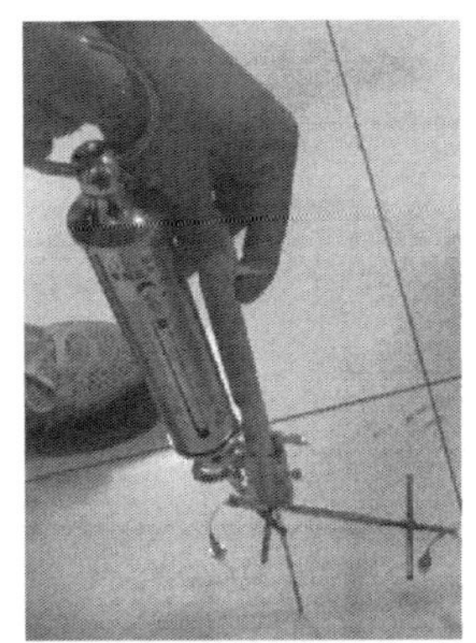

(b) 拉力计与游标卡尺

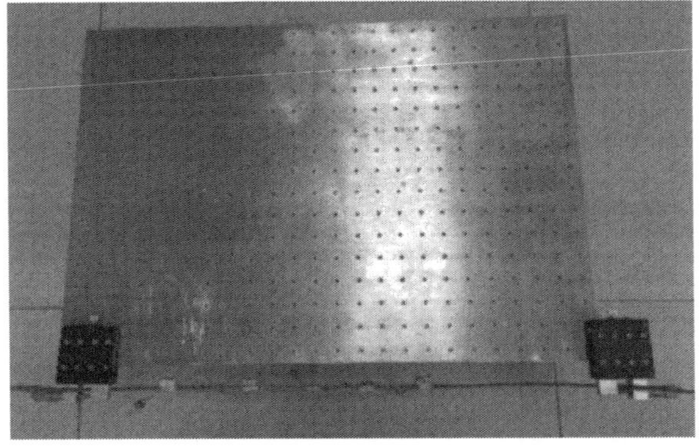

(c) 二维格栅组件定量变形重构研究多功能试验台实测图

图 3-11　二维格栅组件定量变形重构研究工具一览图

对照仿真设计思路，共设计出 3 个二维格栅组件性能试验方案，分别为：①右端固支，左端简支，中心向下加力；②中间固支，左端向下加力，右端向上加力；③右端固支，自由端左端向上加力。

以下为具体试验过程介绍和相关数据分析及处理。

1) 右端固支，左端简支，中心向下加力

中心向下所加力控制为 10N，由一块自重 10N 的铁块压在中心位置实现该力的施加。在此操作下，通过解调仪读取到 FBG1、FBG2、FBG3 的中心波长数据分别为 1547.755nm、1542.806nm、1540.889nm，从而可计算出对应曲率值分别为 1.24、5.43、–1.85。本次试验曲率求解过程详见表 3-3。

表 3-3 二维格栅组件试验(1)曲率求解

	FBG1	FBG2	FBG3
初始中心波长 λ_0/nm	1547.573	1542.355	1539.991
灵敏度系数 β	0.145	0.083	0.055
加力后中心波长 λ_f/nm	1547.755	1542.806	1540.889
$\Delta\lambda=\lambda_f-\lambda_0$ /nm	0.182	0.451	–0.102
曲率 $k=\Delta\lambda/\beta$	1.24	5.43	–1.85

图 3-12 直观反映了受试二维格栅组件在试验(1)条件下实测位移与重构位移的关系。由表 3-4 可知，水平方向最大误差为 10.41mm，铅垂方向最大误差为 –1.8996mm，实测形状与重构形状基本一致。

2) 中间固支，左端向下加力，右端向上加力

控制左端向下和右端向上所加力均为 10N，用两个拉力计实现该试验方案力的施加。在此操作下，通过解调仪读取到 FBG1、FBG2、FBG3 的中心波长数据分别为 1547.737nm、1542.574nm、1540.732nm，从而可计算出对应曲率值分别为 1.13、2.64、–2.89。本次试验曲率求解过程详见表 3-5。

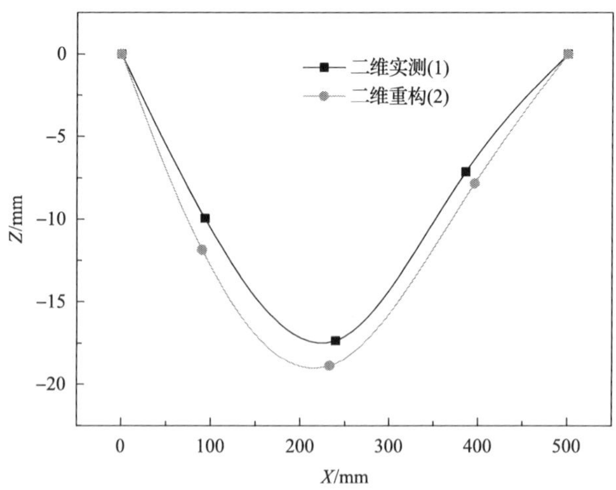

图 3-12 二维格栅试验(1)实测及重构结果

表 3-4　二维格栅组件试验(1)重构结果及误差计算

	实测位移/mm		重构位移/mm		误差计算/mm	
	Xe	Ze	Xr	Zr	Xr-Xe	Zr-Ze
补偿点 1	0	8.61×10^{-15}	0	8.61×10^{-15}	0	0
FBG1	93.75	–9.9605	90.333	–11.8601	–3.42	–1.8996
FBG2	239.58	–17.345	233.17	–18.871	–6.41	–1.526
FBG3	385.42	–7.1484	395.83	–7.8313	10.41	–0.6829
补偿点 2	500	2.50×10^{-21}	500	2.50×10^{-21}	0	0

表 3-5　二维格栅组件试验(2)曲率求解

	FBG1	FBG2	FBG3
初始中心波长 λ_0 /nm	1547.573	1542.355	1539.991
灵敏度系数 β	0.145	0.083	0.055
加力后中心波长 λ_f /nm	1547.737	1542.574	1540.732
$\Delta\lambda=\lambda_f-\lambda_0$ /nm	0.164	0.219	–0.159
曲率 $k=\Delta\lambda/\beta$	1.13	2.64	–2.89

图 3-13 直观反映了受试二维格栅组件在试验(2)条件下实测位移与重构位移的关系。由表 3-6 可知，水平方向最大误差为 5.14mm，铅垂方向最大误差为–5.864mm，实测形状与重构形状基本一致。

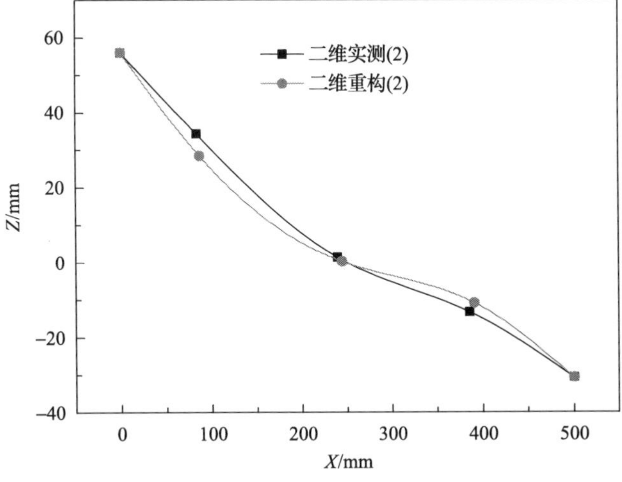

图 3-13　二维格栅试验(2)实测及重构结果

表 3-6 二维格栅组件试验(2)重构结果及误差计算

	实测位移/mm		重构位移/mm		误差计算/mm	
	Xe	Ze	Xr	Zr	Xr-Xe	Zr-Ze
补偿点 1	0	55.949	0	55.949	0	0
FBG1	83.743	34.256	86.75	28.41	3.007	–5.864
FBG2	239.58	1.2967	244.72	0.21318	5.14	–1.084
FBG3	385.47	–13.267	390.87	–10.86	5.4	2.407
补偿点 2	500	–30.646	500	–30.646	0	0

3)右端固支，自由端左端向上加力

使用拉力计在二维格栅组件左端向上所加力为 10N。在此操作下，通过解调仪读取到 FBG1、FBG2、FBG3 的中心波长数据分别为 1547.648nm、1542.474nm、1540.062nm，从而可计算出对应曲率值分别为 0.52、1.44、1.29。本次试验曲率求解过程详见表 3-7。

表 3-7 二维格栅组件试验(3)曲率求解

	FBG1	FBG2	FBG3
初始中心波长 λ_0 /nm	1547.573	1542.355	1539.991
灵敏度系数 β	0.145	0.083	0.055
加力后中心波长 λ_f /nm	1547.648	1542.474	1540.062
$\Delta\lambda=\lambda_f-\lambda_0$ /nm	0.075	0.119	0.071
曲率 $k=\Delta\lambda/\beta$	0.52	1.44	1.29

图 3-14 直观反映了受试二维格栅组件在试验(3)条件下实测位移与重构位移的

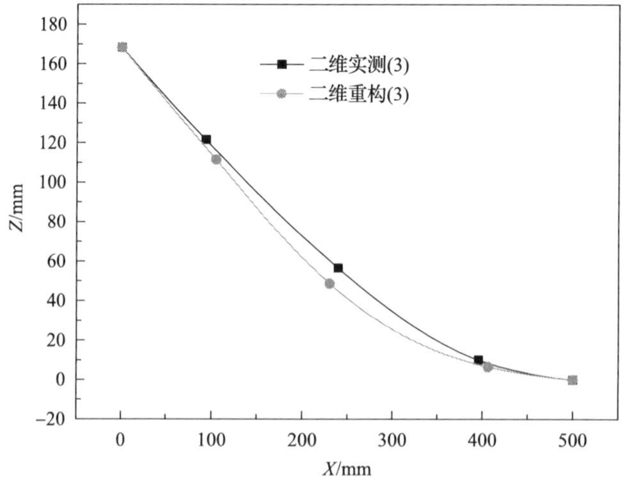

图 3-14 二维格栅试验(3)实测及重构结果

关系。由表 3-8 可知，水平方向最大误差为 10.85mm，铅垂方向最大误差为–10.06mm，实测形状与重构形状基本一致。

表 3-8　二维格栅组件试验(3)重构结果及误差计算

	实测位移/mm		重构位移/mm		误差计算/mm	
	Xe	Ze	Xr	Zr	Xr-Xe	Zr-Ze
补偿点 1	0	168.29	0	168.29	0	0
FBG1	93.75	121.49	104.59	111.43	10.84	–10.06
FBG2	239.58	56.551	230.42	48.666	–9.16	–7.885
FBG3	395.83	10.168	406.68	6.5968	10.85	–3.571
补偿点 2	500	0	500	0	0	0

3. 试验结果分析

重构后的曲线形状虽然与实际测量曲线形态基本保持一致，但仍然存在一定量级的误差。

根据三组试验结果发现，主要原因如下。

(1) FBG 对环境敏感，实验的最基本原则是控制变量法，我们认为温度是恒量，但在一天里室温都会发生较大变化，故温度因素是带来误差的一大原因。

(2) 在前文介绍 FBG 最基本原理时有提到，应变是温度之外另一影响 FBG 传感性能的重要因素。胶封后矿用 FBG 智能二维格栅组件的各个 FBG 位点难以保证涂胶量、涂胶厚度、涂胶致密性完全一致，这可能是影响应变传递的一个原因。另外，胶封后组件的 FBG 位点位置如果不慎未能恰好处于理想位置，即受力面反面正方形边长的最外侧母线上，光纤光栅传感效率、灵敏度都将因应变感知失准而受到较大影响。

(3) 格栅组件在测试过程中可能发生变形过度的情况，超出相应位点 FBG 的承受范围，将造成传感元器件的损坏。

(4) 曲率标定虽然可以在很大程度上提高准确性，但标定试验本身在构造标准圆时亦容易出现所构标准圆不够标准的情况，由此直接套用关系式会将该环节的误差传递到后续步骤。

总体来讲，矿用 FBG 智能二维格栅组件标定和性能试验取得了较为理想的效果，重构出来的形态曲线能较为有效地反映实测曲线形态。基于此，证明二维格栅组件可以用于有二维形态感知监控需求的环境中，诸如煤矿巷道、公路路基、山体坡道等可以将二维格栅组件简化视作梁结构的工程应用。

3.1.4 基于三维变形重构的 FBG 智能格栅感知性能试验

1. 三维格栅的曲率标定

矿用 FBG 智能三维格栅组件如图 3-15 所示。组件基体由 12 根 640mm、6 根在上 6 根在下的笔直 8 号铁丝点焊构成。焊接后组件在初始平整状态下整体厚度为 8～10mm。组件为轴对称且旋转对称结构，每个小网格均为边长为 100mm 的正方形，边界突出的短边均为 70mm。根据需要将 15 个金属化 FBG 分别布置在“三横两竖”上，依次对每个 FBG 命名后，将 FBG1、FBG2、FBG3 所在长边命名为“11 号”，将 FBG4、FBG5、FBG6 所在长边命名为“12 号”，将 FBG7、FBG8、FBG9 所在长边命名为“13 号”，将 FBG10、FBG11、FBG12 所在长边命名为“21 号”，将 FBG13、FBG14、FBG15 所在长边命名为“22 号”。

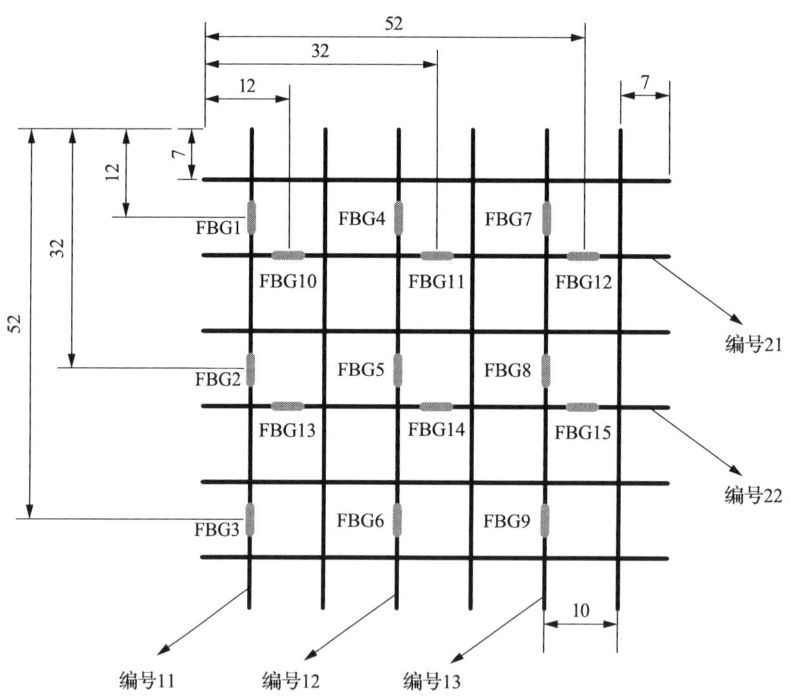

图 3-15　三维格栅组件 FBG 位点分布示意图(单位：cm)

15 个 FBG 的初始中心波长 λ 从 FBG1 到 FBG15 分别为：1525.836nm、1529.934nm、1533.098nm、1537.475nm、1541.723nm、1545.248nm、1549.837nm、1553.966nm、1557.235nm、1561.003nm、1565.294nm、1569.242nm、1573.763nm、1577.198nm、1581.308nm。

与二维格栅相同，为避免应变测量造成的误差，首先对格栅进行曲率标定，直接将中心波长变化量转化为曲率值，然后根据曲率进行变形重构。曲率标定结果如图 3-16 所示。具体标定方法为：在二维格栅组件组装为三维格栅组件前，对图 3-16 所示 5 根二维组件——11、12、13、21、23 分别进行与曲率标定研究方法相同的操作，得 15 个位点的曲率灵敏度系数 $\Delta\lambda/k$(nm/m^{-1})。与二维格栅标定思路相同，为去除应变测量造成的误差，需要对三维格栅进行曲率标定，直接将中心波长变化量 $\Delta\lambda$ 转化为曲率值 k，然后根据曲率进行变形重构。曲率标定结果如图 3-16 所示，拟合得曲率灵敏系数 $\Delta\lambda/k$ 如表 3-9 所示。

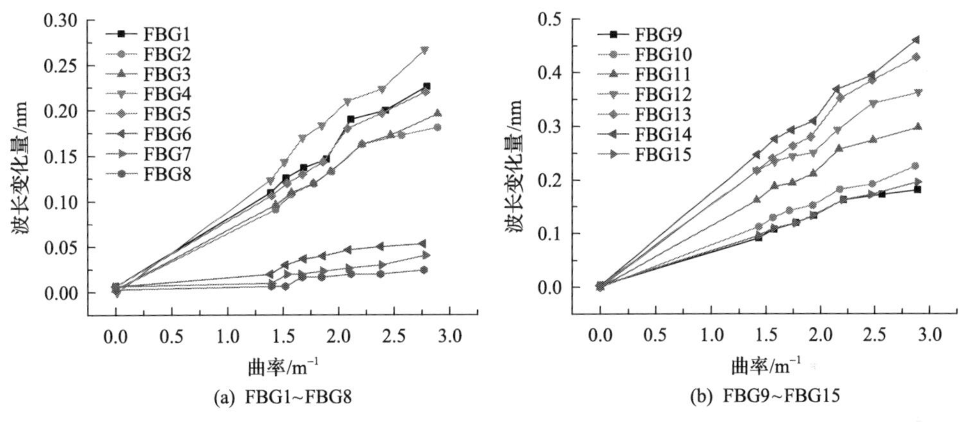

图 3-16 三维格栅组件 $\Delta\lambda$-k 标定试验结果曲线拟合

表 3-9 三维格栅组件 $\Delta\lambda$-k 标定试验结果

FBG 编号	FBG1	FBG2	FBG3	FBG4	FBG5	FBG6	FBG7	FBG8
系数	0.082	0.165	0.075	0.159	0.113	0.133	0.166	0.098
FBG 编号	FBG9	FBG10	FBG11	FBG12	FBG13	FBG14	FBG15	
系数	0.088	0.123	0.112	0.163	0.145	0.083	0.055	

2. 特定变形重构研究

曲率标定完成后，采用如图 3-17 所示方式，格栅左右搭载两端均为简支，对三维格栅组件进行加载使其变形，所施加力为重物自重，共 190N。

将实测效果与通过重构法所得形态云图进行对比，发现两者吻合程度非常高，最大坐标轴向误差仅为 10.2mm。实测性能试验验证取得了理想的效果。

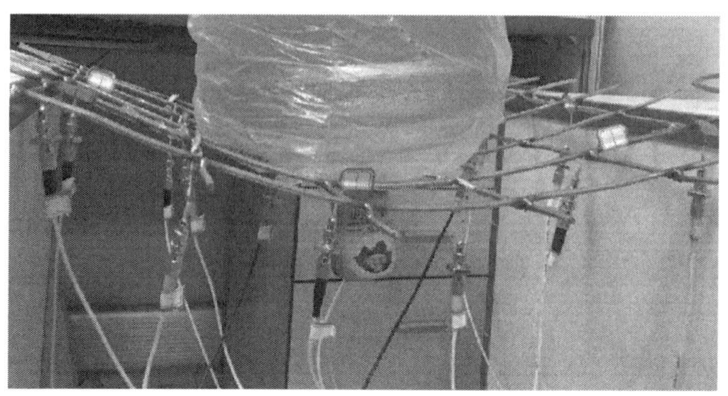

图 3-17　三维格栅实测变形加载方式

3.2　巷道锚固岩体力学状态感知

传统的 FBG 沿锚杆轴向封装的测力锚杆存在量程短、灵敏度过大和 FBG-锚杆应变不匹配的问题，通常只能识别锚杆弹性应变阶段的载荷状态，当锚杆进入拉伸塑性阶段，杆体应变超过 FBG 容许最大应变后造成 FBG 断裂，导致 FBG 测力锚杆的失效。为了解决光纤光栅最大弹性应变(约为 5×10^{-3})与锚杆轴线应变(约为 5×10^{-2})之间的不匹配问题，研究设计了一种新的光纤光栅自感知锚杆结构，并实现了锚杆界面力学状态和杆体变形感知功能。

3.2.1　光纤光栅自感知锚杆的结构设计

光纤光栅自感知锚杆的基础传感结构如图 3-18 所示，将 FBG 与锚杆轴向倾斜一定的角度封装，从而实现减敏效果。

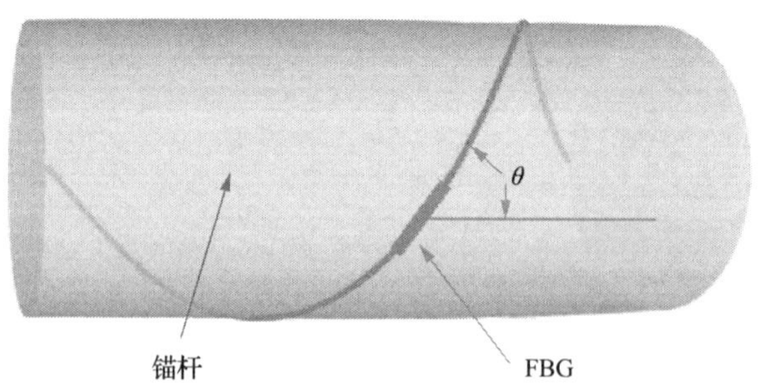

图 3-18　传感器应变匹配模型图

选取锚杆体传感单元切槽位置处的光纤光栅，对其进行应变传感原理分析，可得自感知锚杆的侧面展开图如图 3-19 所示。定义锚杆杆体半径为 r，切槽轴向长度为 h，螺距为 S，切槽螺旋线与轴线的夹角为 θ，FBG 栅长为 L。展开图中矩

形测量单元的长为 a、宽为 b，受到拉力 F 后，栅长变为 L_1，FBG 产生正应变，长度为 S_1，切槽长度为 h_1，矩形测量单元的长扩展为 a_1、宽扩展为 b_2。

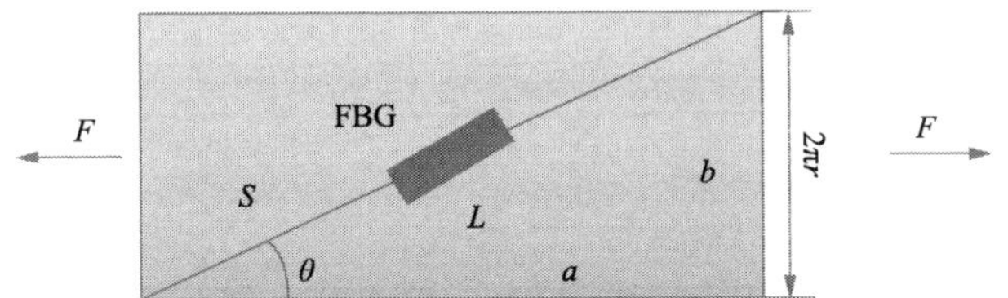

图 3-19　自感知锚杆测量单元展开图

3.2.2　光纤光栅自感知锚杆的感知原理

FBG 测量标距范围内锚杆轴向应变为

$$\varepsilon = \frac{S_1 - S}{S} \tag{3-5}$$

则光纤光栅栅区的应变为

$$\varepsilon_{\text{FBG}} = \frac{L_1 - L}{L} \tag{3-6}$$

显而易见，FBG 的测量标距内应变应与 FBG 应变相同，则在进行分析时可直接将求得的 FBG 应变等效于对测量标距内应变的求解。

在发生应变的状态下，得到如下关系：

$$a = S\cos\theta = h \tag{3-7}$$

$$b = S\sin\theta = 2\pi r \tag{3-8}$$

当锚杆承载发生拉伸时，受泊松效应影响，FBG 同步产生了轴向应变和纵向应变，矩形展开图形的长宽均发生了改变，则锚杆体的轴向应变 ε_x 为

$$\varepsilon_x = \frac{h_1 - h}{h} = \frac{a_1 - a}{a} \tag{3-9}$$

纵向应变为

$$\varepsilon_y = \frac{r_1 - r}{r} = -\mu\varepsilon_x \tag{3-10}$$

式中，μ 为锚杆体的泊松比。

可求得参数 a_1、b_1 为

$$a_1 = h(1+\varepsilon_x) = a(1+\varepsilon_x) = S\cos\theta(1+\varepsilon_x) \tag{3-11}$$

$$b_1 = 2\pi r(1-\mu\varepsilon_x) = b(1-\mu\varepsilon_x) = S\sin\theta(1-\mu\varepsilon_x) \tag{3-12}$$

根据直角三角形的性质可得

$$S_1 = \sqrt{a_1^2 + b_1^2} \tag{3-13}$$

则可得如下公式：

$$S_1 = \sqrt{[S\cos\theta(1+\varepsilon_x)]^2 + [S\sin\theta(1-\mu\varepsilon_x)]^2} \tag{3-14}$$

联立式(3-12)、式(3-13)、式(3-14)可得

$$\varepsilon_{\text{FBG}} = \sqrt{[\cos\theta(1+\varepsilon_x)]^2 + [\sin\theta(1-\mu\varepsilon_x)]^2} - 1 \tag{3-15}$$

由上式可知，光纤光栅栅区应变不仅与锚杆的轴向应变有关，而且受 FBG 封装倾斜角的影响，使用 MATLAB 对不同倾角下 FBG 的减敏效果进行仿真，得到 θ 取值分别为 55°、58°、60°以及 62°时，FBG 应变 ε_{FBG} 与锚杆轴向应变 ε_x 之间的关系曲线，如图 3-20 所示。仿真中，锚杆的泊松比取值为 μ=0.3。

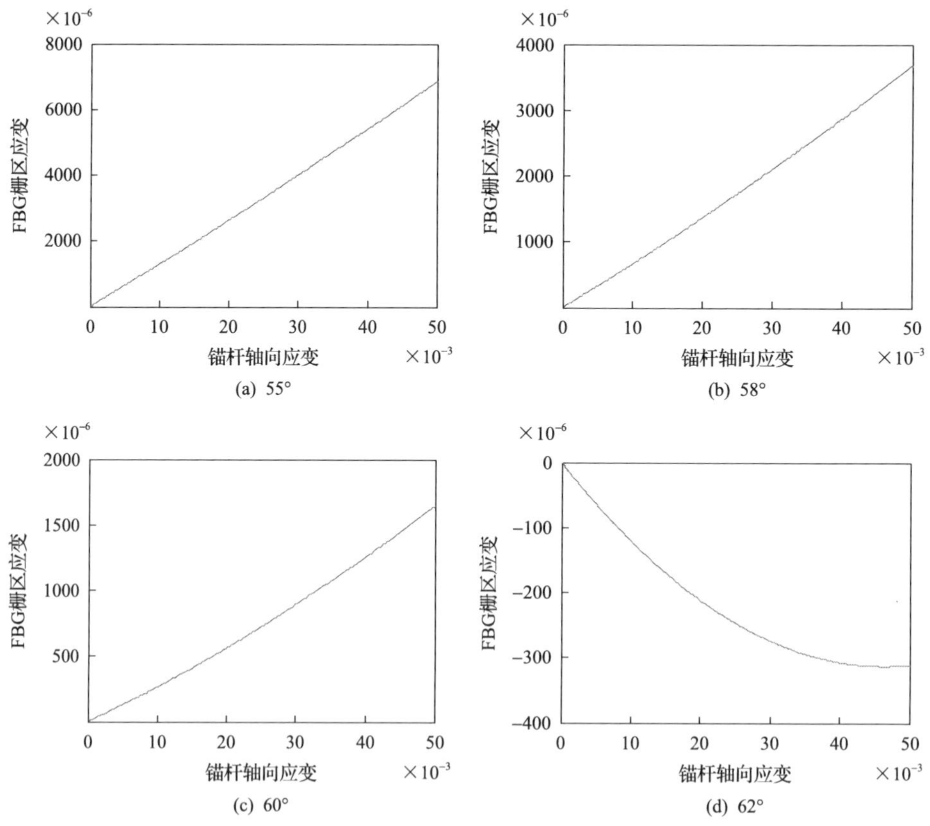

图 3-20　FBG 栅区应变与锚杆轴向应变的关系曲线

对图 3-20 显示的曲线进行一次函数拟合，结果见表 3-10。当螺旋线倾角为 55°时，线性拟合度最好，60°次之；而对于传感器的灵敏度而言，62°达到了最佳状态，60°次之。然而，当 FBG 倾角为 62°时，FBG 受压应变调制，与锚杆应变方向相反，不利于应变耦合及传感器力学状态的重构。因此，综合考虑减敏效果与误差容许区间，选定螺旋倾角为 60°最符合传感器封装要求。

表 3-10 不同倾角 FBG 的应变减敏效果与误差

螺旋线倾角 θ	减敏倍数	线性函数拟合度
55°	0.134	0.997
58°	0.707	0.991
60°	0.0303	0.996
62°	0.0086	0.9161

光纤光栅波长漂移量与其被测应变的关系可由下式表示：

$$\frac{\Delta\lambda}{\lambda} = (1 - p_{\mathrm{e}})\varepsilon_{\mathrm{FBG}} \tag{3-16}$$

结合式(3-9)与式(3-10)，可得锚杆轴向应变 ε_x 与光栅波长变化量 $\Delta\lambda$ 之间关系为

$$\Delta\lambda = \lambda(1 - p_{\mathrm{e}})\left\{\sqrt{\left[\cos\theta(1+\varepsilon_x)\right]^2 + \left[\sin\theta(1-\mu\varepsilon_x)\right]^2} - 1\right\} \tag{3-17}$$

3.2.3 光纤光栅自感知锚杆的结构实现

光纤光栅自感知锚杆主要实现两个功能，其一，通过锚固区锚杆轴力的测量实现锚固岩体界面力学状态的感知；其二，通过自由段锚杆表面应变的变化差异，感知并重构锚杆的变形形态。这就对锚杆表面封装 FBG 阵列的方式和密度提出了不同的要求，在锚固区范围内，FBG 阵列应首先满足锚杆表面应变的精确分布式测量，而在自由段，FBG 阵列则应首先满足锚杆表面应变的全周长同步测量。针对不同区段 FBG 测量需求的差异，设计光纤光栅自感知锚杆的结构如图 3-21 所示。将螺纹钢锚杆分为锚固区和自由区，考虑到锚固区端头锚杆轴力远小于靠近载荷端一侧，FBG 需要增加灵敏度以实现 FBG 栅长范围内平均应变和应变梯度的测量，且 FBG 不存在与锚杆应变不匹配的问题，故将 FBG1-FBG4 阵列设计为沿锚杆轴向封装；锚固段靠近载荷端一侧，锚杆面临着界面脱黏和渐进式力学状态改变，较大的锚杆轴向力使表面应变值较大，需采用上文所述的 FBG 倾斜封装减敏方法。锚杆锚固段共封装 6 个 FBG 传感器，阵

列间距视锚固长度而定。

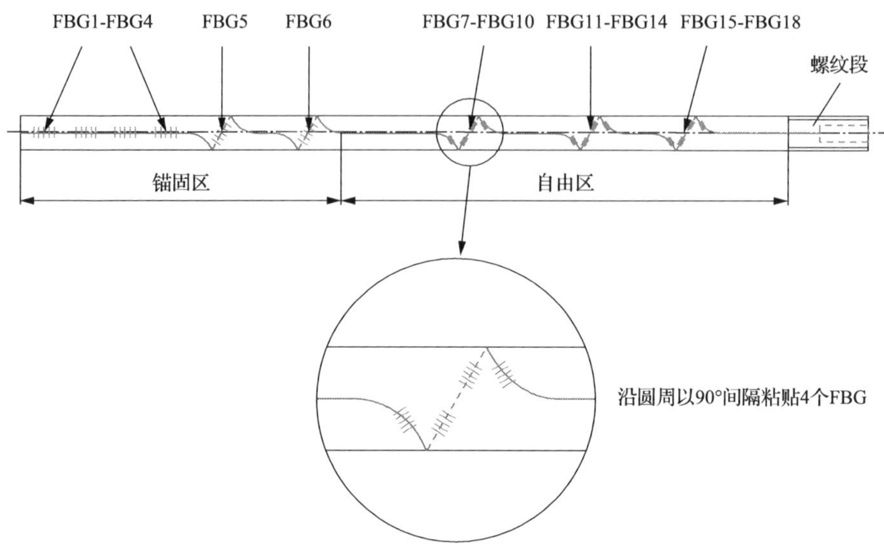

图 3-21　光纤光栅自感知锚杆的结构设计

如图 3-22 所示为基于曲率传感的锚杆形态重构原理，定义锚杆半径为 r_b，以光纤光栅处于弯曲顶点位置为例，当该段微元受应力而发生形变弯曲时，中性线所对应弧段的弧长为 s，其曲率半径为 ρ，微段竖直方向距中性线 r_b 处弧线（即封装 FBG 的弧线）的弧长由于弯曲增加了 Δs，变为 $s+\Delta s$，由材料力学原理可得

$$\frac{s}{\rho}=\frac{s+\Delta s}{r+r_b} \tag{3-18}$$

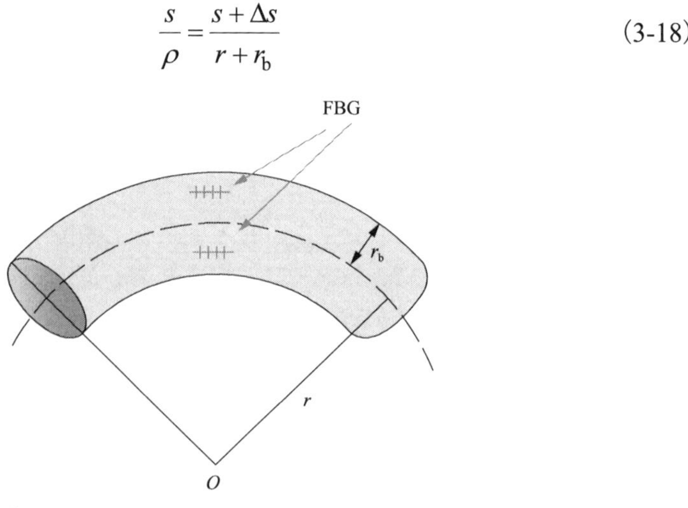

图 3-22　基于曲率传感的锚杆形态重构原理

假设光纤光栅应变调制时环境温度不发生改变，FBG 栅距只受应变影响，化简上式可得该监测点的应变为

$$\varepsilon = \frac{\Delta s}{s} = \frac{r_b}{\rho} = kr_b \tag{3-19}$$

式中，ε 为受力而弯曲引起的 FBG 封装位置处的应变，则光纤光栅中心波长的变化量为

$$\Delta\lambda = \lambda(1 - p_e)\varepsilon = K_e\varepsilon \tag{3-20}$$

FBG 所在锚杆微元段曲率 k 与 FBG 中心波长 $\Delta\lambda$ 的对应关系为

$$k = \frac{\Delta\lambda}{r_b K_\varepsilon} \tag{3-21}$$

假设锚杆任一测量截面四个光纤光栅的应变矩阵为$[\varepsilon_1,\varepsilon_2,\varepsilon_3]$，则当锚杆发生弯曲时，FBG 两两配对，必有两个 FBG 应变方向相同，同时与另外两个 FBG 的应变方向相反。选取 ε_1、ε_2 同为正向这一特殊案例进行分析，则锚杆的弯曲方向可表示为

$$\varphi = \arctan\left[\frac{\min([\varepsilon_1,\varepsilon_2])}{\max([\varepsilon_1,\varepsilon_2])}\right] \tag{3-22}$$

锚杆形态重构的原理与 FBG 格栅形态重构原理相似，本节不再赘述。

3.2.4　光纤光栅自感知锚杆的性能测试

选取 MTS 试验机对全工况自感知锚杆进行拉拔试验，分析该传感器的线性度和灵敏度，试验操作过程及准备步骤如下：

(1) 试验设备的安装。

(2) 全工况测力锚杆的固定。

(3) 试验准备。对设备进行调试，确认设备间是正常连通与控制的。

(4) 设置位移控制路径进行试验。

(5) 试验结束。

表 3-11 所示为 FBG 中心波长为 1555.043nm，螺旋线倾角为 60°的 FBG 自感应锚杆利用上述步骤所测的试验数据，对其进行拟合可得如图 3-23 所示的锚杆杆体应变与光纤光栅波长漂移量之间的关系拟合曲线。

表 3-11　螺旋线倾角为 60°时拉拔试验数据

锚杆杆体应变/$\times 10^{-3}$	FBG 波长漂移量/nm	锚杆杆体应变/$\times 10^{-3}$	FBG 波长漂移量/nm	锚杆杆体应变/$\times 10^{-3}$	FBG 波长漂移量/nm
0.398	0.0121	18.2	0.617	35.6	39.3
3.85	0.120	21.7	0.745	1.33	1.49
6.51	0.205	24.3	0.849	35.6	39.3
9.17	0.293	26.97	0.961	1.33	1.49
12.9	0.425	30.4	1.09	35.6	39.3
15.6	0.519	33.00	1.21	1.33	1.49

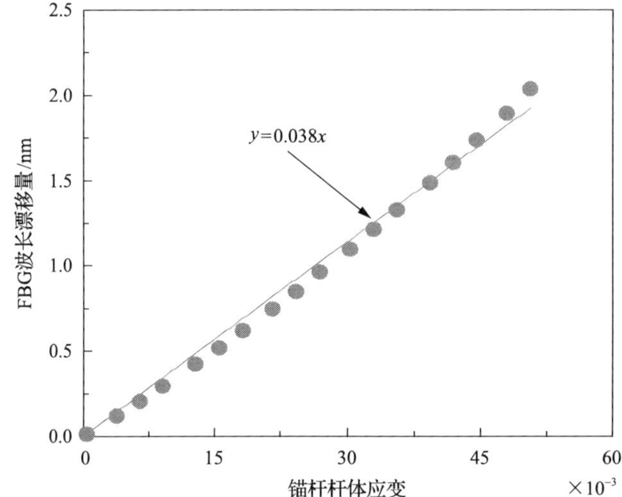

图 3-23　锚杆杆体应变与光纤光栅波长漂移量之间的关系拟合曲线

由图 3-23 可知，在锚杆量程范围内，锚杆杆体轴向应变与 FBG 光栅波长漂移量的线性拟合方程为 y=0.038x，将各个锚杆应变值依次代入拟合方程即可得到理论拟合曲线上对应点的输出值，见表 3-12，$|\Delta_{max}|$=0.112，Y_{FS}=2.037，计算可得自感应锚杆的传感曲线线性度 l=5.4%，与此同时，FBG 测量数据拟合曲线的拟合

表 3-12　实测值与拟合值偏差表

FBG 波长漂移量/nm			FBG 波长漂移量/nm			FBG 波长漂移量/nm		
实测值	拟合值	差值	实测值	拟合值	差值	实测值	拟合值	差值
0.012	0.015	0.003	0.617	0.692	0.075	1.326	1.354	0.028
0.120	0.146	0.027	0.745	0.823	0.078	1.488	1.495	0.006
0.205	0.247	0.042	0.847	0.923	0.077	1.606	1.595	0.011
0.293	0.348	0.055	0.961	1.024	0.063	1.733	1.695	0.038
0.425	0.490	0.065	1.095	1.154	0.059	1.894	1.825	0.068
0.519	0.591	0.072	1.215	1.254	0.039	2.037	1.925	0.112

度 R^2=0.9962。因此，该传感器的线性度极好，符合应用现场要求。灵敏度 s 与拟合曲线的斜率相等，则灵敏度 s 应为 380nm/με。

3.3　光纤光栅的金属化原理及封装工艺

FBG 是光纤传感的核心，应用于光纤传感的光纤由纤芯、包层、涂覆层组成。窄带光源在光纤中的传输遵循全反射原理。通过在裸光纤纤芯上刻栅区使该部位结构发生变化从而形成具备传感功能的光栅。基于 FBG 传感原理的传感器本质上都是根据 FBG 应力应变及温度感知原理所研制。本书研制了一种与锚网相结合的用于监测煤矿巷道围岩收敛的新型 FBG 传感器，并且为了优化传感性能而对 FBG 进行了金属化封装的处理，即采用特殊处理方法在光纤表面包裹一定厚度的致密的金属层，可一层亦可多层。金属化封装不仅能对原本脆弱的 FBG 起到很好的保护作用，防止其被折断，而且可以有效增强其灵敏度，由此可以促使 FBG 应用于更加广泛的传感实践中。金属类材料的热膨胀系数 α、弹性模量 E 和泊松比 λ 等是影响 FBG 敏感度的典型因素。根据传感原理，当以上所述典型影响因素(如材料热膨胀系数、弹性模量及泊松比)与 FBG 制作材料属性参数差异性较大时，金属化 FBG 灵敏度系数会随之变化。因此，挑选适合的金属化封装材料是确保金属化 FBG 实现增敏目的的关键环节。目前，浸渍法、真空蒸镀法、溅射法、化学镀和电镀相结合等均是较为成熟的 FBG 金属化方法。根据实验室条件和需求，本书采用化学镀和电镀相结合方法。FBG 金属化后可实现传感性能显著提升。本章探索了光纤光栅金属化工艺，并在其中多个化学实验环节增设了对比实验，以通过控制变量法分析出具体环节最佳实验条件。以下是具体研究内容。

3.3.1　光纤光栅金属化预处理

FBG 金属化的实质是通过一定处理创造出适合的条件，使玻璃基体表面和金属元素以强相互作用结合[165]。因 FBG 的玻璃材质属于特殊基体材料，难以与金属镀层直接结合，故欲实现 FBG 表面金属化，需要先对其进行若干步骤的预处理流程，其预处理工艺流程如图 3-24 所示，FBG 金属化实验材料筹备如图 3-25 所示。

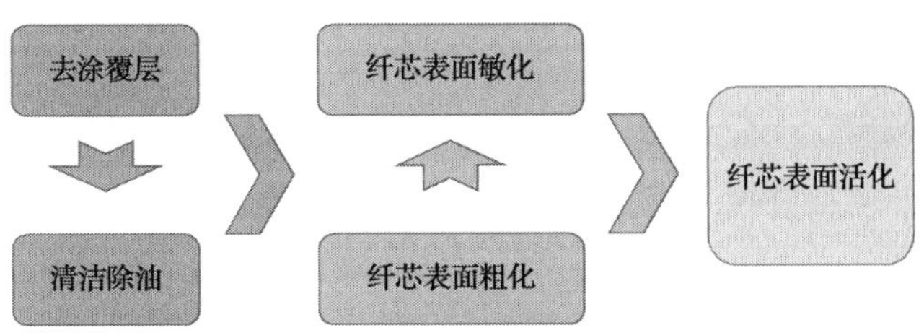

图 3-24　FBG 金属化预处理工艺流程图

图 3-25　FBG 金属化实验材料筹备

1. 去涂覆层与清洁工艺

1) 去涂覆层

石英光纤光栅属于硬脆易断材料，故在实际生产应用中会在其外部加一层环氧树脂保护层即涂覆层，以增加其柔韧性。因涂覆层属于软材质，强度小、硬度低，且与包层之间的结合性较差，故需要将其去除，以避免因软弱涂覆层给金属化 FBG 的传感效果带来不利影响[166]。

去涂覆层的方法主要有化学方法和物理方法。物理方法是采用锐器直接刮掉涂覆层，虽然操作便捷，但有去除不够彻底和易损伤光纤光栅的弊端，并对进一步的金属化施镀造成不良影响；化学方法的原理是有机材料易溶于有机溶剂，该方法虽工艺复杂，但去除较为彻底(图 3-26)。综上，本书选用化学方法来实施去除保护层工艺。

处理工艺：

(1) 将实验用 FBG 处理为统一长度，用标签进行编号；

(2) 将编号后的 FBG 依次粘在固定架上，将下部浸泡在 500mL 丙酮溶液中，20～25min 后取出，在去离子水中清洗 3～5min。

2) 碱性清洁方法

制造光纤时，外包层和涂覆层之间以及涂覆层与纤芯之间通常会附带少许油脂，这是生产工艺的局限性造成的。只要不破坏光纤外层结构，这些油脂对光纤

(a)

(b)

图 3-26　利用化学方法去除保护层

的正常使用没有任何影响[167]。但若进行光纤金属化封装处理，夹层间隙内的油脂会阻碍光纤纤体与镀层金属之间的致密结合。故欲实现光纤和镀层金属的理想结合，必须采取合适的除油清洁方法，以避免因油膜存在而造成结合力变差、镀层不平整等问题。在应用中，常规的除油清洁方法主要分为酸性除油、碱性除油、有机溶剂除油三类。

丙酮、三氯乙烯、乙醇等均为使用范围很广的有机溶剂。喷淋法、蒸汽去油法、侵洗法均属于有机溶剂除油的操作方法。有机溶剂除油虽然用时短、对硅质光纤没有腐蚀性，但其除油效率不高，往往无法彻底将油去除干净，若采用有机溶剂除油法，必须补充配合其他相应除油环节以确保最终除油的彻底性。

皂化作用和乳化作用是油脂在碱性环境中发生的主要化学反应，也是碱性除油的基本原理。皂化作用化学反应方程为

$$(RCOO)_3C_3H_5 + 3NaOH = 3RCOONa + C_3H_5(OH)_3 \tag{3-23}$$

油脂膜经过乳化作用将会由厚变薄，且分布扩散在溶液里，呈现为乳浊液的生成。较高氢氧化钠含量的强碱环境的皂化作用程度会随皂化反应进行而逐渐削弱，具体表现为混合溶液的肥皂及表面活性剂溶解度降低。较低氢氧化钠含量的溶液面临的问题则是肥皂的水解，易造成目标产物含量降低，不利于实现实验预期目的。基于此，添加碳酸氢钠一方面有利于调 pH，另一方面本身溶于水呈弱碱性，故也具备对油脂的皂化和乳化作用且具有一定程度的表面活性效用。表面活性剂可以促进乳化分散作用，加快除油过程，降低油水界面张力，常见的表面活性剂有十二烷基二乙醇酰胺、肥皂、水玻璃等，具有缩短除油时间、减小浮于水

层上方油膜与水层间张力、增进乳化反应等作用。

考虑到酸性法会产生有毒物质，环境不友好，且碱性法试剂价廉易得，故碱性法更适用。

氢氧化钠含量在碱性除油法中起到决定性作用。除油结束后，若残余氢氧化钠混入后续敏化环节并与敏化环节试剂发生反应，则会影响整个预处理的结果，从而进一步影响后续的化学镀和电镀效果，故碱性法结束后进行历时 5min 的超水波水洗环节，以去除光纤表面氢氧化钠残留液。

经查阅资料得知，NaOH 浓度越高，除油历经时间越长，除油效果越好。依据经济适中原则，各参变量所选定取值如表 3-13 所示。碱性除油结束后（图 3-27），需在去离子水（即蒸馏水）中用超声波清洗机进行至少 5min 的清洗过程（图 3-28）。

超声波水洗结束后，发现光纤表面形成均匀状水膜，表明光纤在去除油脂后有较好的亲水性质，去除油脂后的光纤能够满足应用。

表 3-13　碱性除油方法

类别	参数范围	选定取值
氢氧化钠（NaOH）/（g/L）	15～25	20
碳酸钠（Na_2CO_3）/（g/L）	25～35	30
磷酸钠（Na_3PO_4）/（g/L）	35～45	40
表面活性剂/（ml/L）	4～8	5
温度/℃	65～75	70
除油时间/min	15～45	30

(a)

(b)

图 3-27　碱性除油处理

图 3-28　超声波水洗

2. 粗化与后处理

1) 粗化工艺

光滑的光纤基体表面只有在经历粗化处理后其粗糙度才能允许微观层面硅元素与镀层金属元素紧密结合[168]。

粗化可分为物理粗化法和化学粗化法。物理粗化(如喷砂和喷丸)法一般适用于对大型金属器材的处理。化学粗化法基于氧化还原反应，选择适合的试剂对基体材料进行可控范围内的腐蚀操作，使被腐蚀基体对象表面不再像原先那样致密光滑，而是在表面形成孔隙，从而利于进一步处理以及后续金属化操作。

光纤是直径为 10～100μm、主体成分为二氧化硅的材料，物理粗化法不适用于该尺寸对象，而化学粗化法则对对象尺寸没有特殊要求。

粗化反应化学原理式如下：

$$SiO_2 + 4F^- + 4H^+ = SiF_4 + 2H_2O \tag{3-24}$$

$$SiF_4 + 2F^- = [SiF_6]^{2-} \tag{3-25}$$

$[SiF_6]^{2-}$是可溶于水的络合物。

反应完成时长由 $c(F^-)$与 $c(H^+)$决定。显然，F^-和 H^+的浓度越高，粗化完成所需时间越短，同时粗化处理时间增加，也会对粗化的效果产生积极影响。在室温和标准大气压下，将 H_2O、HF 和 H_2SiF_6 按照不同比例混合，测试何种比例效果最优，完成了光纤腐蚀实验，如图 3-29 所示。

(a)

(b)

(c)

图 3-29　粗化处理

虽然试剂浓度和持续发生反应时间会影响粗化结果，且影响呈正相关性，但粗化时间过久会导致粗化过度并对光纤造成不可逆的损伤，故需要对持续发生反应的时间进行控制，并非时间越久越好。

综上，结合控制变量法，最终粗化具体工艺参数取值为：成分比例 HF: H_2SiF_6: H_2O=1:1:4；室温；标准大气压；历时 20min。

2）粗化后热处理

因为粗化后二氧化硅四面体结构被破坏，SiO_2 表面存在的不饱和键成为易于与水结合的特殊基团，这样的结合体会妨碍后续预处理工序的顺利进行，故需采取热处理措施将粗化后光纤表面的水分子去除掉。考虑到长时间过热会影响光纤光栅的性能，故实验选取的热处理工艺参数为：首先使用红外快速干燥箱在 40℃条件下烘干处理 10min（图 3-30），然后利用鼓风干燥箱在 110℃条件下处理 2min（图 3-31）。

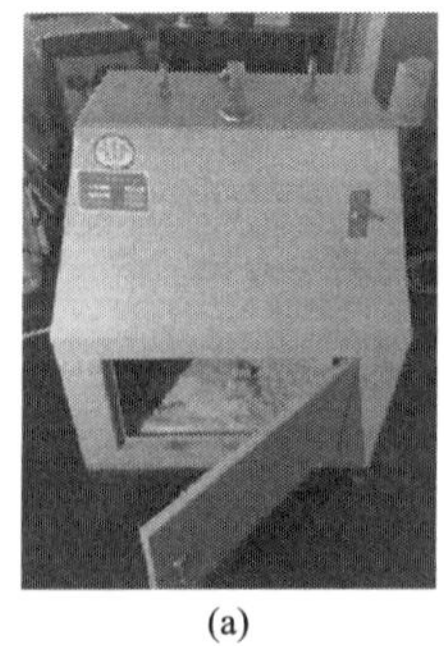

(a)

(b)

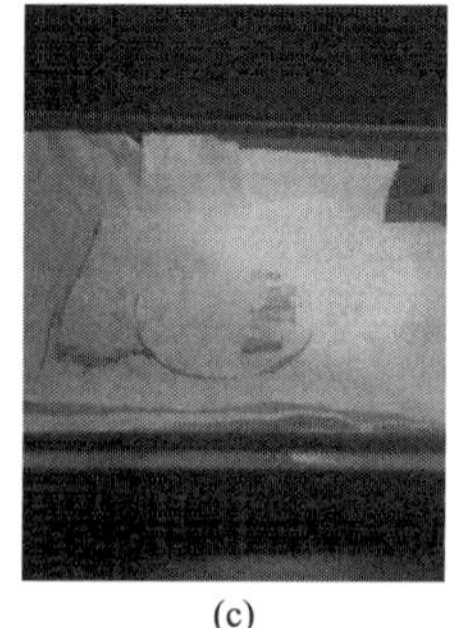

(c)

图 3-30　粗化后热处理（红外快速干燥箱）

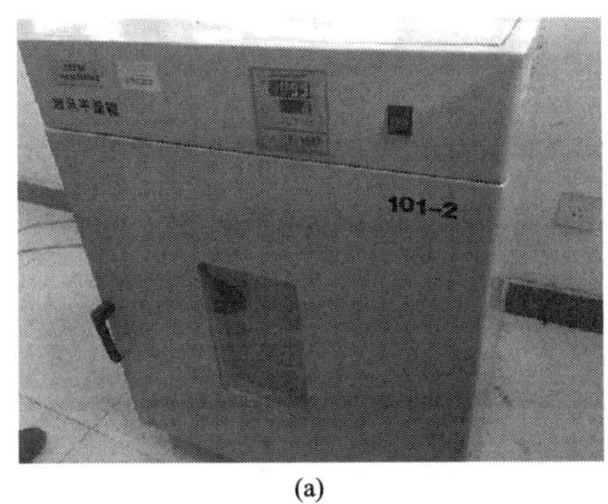

(a)

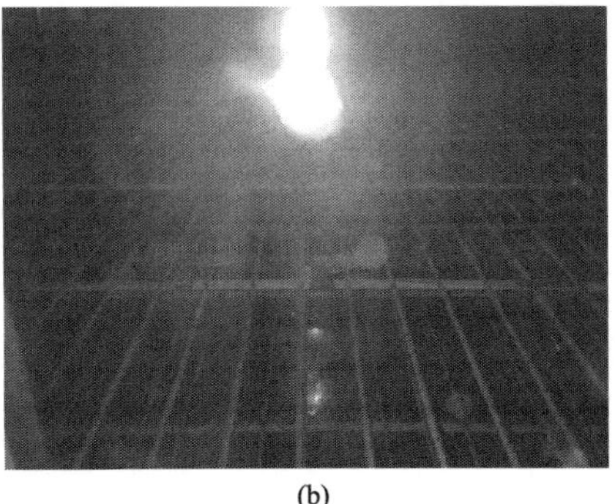
(b)

图 3-31　粗化后热处理(鼓风干燥箱)

3. 敏化与活化

1)敏化工艺

敏化的下一步是活化。光纤作为非金属基体，需要依靠敏化操作来构建贵金属催化环境，从而顺利对接下一步活化操作。氯化亚锡是较易购得的敏化剂，故围绕该敏化剂选择稀盐酸和锡条进行敏化操作，实验具体工艺材料及探索后取值见表 3-14。

表 3-14　敏化工艺材料和参数取值

类别	单位	参数范围	取值
氯化亚锡($SnCl_2{\cdot}2H_2O$)	g/L	10～30	20
盐酸(HCl)	mL/L	40～50	50
锡条	条	1	1
温度	℃	室温	室温
敏化时间	min	5～10	10

敏化反应机制(氯化亚锡的水解反应)：

$$SnCl_2 + H_2O \longrightarrow Sn(OH)Cl\downarrow + HCl \tag{3-26}$$

$$SnCl_2 + 2H_2O \longrightarrow Sn(OH)_2\downarrow + HCl \tag{3-27}$$

敏化环节需要注意以下几点：首先要将氯化亚锡溶于稀盐酸而非水中，以免首先发生不需要且不可逆的多余反应而影响正常结果；氯化亚锡易被氧化，故不宜长久暴露于直接接触空气的环境中，以免敏化溶液变质失效[169]。

敏化液失效化学原理方程：

$$2Sn^{2+} + O_2 + 4H^+ \longrightarrow 2Sn^{4+} + 2H_2O \tag{3-28}$$

加设锡条是为了防止氯化亚锡被氧化导致敏化液变质。锡条作用的化学反应式如下：

$$Sn^{4+} + Sn \longrightarrow 2Sn^{2+} \tag{3-29}$$

再则，氯化亚锡除了易被氧化还易被水解。稀盐酸在溶液中的主要作用是避免其水解而失效。稀盐酸含量的加入以保证氯化亚锡不水解为依据。敏化结束后需要进行 3min 的水洗过程，水洗时稀盐酸被稀释乃至冲掉，氯化亚锡开始容易发生水解反应。敏化液中加入盐酸主要是防止氯化亚锡水解，在实际操作中以氯化亚锡不水解为限(图 3-32)。因此，水洗过程不仅要实现冲洗这一目的，还要在冲洗过程中完成敏化反应，使光纤表面被处理为下一环节所需状态。

(a)

(b)

(c)

图 3-32 敏化处理

2) 活化工艺

活化是紧随敏化其后的步骤。敏化结束后光线表面被破坏的二氧化硅四面体结构形成了若干“—Si—O—Sn—”化学键，该化学键具有吸附活性离子(如贵金属阳离子)的特性。贵金属钯和银都可以作为催化反应的催化中心，但银盐不如钯盐的适用范围广，故选择钯盐即氯化钯加入活化溶液。

活化原理为：贵金属阳离子如 Pd^{2+}(或 Ag^{+})被光纤基体表面吸附后，与“—Si—O—Sn—”化学键上的 Sn^{2+}发生氧化还原反应，贵金属阳离子具有强氧化性，使得电子被还原，在光纤基体表面析出贵金属固体，催化环境得以建立，在后续的化学镀 Cu 时，贵金属 Pd(或 Ag)即成为化学镀反应过程中的催化中心。凭借其强活性、较好的活化效果，钯盐尤其氯化钯常被用作活化剂。活化过程中发生的化学反应一般为

$$Sn^{2+} + 2Ag^{+} = 2Ag\downarrow + Sn^{4+} \tag{3-30}$$

$$Sn^{2+} + Pd^{2+} = Pd\downarrow + Sn^{4+} \tag{3-31}$$

光纤光栅作为非金属基体，在化学镀初期若未加以处理，是无法具备进行氧化还原反应所需先决条件(即拥有催化中心条件)的。经过活化处理后，光纤光栅表面附着了可作为催化中心的贵金属固体，由此可在化学镀过程中逐渐吸附到更多镀层金属固体。虽然催化反应中催化剂最终数量未减少，但并不代表其没有参与化学反应，只是发生了双向反应而已。贵金属作为催化剂，其浓度与化学镀效果呈正相关关系，但贵金属盐非常昂贵，因此在考虑成本的前提下，无法为了追求更好的效果而无限制增加贵金属元素的浓度。

因此，经过少量控制变量测试和资料查询，综合考虑实验选取的活化溶液和处理工艺见表 3-15。

表 3-15　活化工艺参数与取值

类别	单位	参数范围	参数取值
氯化钯($PdCl_2$)	g/L	0.75～1.75	1
盐酸(HCl)	mL/L	75～150	100
锡条	条	1～2	1
温度	℃	25	25
活化时间	min	8～12	10
水洗时间	min	1～3	2

经若干次试验探索和资料查询，在配置活化溶液时应特别注意，先将盐酸在 1/5 L 的水中搅拌均匀，然后加入氯化钯(图 3-33)，并搅拌至均匀(图 3-34)。与敏化清洗环节类似，活化后的清洗环节亦需要注意清洗时间——太短的时间无法干净清洗，镀液中很容易混入 Pd^{2+}，发生非期望反应；太长的清洗时间则会造成钯极易被氧化，使光纤表面作为催化中心的 Pd 金属含量下降，影响后续化学镀效果。

(a)

(b)

图 3-33　氯化钯称重(电子天平)

预处理后金相显微镜下光纤光栅效果如图 3-35 所示，可以看出，受试 FBG 预处理取得了较为理想的效果。

图 3-34　活化处理

图 3-35　预处理后光纤光栅效果图(金相显微镜)

3.3.2　光纤光栅金属化化学镀铜工艺

1) 工艺及原理

预处理所做的处理均是为化学镀 Cu 创造必须条件。经过一系列预处理后，光纤光栅基体表面具备了催化活性，从而在光纤光栅基材表面上可进行预期反应：Cu^{2+}的电子被还原为金属固体 Cu，在光纤基材表面析出[170]。

硼氢化钠、甲醛、肼和次磷酸钠等试剂均为可在化学镀过程中对铜盐中 Cu^{2+} 进行还原的还原剂，几种试剂中甲醛作为还原剂的工艺最为成熟，应用最为广泛。经查阅资料和实验验证得知：0.07mol/L 的硫酸铜浓度是化学镀铜效率值最高的浓度，并且该浓度值属于极大值点，降低或继续提升硫酸铜溶的浓度均对稳定性无益。另外，化学镀铜对 pH 具有一定的要求，必须是典型碱性环境，且需 pH≥11，因为只有在碱性化学镀溶液 pH≥11 时 Cu^{2+}才能被甲醛试剂还原。通过进一步实验、分析以及查阅资料[171]，可知 pH 最宜控制在 12 左右，因为虽然碱性越强 Cu^{2+} 的电子被还原越快，但碱性过强亦容易使 Cu^{2+}析出过快而造成溶液失稳，从而影响化学镀效果。另外，本试验采用酒石酸钾钠作为可构造稳定络合结构的络合剂，可在一定程度上阻碍铜离子在碱性溶液中的沉淀。

试验中采用的化学镀铜工艺和取值情况如表 3-16 所示。

表 3-16　化学镀铜工艺和取值

实验材料和实验条件	单位	参数范围	参数取值
硫酸铜	g/L	8～16	10
酒石酸钾钠	g/L	30～50	40
氢氧化钠	g/L	6～12	8
碳酸钠	g/L	1～3	2
甲醛	mL/L	15～30	20
温度	℃	25～30	25～28
pH	/	11～13	12
化学镀时间	min	60～120	120

在以甲醛为还原剂的碱性化学镀 Cu 镀液中还原反应为

$$Cu^{2+}+2e^{-}\longrightarrow Cu \tag{3-32}$$

氧化反应为

$$2HCHO+4OH^{-}\longrightarrow 2HCOO^{-}+H_2\uparrow+2H_2O_2+2e^{-} \tag{3-33}$$

总反应为

$$Cu^{2+}+2HCHO+4OH^{-}\longrightarrow Cu\downarrow+2HCOO^{-}+2H_2O+H_2\uparrow \tag{3-34}$$

2)试验及结果

根据表 3-17，完成历时 2h 的光纤光栅化学镀铜后(图 3-36)，利用超声波清洗机清洗 3min，然后置入红外快速干燥箱烘干 10min。图 3-37 所示为某次试验后金

(a)

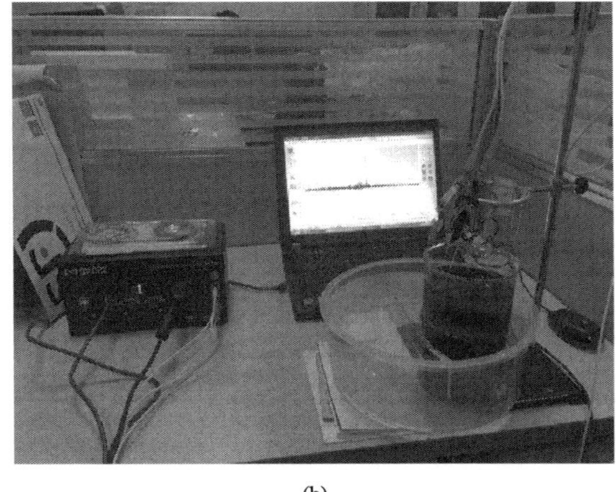

(b)

图 3-36　金属化光纤光栅化学镀铜试验图

相显微镜下观察到的接近成功的光纤表面化学镀铜实拍，图 3-38 为体视显微镜观察下最终光纤表面化学镀铜取得成功的实拍，经测量镀层厚度为 6～8μm。

图 3-37　化学镀铜接近成功照片(金相显微镜)

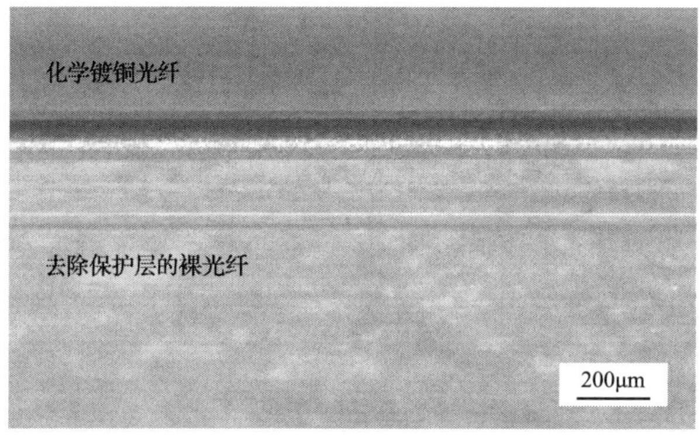

图 3-38　化学镀铜成功照片(体视显微镜)

3.3.3　光纤光栅金属化电镀锌工艺

1. 工艺和原理

纯锌为典型活泼金属，在空气中通常会很快与氧气发生反应生成均匀致密的薄膜，从而将内部纯锌保护起来。纯锌在室温下质地硬脆，在 100℃以上 200℃以下温度范围内通常具有良好的韧性，易于实现结构的扩展延伸。基于所述纯锌特性，可选择其作为保护层，然后通过电镀覆盖在日常易生锈金属材料上，如钢铁，以有效提升钢铁材料的稳定性和使用寿命，且能起到增加美观的作用。

与化学镀原理相似，电镀也是通过氧化还原反应来实现的，同属于化学范畴。

二者原理上的区别则是，一方面需要外加电源提供额外能量，促使粒子按照预期转移运动，另一方面在催化条件下即可自发发生金属离子交换的氧化还原反应，由此显示出二者在发生条件上的难易差异；在镀层形态效果方面，因化学镀不像电镀那样系统会被注入大量能量，故其化学反应相对平和均衡，更易生成均匀致密美观的镀层；从被镀基体形状考虑，电镀受限于供能系统的特殊结构和连接方式，无法对很多形状进行理想程度的施镀，化学镀则完好地弥补了电镀在该问题上的局限性；因电镀反应更剧烈，故其金属镀层往往与基体贴合更紧密也更牢固；与电镀不同，化学镀所涉及试剂多为绿色环保无毒型，故化学镀可应用于食品生产及包装领域；在美观角度，化学镀色彩单调，而电镀则能通过工艺处理使镀层呈现各种定制色彩。

在室温下(18～22℃)，Zn 的热膨胀线性系数为 36.0，Cu 的热膨胀线性系数为 16.4，Zn 显著高出 Cu 一倍有余，因此光纤光栅基体表面镀锌将比镀铜能获得更高的温度感知灵敏度。本章在大量分析和总结前人试验及经验推论的基础上，尝试探索在已完成化学镀铜的光纤基础上，继续在铜层之上加镀一层锌，以期得到性能更加优良的加强版温度、应变传感元器件[172,173]。

早期镀锌工艺在镀液中添加氰化物，为人类社会创造了值得肯定的利益回报，但也造成了对环境严重的污染破坏。随着科技发展进步，镀锌工艺逐步实现无氰化物添加，有效减少环境污染。

目前电镀锌工艺主要分为碱性环境施镀和酸性环境施镀两大类，随着应用和研究的深入，二者又形成了很多更细化的分支。如图 3-39 所示，即为目前电镀锌主流工艺分类情况。

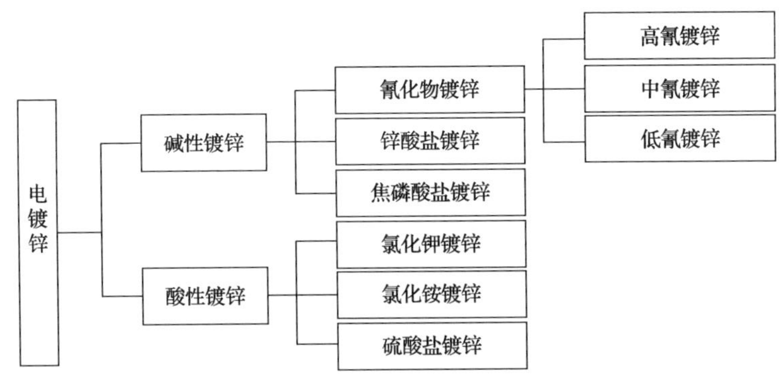

图 3-39　电镀锌工艺分类

对于碱性镀锌工艺，其分支氰化物镀锌能实现效果非常理想的镀层，但其缺陷也非常突出，即其剧毒性对环境安全具有非常大的负面影响。

锌酸盐镀锌工艺不存在毒性问题，在成功的条件下亦可取得良好的镀层效果，但其试验条件对精度要求过高，小量误差就可能导致电镀失败，故需要在条件非常稳定的环境中才能考虑采用该工艺。

焦磷酸盐镀锌工艺效果一般，没有突出优势，处于无人问津的处境。

回顾镀锌工艺的发展史，高效但有毒的碱性氰化物镀锌工艺最先兴盛起来，但随着其带给环境的危害越来越大，人们不得不开始探索是否有其他高效且无害的镀锌工艺，酸性镀锌工艺也由此逐渐被创造出来并不断得到完善。

酸性工艺一族中最先成功的是酸性氯化钾镀锌工艺，其效果虽然很棒，但金属色泽不美观和一定程度的污染问题都使其无法成为人们的首选。

酸性硫酸盐镀锌工艺虽然效果上不够完美，甚至具有较为明显的不足之处，但其工艺决定其可以基于大电流实现大规模简单型材的电镀。

综合以上所有分支镀锌工艺，结合前人研究经验，选择如表 3-17 所示混合工艺试剂进行电镀锌工艺的探索研究。

表 3-17　电镀锌工艺参数列表

实验材料和实验条件	单位	参数范围	参数取值
$ZnSO_4$	g/L	150～500	500
氯化铵	g/L	10～20	20
硼酸	g/L	20～40	40
十二烷基硫酸钠	g/L	1～3	1.5
温度	℃	25～30	25～28
pH	/	18～25	20
电镀时间	h	20～30	24

化学原理主要为：

高浓度硫酸锌溶液确保溶液中能提供充足的锌离子，从而使电镀效率得到提高：

$$ZnSO_4 \longrightarrow Zn^{2+} + SO_4^{2-} \tag{3-35}$$

溶液中锌离子在阴极化学镀铜后金属表面被还原为金属锌固体，并附着在负极基体上：

$$Zn^{2+} + 2e^- \longrightarrow Zn \tag{3-36}$$

阳极所连接锌棒通过电流连通不断失去电子，以锌离子形式补充进溶液中：

$$Zn \longrightarrow Zn^{2+} + 2e^- \tag{3-37}$$

2. 试验与结果

将金属化光纤浸没长度设置为 20～80mm，同时电源电流和电压应分别控制在 0～30mA 和 0～10V 的安全范围。电源示数虽处于不断波动的状态，但其示数均处于安全范围内，以所摄为例，电流分别为 0.15mA、0.17mA、0.19mA，电压稳定为 7.55V，从而显示该电源及电镀系统具有较强稳定性。图 3-40 为金属化的光纤电镀试验示意图，全套试验器材和试剂实物如图 3-41 所示，图 3-42 为进行中的金属化光纤电镀锌试验图。

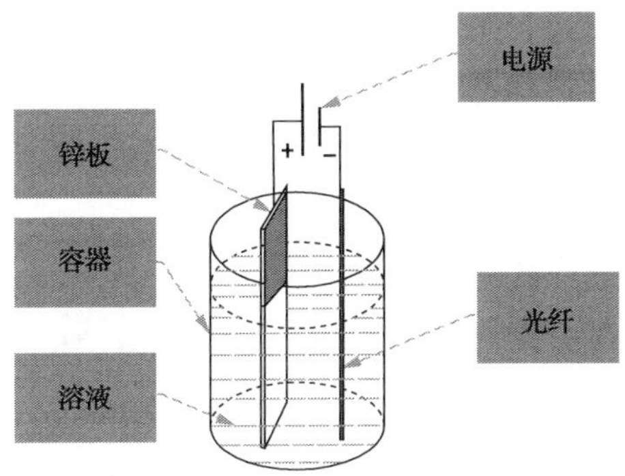

图 3-40　金属化光纤电镀试验示意图

图 3-41　金属化光纤电镀设备及试剂一览图

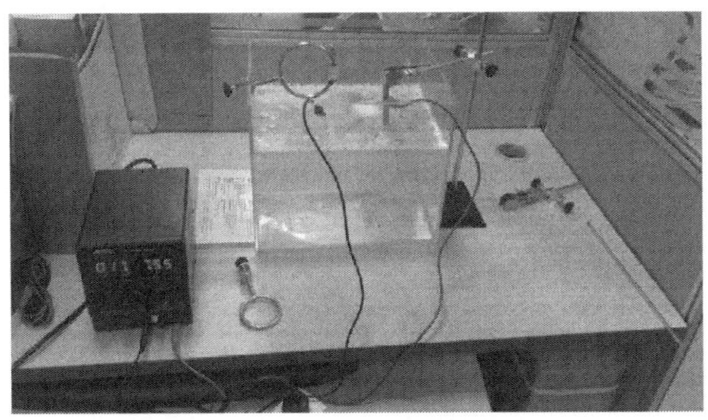

图 3-42　金属化光纤电镀锌试验图

图 3-43 所示为多次重复试验中，几次因变量控制失误或错误导致的电镀失败情况，由体视显微镜拍摄。从上至下失败原因分别为：①某次试验未能做好恒温处理，一半试验时间里，环境温度只有 10℃左右，严重偏离了所需标准范围 20～30℃；②某次试验电子天平卡顿导致硫酸锌外三种固体试剂称量超量；③某次试验尝试性加入浓度为 1000g/L 的硫酸锌，超出所规定标准含量一倍。图 3-44 所示为体视显微镜下观察到的金属化电镀锌成功照片效果图。

图 3-43　金属化光纤电镀失败试样(体视显微镜)

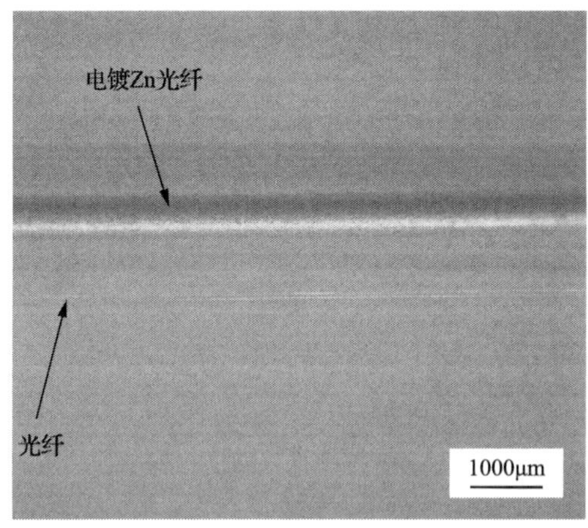

图 3-44　金属化光纤电镀锌成功照片(体视显微镜)

3.4　现场工程应用

本书选取阳泉煤业(集团)有限责任公司寺家庄矿 15106 工作面为巷道锚固岩体收敛光纤光栅感知系统的工业性试验地点，在 15106 工作面进风顺槽实施系统的布置与安装，并对其所监测数据进行智能化整理分析与可视化输出。

3.4.1　工程概况

寺家庄矿隶属于阳泉煤业(集团)有限责任公司，位于昔阳县境内，其工业场地在县城西南约 7km 处。昔阳县城距阳泉市约 30km，该矿井设计能力为 6Mt/a，寺家庄矿的地理位置如图 3-45 所示。

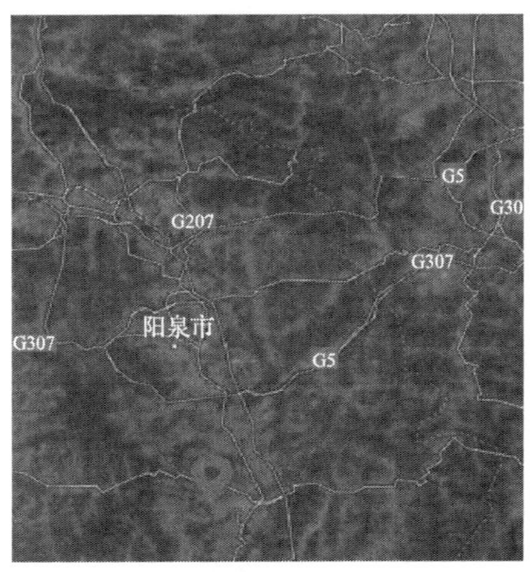

图 3-45　寺家庄矿地理位置图

15106 工作面采用走向长壁方式布置，设计长度为 1820m，可采长度为 1530m，工作面长度为 286m，可采储量为 385 亿 t，地面标高为 937.3～1098.1m，工作面标高为 530～590m。工作面总体为东高西低的单斜构造，整体盖山厚度为 410～510m，倾角范围为 1°～12°，平均倾角为 6.5°，平均煤层厚度为 5.5m。其东西两侧分别与 15108 工作面以及 15104 工作面(两工作面均已采完)相邻，为孤岛工作面。在 15016 工作面中，基本顶为 7.0m 的细砂岩，呈灰色，泥质胶结，直接顶为 5.5m 的砂质泥岩，灰黑色团状岩体，直接底和基本底分别为 6.5m 的泥岩和 6.5m 的砂质泥岩。

15106 工作面进风巷沿 15 号煤层顶板掘进，煤层赋存总体平缓，局部有波状起伏，最大倾角 12°，南侧与 15104 工作面回风巷相邻，区段间留设 7m 小煤柱，是典型的沿空掘巷。在进行巷道掘进时，该断面确定为矩形巷道，掘进尺寸为 5400mm×4100mm，具体见表 3-18。

表 3-18　巷道掘进参数表

巷道名称	断面形状	毛宽/mm	净宽/mm	毛高/mm	净高/mm	毛断面/m^2	净断面/m^2
81303 回风巷	矩形	5400	5200	4100	4000	22.14	20.80

3.4.2 感知系统组成及传感器布置

基于光纤光栅对均匀应变场和非均匀应变场感知特征及表面粘贴式 FBG 的应变传递耦合机制研究，结合巷道锚固岩体的失效机制及感知关键特征参量研究，考虑 FBG 高精度封装方式和井下巷道的监测环境需求，在传感器优化的基础上，采用有限元仿真与实验室试验相结合的方法，设计了基于 FBG 栅格的巷道锚固岩体收敛变形感知子系统和锚固界面脱黏、锚杆弯曲感知子系统，实现了巷道锚固岩体收敛变形、隐蔽性锚杆变形及锚固岩体界面力学状态的感知。

1. 系统结构与组网模型

如图 3-46 所示的巷道锚固岩体收敛光纤光栅感知系统，由锚固岩体裂隙传感、锚固岩体收敛感知和锚杆锚固界面、弯曲感知以及配套的软硬件组成，解调仪内植光纤光栅反射光谱信息提取插件，定期提取目标 FBG 群的光谱特征作为分析锚固岩体力学状态和 FBG 非均匀应变场调制的基础数据。由矿山服务器完成数据处理、分析和储存功能，并将生成数据传送至终端计算机，由计算机软件进行可视化处理。

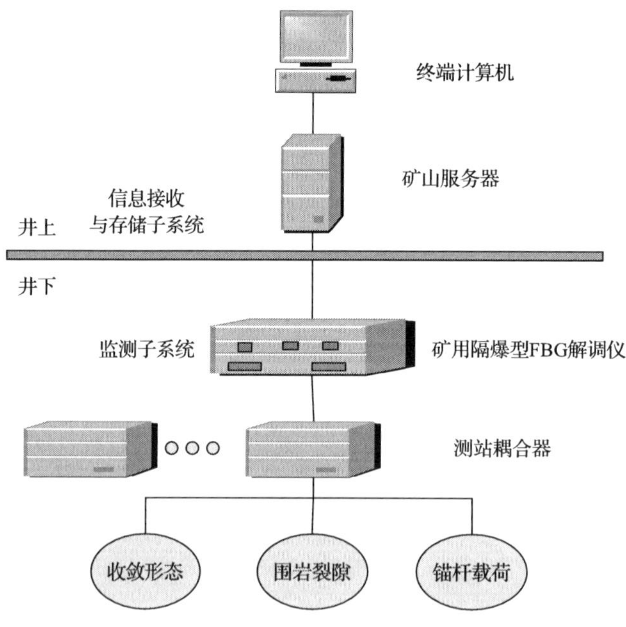

图 3-46　巷道锚固岩体收敛的光纤光栅感知系统结构

由于巷道锚固岩体智能感知系统的功能完备、待测信息种类繁多，单个测站所需的 FBG 数量巨大，且需测量数据间呈阵列关联才能实现岩体收敛和锚杆感知等复杂功能，造成了系统的鲁棒性降低。针对这一问题，开发了具有自修复功能的系统组网模型，如图 3-47 所示，系统采用双级网络模型，主环路起大动脉的作用，负责串联各个次级回路，经光开关连接至解调仪。次级回路经 2×2 耦合器连接至主回路，可实现本回路与主环路的双向连通，当一向回路因监测点故障导致通信中断时，可保证另一向的信号传输。该系统结构比普通的简单串联式波分复用系统具有容错能力强、系统稳定性高的优点。

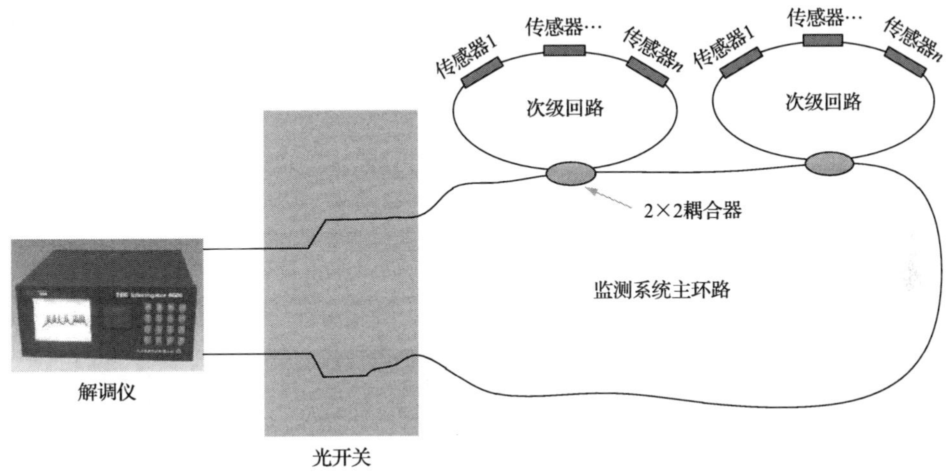

图 3-47　感知系统的组网模型

2. 感知系统内容

巷道锚固岩体收敛光纤光栅感知系统的试验内容为锚固岩体收敛特征感知、锚固岩体力学状态感知，见表 3-19，测站安装位置如图 3-48 所示，传感器现场安装照片如图 3-49 所示。

表 3-19　锚固岩体收敛光纤光栅感知系统试验内容

序号	内容	传感器
1	锚固岩体收敛特征感知	光纤光栅金属格栅
2	锚固岩体力学状态感知	光纤光栅自感知锚杆

3. 感知方案设计

通过对寺家庄矿 15106 工作面的煤层赋存特点、地质特征、巷道掘进计划、系统施工时间、光缆排线布置及掘进长度等的分析，结合井下工业以太环网的布置地点，最终确定将光纤光栅解调主机安置于采区变电所。其中采区变电所距 15106 工作面进风巷巷口 1100m。

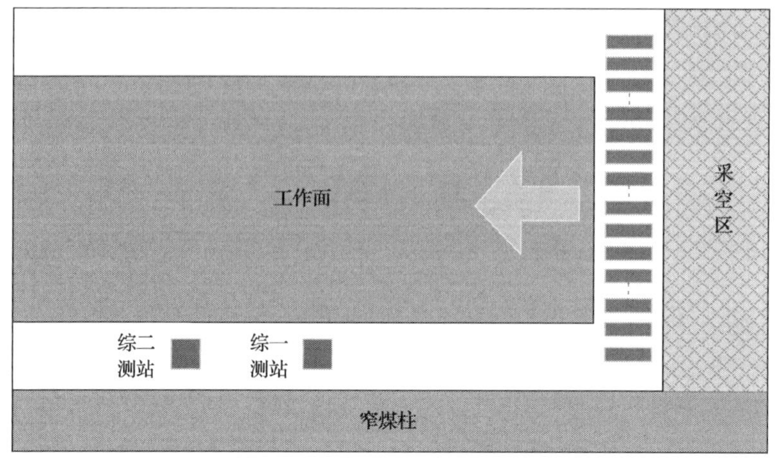

图 3-48　测站布置简图

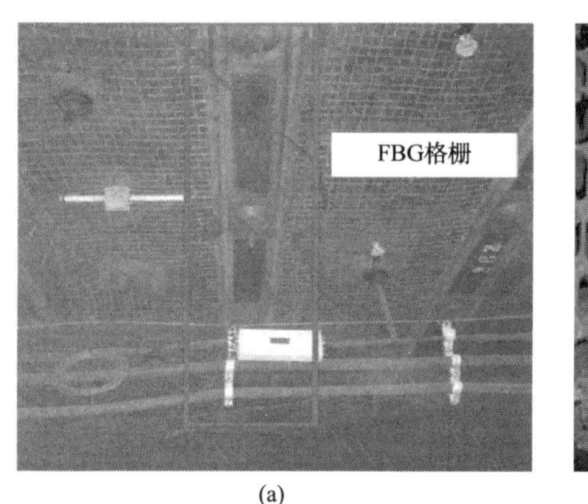

(a)

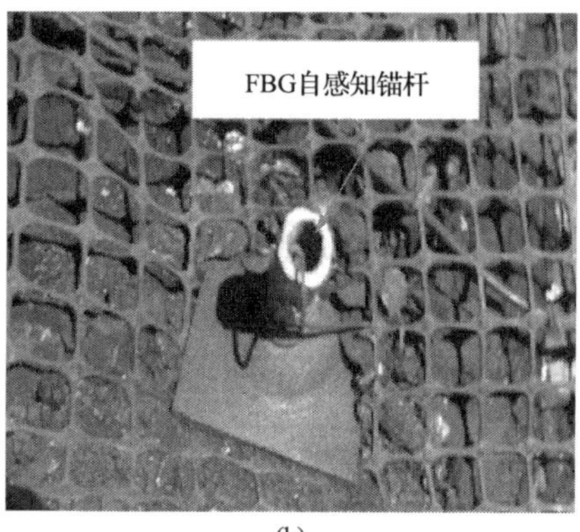

(b)

图 3-49　传感器现场安装照片

如图 3-48 所示，选定巷道的试验长度为 200m，在该范围内布置 2 个综合测站(第一测站距离巷道开口 1700m，第二测站距离巷道开口 1800m，每个综合测站包括一套光纤光栅金属格栅和 5 个光纤光栅自感知锚杆，分别安装于巷道左右两帮、左右肩角与顶板中心位置。

3.4.3　现场应用结果及分析

巷道锚固岩体收敛的光纤光栅感知系统采用可视化的编程软件开发，并集成了多种智能算法，实现了自动分析处理感知数据、输出可视化的功能。如图 3-50 所示为 1 号锚杆(巷道顶板中心位置)力学状态的可视化输出界面。锚杆的锚固长度为 800mm，光纤光栅自感知锚杆在锚固区范围内封装 6 个 FBG，距离锚固端头分别为 100mm、200mm、300mm、400mm、500mm、600mm，自由段布置三个断面的 FBG 阵列，监测显示锚杆锚固区内锚杆轴向载荷在距离载荷端一侧增长迅速。鉴于 600mm 光纤光栅的锚杆轴力感知量与自由段 FBG 阵列监测所得的锚杆轴力相当，有理由认为锚杆的锚固长度未达到设计要求的 800mm 或锚固剂-围岩黏结失效，需排查原因并加以整改。

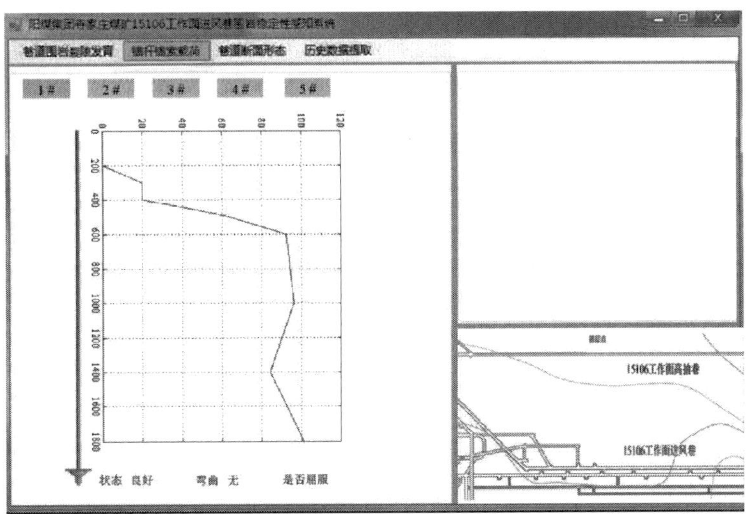

图 3-50　巷道顶板中心位置锚杆(1 号锚杆)力学状态的可视化输出界面

如图 3-51 所示为巷道左肩角锚杆(3 号锚杆)力学状态的可视化输出界面，锚杆自由段的轴向载荷约为 65kN，锚固段附近靠近载荷端的轴向力增长迅速，说明该处的锚固界面黏结良好，未发生脱黏失效。通过内置的神经网络算法，系统判断约在距离锚固端头 800mm 位置锚杆产生了 46mm 的弯曲变形，究其原因可能

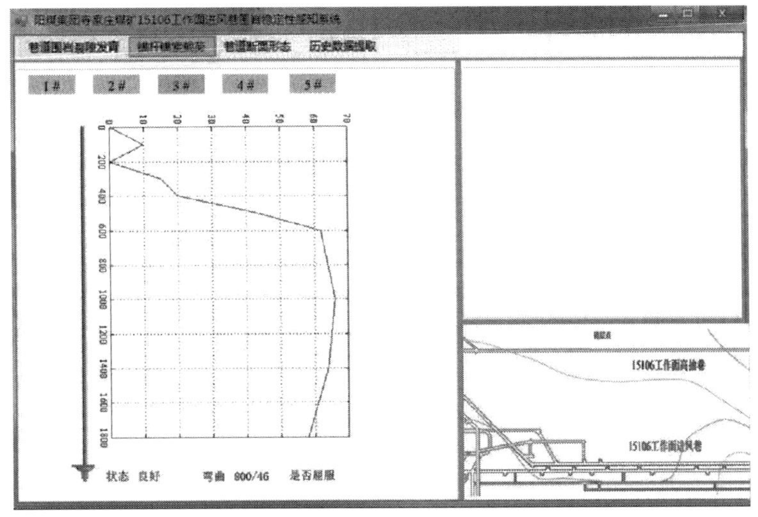

图 3-51　巷道左肩角锚杆(3 号锚杆)力学状态的可视化输出界面

为该处位于锚固段与自由端的交界点，锚杆受横向剪切应力导致弯曲变形。同时，锚杆 1000mm 位置处光纤光栅阵列的锚杆轴向力输出值大于其他两个感知截面，有可能是因为受该处弯曲变形影响，产生了测量误差。

如图 3-52 所示为巷道顶板锚固岩体的收敛形态重构图，光纤光栅格栅采用一维阵列，在长度为 5m 的巷道顶板均匀布置 25 个 FBG，间隔为 200mm，形态重构的坐标递推起始点为巷道顶板的中间位置(图中 2300mm 位置)。形态重构结果显示巷道顶板总体收敛量不大，仅右肩角产生了约 15mm 的下沉。因光纤光栅阵列安装于 W 型钢带内侧，受钢带施加的压应力影响，在整个格栅长度范围内产生了测量误差，表现为巷道重构后的形态曲线出现无规律性的突变。

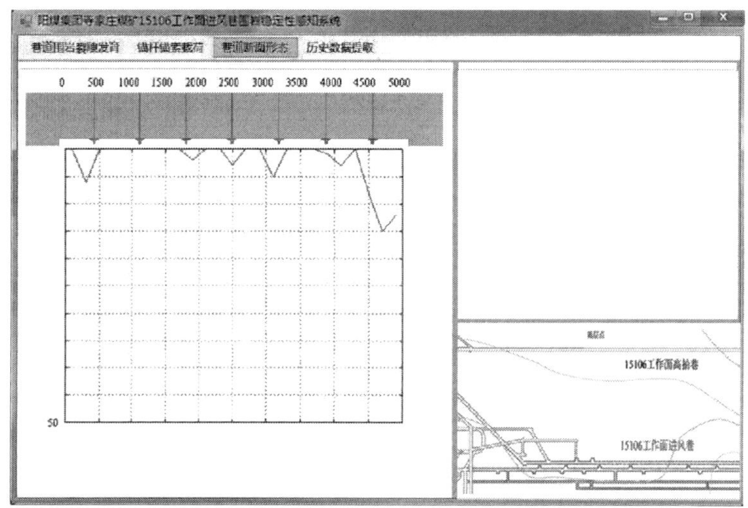

图 3-52　巷道顶板锚固岩体的收敛形态的重构图

第 4 章　巷道围岩应力智能感知技术

4.1　光纤光栅钻孔应力计设计理论

4.1.1　建立力学模型

在采动应力监测中，钻孔应力计是目前非常常见和成熟的监测仪器，首先需要在围岩中施工一钻孔，孔内局部围岩会向孔内收缩并发生卸载，将充满液压油的钻孔应力计埋置其中，由于具有一定的初始压力，应力计会对围岩起到支撑作用，当围岩受到扰动之后，钻孔围岩会向内挤压。此时，钻孔中的应力计会与孔壁压紧并相互作用，围岩会向内挤压应力计，应力计会向外支撑围岩，通过将这种相互作用转化为信号输出便可以对采动应力进行准确监测。因此，能否保证钻孔应力计与围岩孔壁作用充分，便成为此种方法是否行之有效的关键所在。

施工钻孔前，围岩处于原始平衡状态，钻孔施工后，原有的状态被打破，钻孔孔壁发生脱落变形，钻孔周围应力得到释放和转移，一段时间之后，围岩应力重新分布，在钻孔围岩中形成塑性区；同时，随着远离钻孔中心，径向应力逐渐增大，围岩逐渐处于双向受力状态，强度得到改善，围岩也从塑性过渡到弹性状态。在围岩中钻孔施工力学模型如图 4-1 所示，钻孔半径为 R_0，R_1 和 R_2 分别为塑性区和弹性区的半径，围岩原始应力为 σ_0。

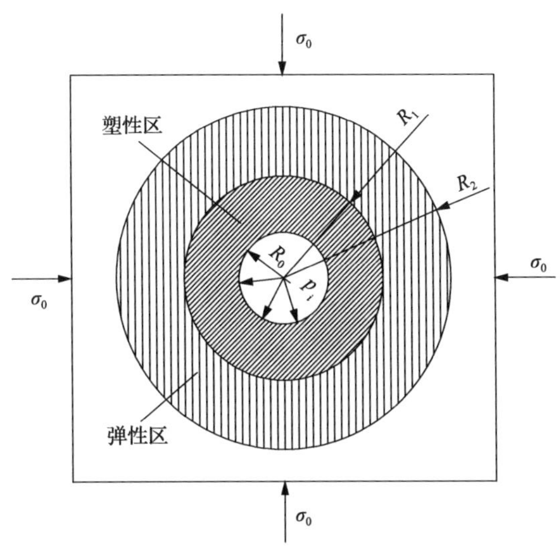

图 4-1　钻孔施工力学模型

4.1.2　相互作用分析

1. 以钻孔应力计为研究对象

将钻孔应力计近似为薄壁圆筒，建立力学分析模型，如图 4-2 所示，p_i' 为孔壁对应力计的作用力，f 为液压油对应力计内壁的作用力，σ_1 为应力计轴向截面上的应力。

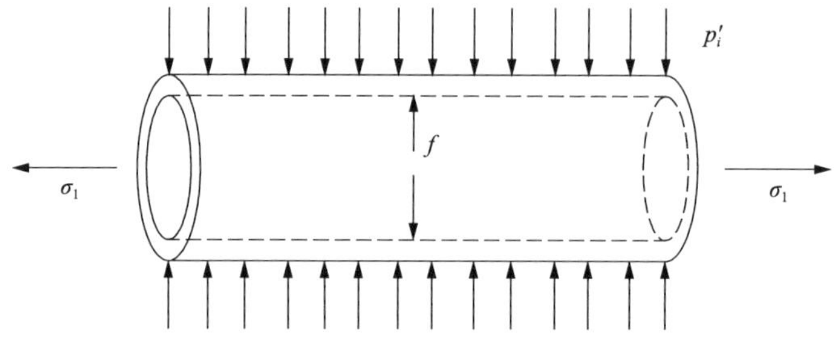

图 4-2　钻孔应力计力学分析模型

假如不能忽略应力计材质本身的支撑能力和应力传递效率 ζ 的影响，则可以定义应力计材质的支撑力 p_1 为

$$p_1 = \zeta f \tag{4-1}$$

对应力计径向方向进行受力平衡分析得到

$$p_i' = p_1 + f = (1+\zeta) f \tag{4-2}$$

对应力计轴向方向进行分析，由材料力学相关知识可得

$$\sigma_1 = \frac{f \times 2R_0}{4t} = \frac{fR_0}{2t} \tag{4-3}$$

假设 t 为应力计的壁厚，根据第一强度理论和筒体壁厚极限理论可以得到

$$f = \frac{2t[\sigma]}{t + 2R_0} \tag{4-4}$$

由式(4-2)和式(4-4)可以得到孔壁对应力计作用力的极限值为

$$p_i' = \frac{2t[\sigma](1+\zeta)}{t + 2R_0} \tag{4-5}$$

2. 以围岩为研究对象

以围岩为研究对象，仅研究径向应力，在围岩中钻取一个钻孔，会依次形成

塑性区和弹性区，根据微积分原理在每一应力区内取出微小单元体进行受力分析，令应力计对孔壁作用力为 p_i，煤岩体内聚力为 C_m，内摩擦角为 ϕ_m。

1) 当微小单元体位于塑性区内时

建立力学模型如图 4-3 所示，在径向方向对单元体进行受力平衡分析，得到

$$\sigma_r r\mathrm{d}\theta + 2\sigma_\theta \sin\left(\frac{\mathrm{d}\theta}{2}\right)\mathrm{d}r = (\sigma_r + \mathrm{d}\sigma_r)(r+\mathrm{d}r)\mathrm{d}\theta \tag{4-6}$$

由于 $\mathrm{d}\theta$ 很小，而且塑性区满足莫尔直线强度条件，经过分析可得

$$\begin{cases}(\sigma_\theta - \sigma_r)\mathrm{d}r = r\mathrm{d}r \\ \dfrac{\sigma_\theta + C_m\cot\phi_m}{\sigma_r + C_m\cot\phi_m} = \dfrac{1+\sin\phi_m}{1-\sin\phi_m}\end{cases} \tag{4-7}$$

由围岩与应力计接触面的边界条件，经过简化和推导得出单元体受力为

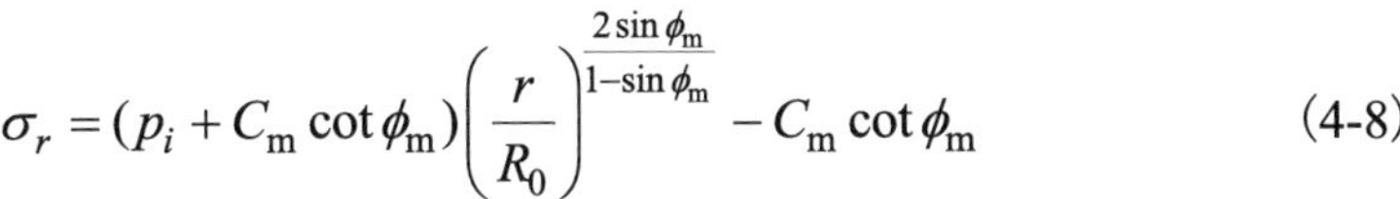

$$\sigma_r = (p_i + C_m\cot\phi_m)\left(\frac{r}{R_0}\right)^{\frac{2\sin\phi_m}{1-\sin\phi_m}} - C_m\cot\phi_m \tag{4-8}$$

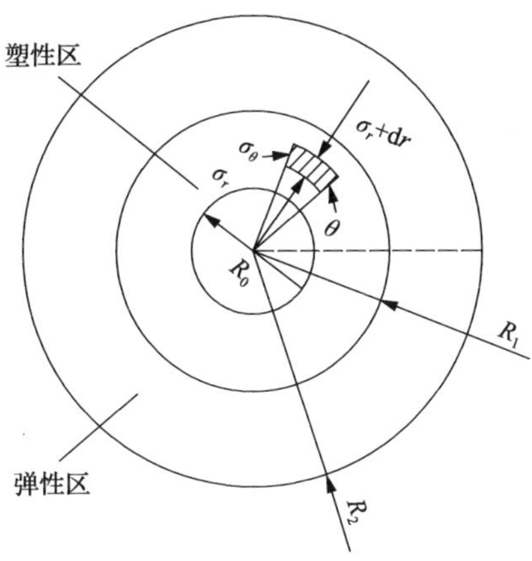

图 4-3　塑性区内力学模型

2) 当微小单元体位于弹性区内时

建立力学模型如图 4-4 所示，此处围岩可近似为厚壁圆筒，令塑性区外边界处应力为 σ_{R_1}，由拉美公式可得此区域内的应力[174]为

$$\sigma_r = \frac{\sigma_{R_1}R_1^2 - \sigma_0 R_2^2}{R_2^2 - R_1^2} - \frac{(\sigma_{R_1} - \sigma_0)R_1^2 R_2^2}{R_2^2 - R_1^2} \times \frac{1}{r^2} \tag{4-9}$$

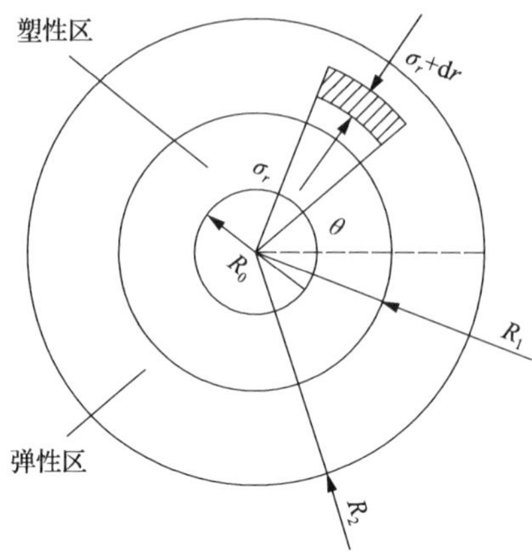

图 4-4　弹性区内力学模型

3. 相互作用分析

围岩在钻孔前处于原始应力状态，在围岩某一点处钻取一定直径的钻孔，应力解除区域内的围岩将向内收缩，将具有一定初始应力的钻孔应力计置入钻孔，随着外部采动的影响，围岩会向内收缩而逐渐与应力计接触并相互作用。假设在整个过程中，不发生塌孔，不产生大裂隙和大范围的破碎带，并假定钻孔应力计的初始应力与应力计对孔壁的作用力相等，图 4-5 为围岩-钻孔应力计相互作用示意图，对二者相互作用分析如下。

(1)当钻孔应力计的初始应力 $p_i<\sigma_0$ 时，相互作用示意图如图 4-5(a)所示，由于应力计对孔壁的作用力小于解除前的应力，应力计将无法支撑住围岩，围岩会继续向内收缩，应力计的应力也会逐渐增大，直到在内部 A 点处应力计的应力与围岩应力相等为止，此时应力计才开始正常工作，因此，提高钻孔应力计的初始应力是应力计正常使用的前提条件。

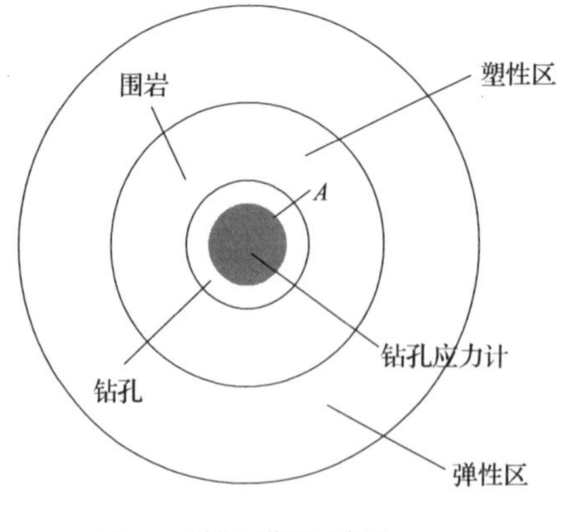

(a) $p_i<\sigma_0$时相互作用示意图

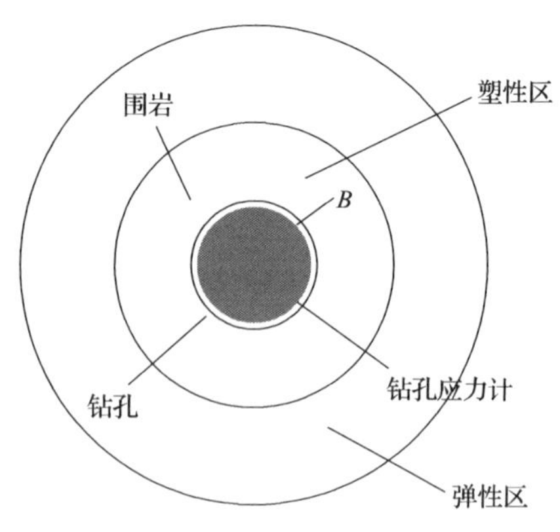

(b) $p_i=\sigma_0$时相互作用示意图

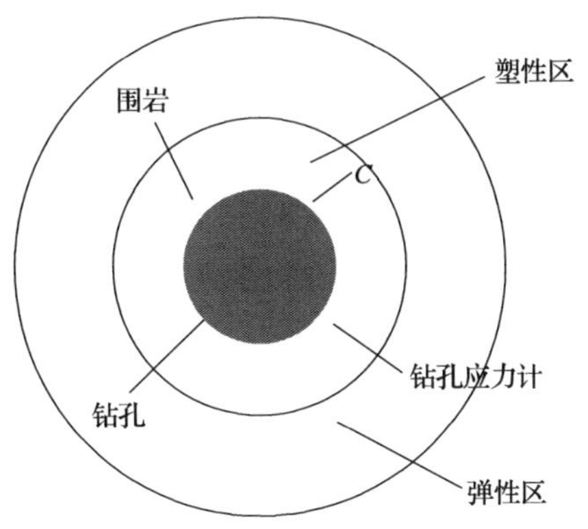

(c) $p_i>\sigma_0$时相互作用示意图

图 4-5　围岩-钻孔应力计相互作用示意图

(2) 当钻孔应力计的初始应力 $p_i=\sigma_0$ 时，相互作用示意图如图 4-5(b) 所示，由于应力计对孔壁的作用力与解除前的应力相等，围岩在应力计的支撑下将恢复到原来的位置 B 点，此时，应力计可以支撑住围岩使其不再收缩，应力计开始正常工作，这种情况的初始应力大小是应力计正常工作的最佳值。

(3) 当钻孔应力计的初始应力 $p_i>\sigma_0$ 时，相互作用示意图如图 4-5(c) 所示，由于初始应力较大，围岩会受到支撑而向外延伸，随着应力计逐渐膨胀，应力计对围岩的作用力会减小，而由于采动的影响，围岩应力会逐渐增大，直到在外部 C 点处应力计的应力与围岩应力相等为止，此时，应力计开始正常工作。

由以上分析可以得出，钻孔应力计的初始应力与围岩的原始应力对应力计的工作状态有很大影响，只有当钻孔应力计的初始应力尽可能大，伸缩性能足够好时，应力计才能较好地工作，因此，在实际使用中，为了提高测试精度，需要提高应力计的初始应力值并改善应力计的伸缩性能。

4.2　光纤光栅钻孔应力计结构设计

4.2.1　设计原理

振弦式应力计主要由钢制空心圆筒、钢弦和内嵌的电磁线圈组成，通常情况下需要预先给钢弦一定的预紧力，将圆筒放入钻孔中，并使其紧密贴合，当圆筒受力时，钢弦会被挤压而发生振动，根据其振动的频率大小便可以测量圆筒的受力情况，进而得到钻孔应力大小[175]。

KSE 型液压式钻孔应力计主要是将包裹体、导油管、压力-频率转换器等部分连接成一个闭锁的油路系统，当钻孔围岩对包裹体施加压力时，压力-频率转换器会将包裹体内部的液体压力转为对应的电频信号，根据频率的变化量就能得到相应的钻孔应力变化量[176]。

类似于上述两种应力计，光纤光栅钻孔应力计主要由压力枕和光纤光栅压力计组成，使用时，将光纤光栅钻孔应力计置入钻孔并施加初始应力，当围岩受到扰动时会挤压压力枕，此时，压力枕会感受到压力并通过压力枕内的液压油传送到光纤光栅压力计，光纤光栅压力计会将压力变化转换为波长的漂移量，通过波长信号解调设备将这部分变化解析出来便可以测得钻孔内部的应力值。

4.2.2　设计方案与分析

1. 管状结构光纤光栅钻孔应力计

1) 结构组成

管状结构光纤光栅钻孔应力计主要是指将压力枕设计成一个薄壁不锈钢圆柱形管状结构，外接光纤光栅压力计并与外端头封装制作而成，使用时，将管状结构用作压力感应区，将光栅区用作传感区，将光纤引出并与光纤光栅解调仪连接通信即可。管状结构光纤光栅钻孔应力计如图 4-6 所示。

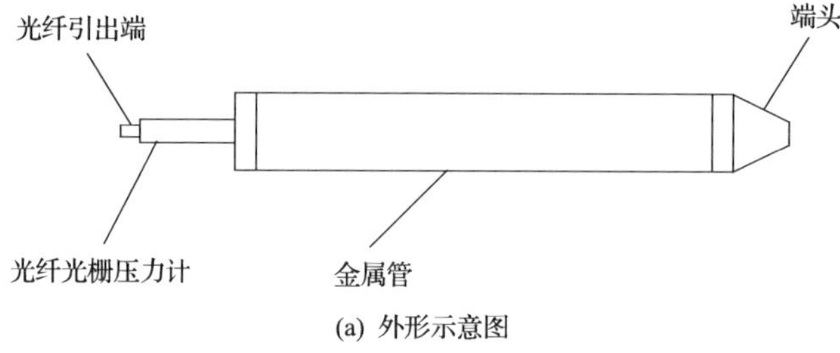

(a) 外形示意图

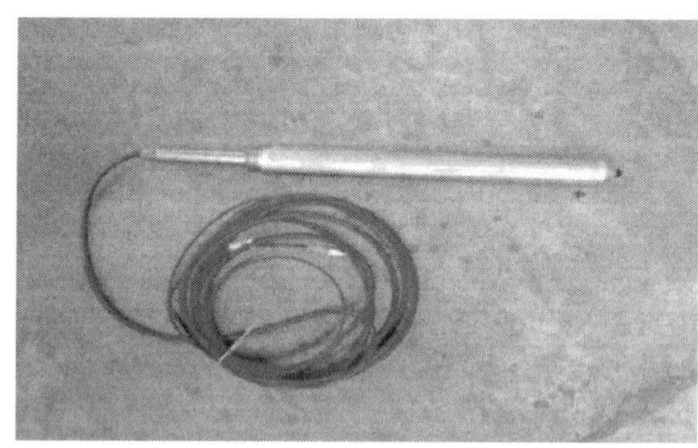

(b) 实物图

图 4-6　管状结构光纤光栅钻孔应力计

2) 技术参数

此种光纤光栅钻孔应力计设计量程最大可达到 60MPa，能够在井下长时间工作且不受周围环境的影响，其主要技术参数如表 4-1 所示。

表 4-1　管状结构光纤光栅钻孔应力计主要技术参数

各项技术指标	参数
标准量程	60MPa
波长范围	1510～1590nm
测量时间	<1s
测量精度	<1% F·S
工作温度	–10～80℃
外形尺寸	Φ35mm×350mm
封装形式	金属不锈钢封装
引纤方式	单端单芯出纤
接头类型	FC/APC
防护等级	IP67
安全等级	本安级

3) 性能测试与分析

利用液压伺服加载试验机对管状结构光纤光栅钻孔应力计进行性能测试，测试之前需要将钻孔应力计按照波长进行分类整理，同时对线路进行检查；测试开始时首先将钻孔应力计置于两块半圆弧状承载结构上，并将结构整体放在试验机压力阀下面，检查承载结构与应力计是否均匀受力；其次将应力计与光纤光栅解调系统连接起来，并检查仪器是否工作正常；对应力计进行初次加压，检查并记录相关数据，待一切稳定之后进行性能测试。现场性能测试图如图 4-7 所示。

(a)

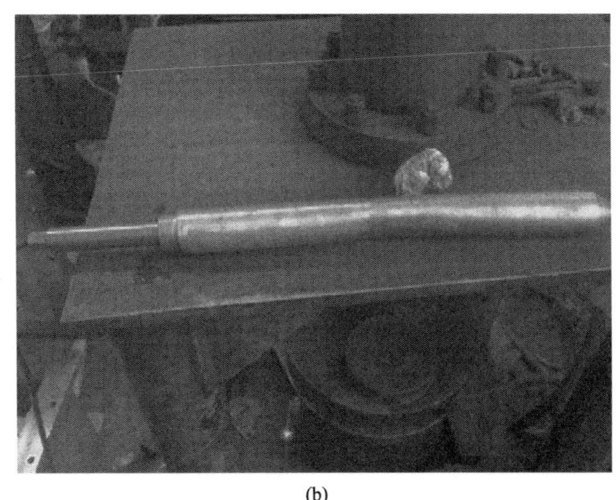

(b)

图 4-7　现场性能测试图

对管状结构光纤光栅钻孔应力计进行性能测试发现，在金属管充满液压油的情况下，当施加一定的压力时，压力感应区很容易超出薄壁管的弹性极限而发生变形，同时金属管只是一个薄壁管，膨胀伸缩性能较差，极易发生漏油造成测试不准确甚至失败，而且，此种设计在注油时费时费力，更不具备稳压作用，从而对测试结果产生极大的影响。

2. 囊状结构光纤光栅钻孔应力计

1) 结构组成

囊状结构光纤光栅钻孔应力计主要是由压力枕、增敏垫、单向阀、光纤光栅压力计和保护套管组成，其中将压力枕设计成囊状结构并在外表面加装了四片增敏垫，单向阀连接压力枕和光纤光栅压力计，并用保护套管将光纤光栅压力计和信号传输光缆保护起来。使用时，将囊状压力枕和增敏垫作为压力感应区，将光栅区作为传感区，将信号传输光缆与光纤光栅解调仪连接通信即可。囊状结构光纤光栅钻孔应力计外形示意图和实物图如图 4-8 所示。

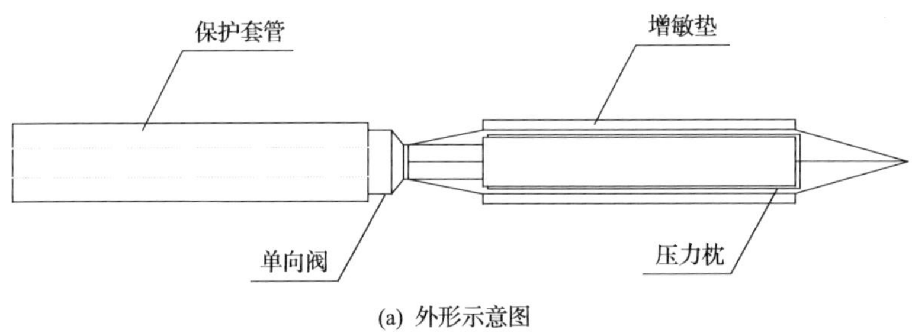

(a) 外形示意图

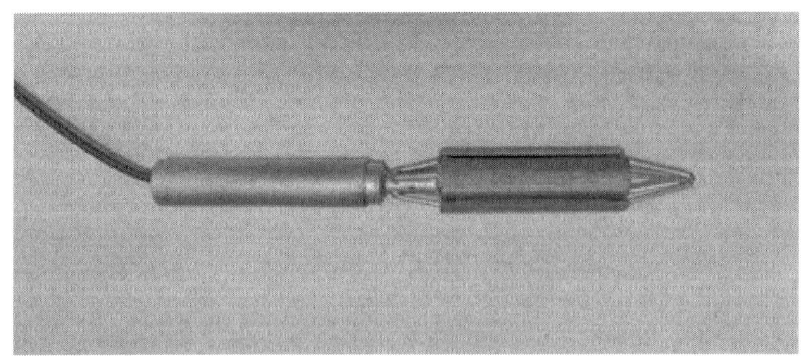

(b) 实物图

图 4-8　囊状结构光纤光栅钻孔应力计

2) 性能测试

A. 试件制备

在进行囊状结构光纤光栅钻孔应力计的性能测试试验时，为了使压力枕受力均匀和尽量真实模拟钻孔应力计受到围岩压力作用，设计并制备一个围压模具，其中，定模部分主要是一个内部设有 U 形槽的长方体容器，压模部分主要是半圆柱状压板，定模部分长方体长为 800mm，宽为 200mm，高为 100mm，U 形槽半径为 70mm，压模部分半径为 25mm。

B. 性能测试设备

性能测试设备采用实验室专有的 MTS 自动伺服压力试验机，该试验机可以实现数据自动存储、记录和显示功能。

信号解调设备采用 Micron Optics 公司最为经典的 Sm125 光纤光栅静态解调仪，其波长分辨率为 1pm，波长扫描范围为 1510～1590nm，软件系统集成了 MOI－ENLIGHT，客户端程序采用 Windows 系统进行对接，光纤光栅静态解调仪实物图如图 4-9 所示。

图 4-9　光纤光栅静态解调仪实物图

C. 试验方法和步骤

(1) 试验开始前，应将光纤光栅钻孔应力计与解调仪连接，并对应力计施加较小的初始力，以此检验应力计的密闭性，并检查是否有漏油。

(2) 在长方体定模中，依次铺设砂子、碎煤和岩块，并按照一定的比例加水混合，并将钻孔应力计埋入其中，压实填满，放置 24h。

(3) 将制好的模型放到压力试验机承压板上，并将钻孔应力计的尾纤从模型中引出，把半圆柱状压板放到模型中钻孔应力计的正上方，确保加压时使应力计受力均匀并起到一定的保护作用。

(4) 调试压力试验机，检查试验机是否工作正常，并熟悉试验机的使用和相关设置。

(5) 使用粘有酒精的棉片擦拭钻孔应力计的尾纤接头以及解调仪的光纤插孔，擦拭晾干后，将钻孔应力计的尾纤连接到解调仪的一个通道，通过网线将计算机的网络接口与解调仪的网络接口连接，打开解调仪，设置好相关 IP 通信协议和采集频率等参数即可进行数据采集。

(6) 试验开始，由于试验机加压板离模具较远，可先以较快的速度移动加压板，待接近并接触模具时，降低移动速度，改用小量程加压按钮；与此同时，时刻关注电脑数据变化，待数据有明显波动时，改用等梯度加压，每次增加载荷 20kN，直至 300kN 为止；同时解调仪软件会自动记录整个加载过程，性能测试过程如图 4-10 所示。

(7) 加载结束，以同样的梯度进行卸载，直至试验机对模具施加的压力为零，改用大量程加压按钮，快速移动加压板。更换其余的模具进行相同的试验。

(8) 试验完成后，整理数据，仔细检查钻孔应力计和试验机，确认没有损坏后，清理现场并打扫卫生，移交实验室保存。

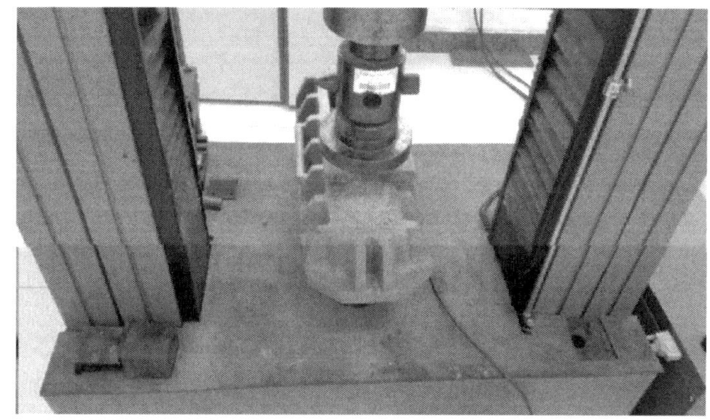

图 4-10　性能测试过程

D. 试验结果与分析

在试验中发现，当试验机施加的压力不断增加时，光纤光栅钻孔应力计所受围岩压力在同步增加，光栅波长也在不断变化，在加载过程中，波长不断减小，在卸载过程中，波长不断增大，本次测试总共进行了三组加卸载试验，选取其中一组分析，数据如表 4-2 所示，施加的压力与波长变化曲线如图 4-11 所示。

表 4-2　性能测试数据表

加载次数	加载压力/kN	波长/nm	波长变化量/nm	卸载次数	卸载压力/kN	波长/nm	波长变化量/nm
1	0	1546.1242	—	1	300	1545.375	—
2	20	1546.1215	0.00272	2	280	1545.4202	0.0452
3	40	1546.1022	0.01923	3	260	1545.4591	0.0389
4	60	1546.049	0.05323	4	240	1545.5368	0.0777
5	80	1545.9693	0.07974	5	220	1545.5718	0.035
6	100	1545.9183	0.051	6	200	1545.6018	0.03

续表

加载次数	加载压力/kN	波长/nm	波长变化量/nm	卸载次数	卸载压力/kN	波长/nm	波长变化量/nm
7	120	1545.8625	0.05576	7	180	1545.6893	0.0875
8	140	1545.8125	0.05002	8	160	1545.7439	0.0546
9	160	1545.7606	0.05185	9	140	1545.7908	0.0469
10	180	1545.7098	0.05082	10	120	1545.8389	0.0481
11	200	1545.6498	0.05998	11	100	1545.8705	0.0316
12	220	1545.5955	0.05436	12	80	1545.942	0.0715
13	240	1545.5437	0.05179	13	60	1545.9924	0.0504
14	260	1545.4903	0.05341	14	40	1546.0787	0.0863
15	280	1545.439	0.05132	15	20	1546.0859	0.0072
16	300	1545.3852	0.05377	16	0	1546.105	0.0191

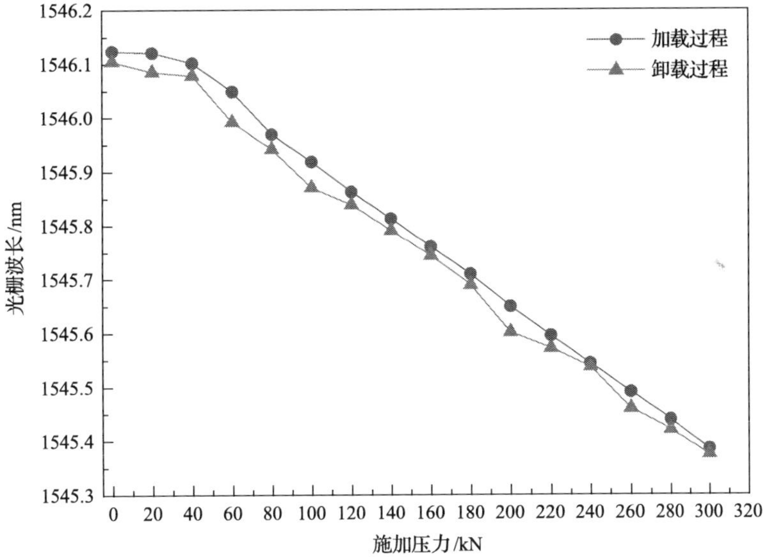

图 4-11　施加压力与光栅波长变化曲线

图 4-11 为钻孔应力计在加载和卸载过程中光栅波长随施加压力的变化曲线，横轴表示施加的压力，纵轴表示光栅波长。按照图中所示，曲线可划分为两个阶段，第一段为稳压阶段，即钻孔应力计与模具中砂石逐渐贴合的过程，曲线斜率较小，变化较慢，原因是加压初期，模具受到的压力较小，钻孔应力计初始应力不够且伸缩不足，未能与模具中的砂石等物质紧密接触而充分地相互作用；第二段为加压阶段，即钻孔应力计承受压力的过程，曲线斜率较大，且光栅波长随着施加压力呈线性变化，这一阶段钻孔应力计已经与模具充分作用，测试较可靠。

试验过程中，波长随着施加压力不断变化，且卸载时的波长数值比加载时的波长略小，同时，在每一级加卸载过程中，波长变化不均，且变化数值较小，通常在 0.05nm 左右，说明此种结构钻孔应力计的敏感性和重复性有待改善。

从试验过程可以知道，囊状结构光纤光栅钻孔应力计基本上能满足使用要求，且在加压过程中光栅波长变化与压力可以保持很好的线性关系，但是伸缩性能不好以及初始压力不够也在一定程度上影响了整个试验的精度，而且在使用过后，钻孔应力计的压力枕变形严重，不仅难以复用，更暴露了此种结构伸缩性能的缺陷，因此，需要进一步改进钻孔应力计，以提高其伸缩性能和初始压力。试验加压后钻孔应力计变形图如图 4-12 所示。

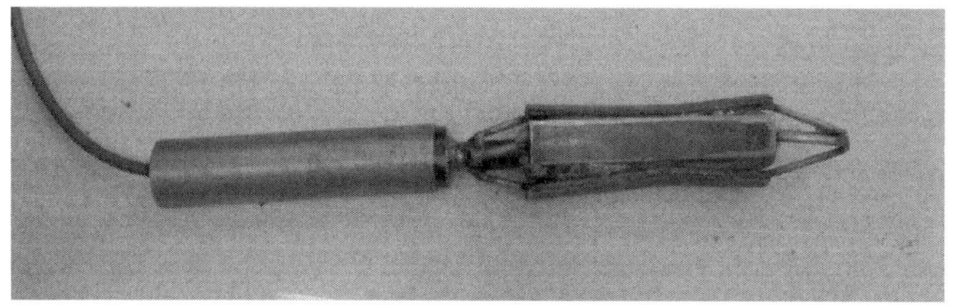

图 4-12　试验加压后钻孔应力计变形图

3. 分级组合体结构光纤光栅钻孔应力计

1) 结构组成

此种结构的光纤光栅钻孔应力计主要是由压力枕、分级组合体、三通阀、光纤光栅压力计、橡胶圈、输油管路和环形橡胶管等组成，其中压力枕设计成圆柱形囊状结构，在其外表面与其紧密贴合套装环形橡胶管，在环形橡胶管外部依次套装一级组合体、二级组合体、三级组合体和四级组合体，三通阀连接压力枕、光纤光栅压力计和输油管路。使用时，将囊状压力枕和分级组合体作为压力感应区，将光纤光栅压力计作为传感区，将信号传输光缆与光纤光栅解调仪连接通信即可。此种结构光纤光栅钻孔应力计外形示意图如图 4-13 所示。

2) 结构设计

(1) 囊状结构压力枕。

压力枕采用囊状结构设计，当压力枕内部充满液压油时可以增大压力枕的变形能力和承受能力，改变其半径可以适应不同大小的钻孔，提高其实用性。

(2) 分级组合体。

在压力枕外表面先套一个环形橡胶管，再在橡胶管外部依次套装一级组合体、二级组合体、三级组合体和四级组合体，其中每级组合体的内表面布满小凸起，

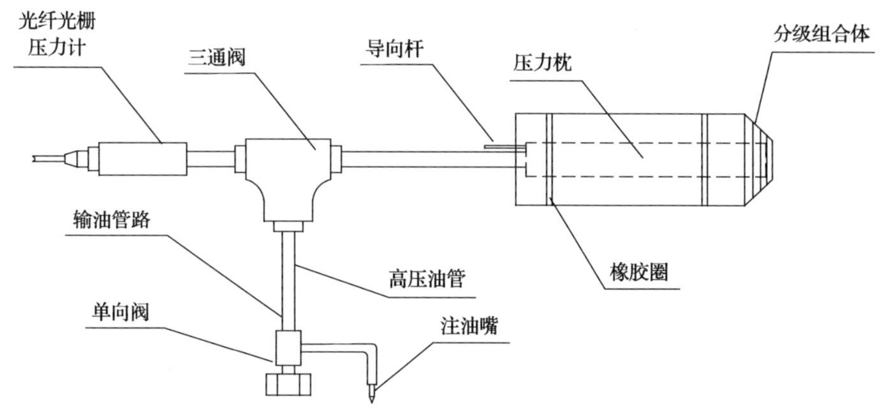

图 4-13　分级组合体结构光纤光栅钻孔应力计外形示意图

外表面布满 U 形凹槽，二级组合体内表面的小凸起正好与一级组合体外表面的凹槽对接，三级组合体内表面的小凸起正好与二级组合体外表面的凹槽对接配合，四级组合体内表面的小凸起正好与三级组合体外表面的凹槽对接配合，这样各级组合体便可以组装在一起，极大地增加了压力枕的伸缩性能。同时，沿压力枕轴线方向设有两条环形凹槽，将橡胶圈密封固定在凹槽内部可以防止组合体结构相互错动，增加了此种结构的稳定性。

(3) 输油管路。

此种结构的输油管路主要由高压油管、单向阀和注油嘴组成，其中，高压油管连接单向阀和注油嘴，使用时，可以通过注油嘴向钻孔应力计输入液压油，单向阀可以随时控制输油过程，这样既可以提高钻孔应力计的初始压力，同时又有一定的保压作用，提高了测试的精度。

3) 使用方法和步骤

在使用此种结构的光纤光栅钻孔应力计时，首先需要将分级组合体和橡胶管与压力枕组合完毕，再用橡胶圈进行固定；其次通过高压油管将三通阀的一端与压力枕连接起来，通过油管将三通阀的另一端与光纤光栅压力计相连接，通过输油管将三通阀与输油管路相连接；将注油嘴与外部油泵相连接给钻孔应力计输入液压油，当达到一定的初始压力时关闭单向阀，使压力枕保持初始压力恒定；通过输送杆将压力枕送入钻孔内部，同时通过导向杆控制压力枕的方向，待压力枕送入孔内后，将光纤光栅压力计与解调仪和客户端电脑相连接，待信号稳定后，记录初始波长；通过注油嘴给压力枕注入液压油，当光栅波长变化缓慢且外部油泵输油困难时，停止注油，关闭单向阀，记录数据，此时压力枕组合体结构与围岩贴合紧密；将外部油泵等装备撤离监测地点，确认光栅信号稳定良好后，即可同步监测钻孔周围应力随外部扰动的变化过程。

4) 性能分析

此种结构光纤光栅钻孔应力计借鉴了管状结构光纤光栅钻孔应力计和囊状结构光纤光栅钻孔应力计的设计经验，将压力枕设计成囊状结构，且在其外表面套装了一个环形橡胶管，增加了伸缩性能和敏感性。同时，在此基础上引入了分级组合的思想，在压力枕外表面设计了四级组合体，其中每一级组合体都可以通过内表面凸起和外表面的凹槽相互配合对接，再用橡胶圈将组合体沿轴线方向固定，既进一步改善了伸缩性能，又增加了使用稳定性。除此之外，用三通阀将压力枕、光纤光栅压力计和输油管路相连接，既可以保证信号的传输，还可以通过输油管路外接油泵输入液压油，同时采用了单向阀和注油嘴的设计，可以方便地控制油量的输入和停止，提高了初始压力，也带有一定的保压作用，提高了测试精度。

4.3　光纤光栅压力计设计

4.3.1　设计原理

已有的光纤光栅压力传感器主要是：①采用外壳受力和聚合物封装光栅结构，此种结构易产生啁啾且光栅受力不均[177]；②采用薄壁圆筒受力和环氧树脂胶封装光栅结构，此种结构灵敏度较低，且光栅不易准直和串接[178]；③采用金属盖纵向受力、悬臂梁轴向力转化和 AB 胶封装光栅结构，此种结构各部件刚性连接，传递受力不均，且测量灵敏度较低[179]。

不同于上述几种传感器，作为直接感应油压变化的元件，设计了一种“膜片结构+连接杆”式光纤光栅压力计，其采用具有一定挠度的膜片式压力增敏性结构，并将光纤光栅与连接杆相连接，使用时将光纤光栅压力计与钻孔应力计的压力枕相连接，当压力枕内部充满液压油时，光纤光栅压力计也会感应到液压油的变化，此时液压油会挤压光纤光栅压力计的膜片结构，与之相连接的光纤光栅会同步受到挤压使栅区发生变化，具体表现在光栅波长会同步发生漂移，利用光纤光栅解调仪将这种变化解析出来就能测量应力。

4.3.2　结构组成与设计

光纤光栅压力计主要由膜片结构、连接杆、光纤光栅和套筒等组成，其中，膜片结构主要由膜片外端头和膜片内端头组成，为了避免温度的干扰，不仅选用了一定波长的测压光栅，还补充了温补光栅。为了进行区分，特意使测压光栅的波长值小于温补光栅。使用时需将光纤光栅熔接固定在膜片结构和连接杆上，且预先将测压光栅拉直受力，并利用套筒将膜片结构和光栅封装起来。

光纤光栅压力计长度为 80mm，外径为 15mm，量程为 0～60MPa，弹性膜片采用 316L 不锈钢材料制成，膜片半径 r_0=5mm，厚度 h=1mm，光纤光栅压力计结构示意图如图 4-14 所示。

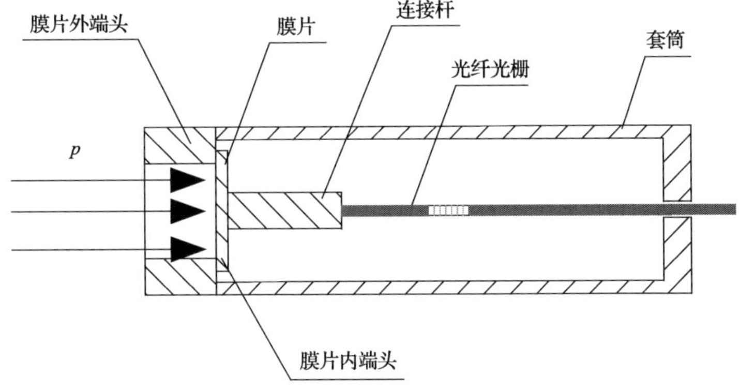

图 4-14　光纤光栅压力计结构示意图

4.3.3　理论分析

由于光纤光栅具有光弹效应和热敏效应，在现场使用中应兼顾应变和温度两个因素，光纤光栅的波长变化与温度和应变的相互关系为

$$\frac{\Delta\lambda_{\mathrm{B}}}{\lambda_{\mathrm{B}}}=(1-p_{\mathrm{e}})\varepsilon+(\zeta+\alpha)\Delta T \tag{4-10}$$

式中，ε 为光纤轴向应变；p_{e} 为弹光系数；ζ 为热光系数；α 为热膨胀系数。

弹性圆膜片在被测压力作用下将产生微小的挠曲变形，如果压力为均布压力，膜片中心挠度最大[180]：

$$\omega=\frac{3(1-\mu^2)r_0^4P}{16Eh^3} \tag{4-11}$$

式中，E 为膜片弹性模量，Pa；μ 为膜片泊松比；h 为膜片厚度，mm，r_0 为膜片半径，mm。

此时，测压光栅会受到挤压，产生形变，引起中心波长发生漂移，波长变化量与应变的关系为

$$\begin{cases}\varepsilon_1=\dfrac{l_0-l}{l}=\dfrac{\Delta\lambda_{\mathrm{B1}}}{\lambda_{\mathrm{B1}}(1-p_{\mathrm{e}})}\\ \varepsilon_2=\dfrac{l_0-l_1}{l_0}=\dfrac{\omega}{l_0}\\ \varepsilon_3=\dfrac{l_1-l}{l}=\dfrac{\Delta\lambda_{\mathrm{B2}}}{\lambda_{\mathrm{B1}}(1-p_{\mathrm{e}})}\\ \varepsilon_1-\varepsilon_2=\varepsilon_3\end{cases} \tag{4-12}$$

式中，ε_1 为测压光栅预拉伸应变量；ε_2 为测压光栅受到挤压后的应变量；ε_3 为测压光栅残余应变量；l_0 为测压光栅预拉伸后的长度；l 为测压光栅有效长度；l_1 为测压光栅受挤压后的长度；λ_{B1} 为测压光栅初始波长；$\Delta\lambda_{B1}$ 为测压光栅预拉伸后的波长变化量；$\Delta\lambda_{B2}$ 为测压光栅受到挤压后的波长变化量。

波长变化量公式为

$$\begin{cases}\Delta\lambda_{B1} = \lambda_{B2} - \lambda_{B1} \\ \Delta\lambda_{B2} = \lambda_{B3} - \lambda_{B1}\end{cases} \tag{4-13}$$

式中，λ_{B2} 为测压光栅预拉伸后的波长量；λ_{B3} 为测压光栅受到挤压后的波长量。

由于 l_0 与 l 近似相等，联立式(4-10)～式(4-13)可得测压光栅中心波长与压力之间的关系：

$$\lambda_{B3} = \lambda_{B2} - (1 - p_e)\frac{3(1-\mu^2)R_0^4}{16Elh^3}\lambda_{B1}P \tag{4-14}$$

由式(4-14)可知，测压光栅经过挤压形变后波长量与压力呈线性关系，且可以根据需要修改参数以提高其压力灵敏度，使用灵活，测量范围较广。在使用中选用 316L 不锈钢材料制作弹性膜片，弹性模量 E=200GPa，泊松比 μ=0.306，测压光栅有效长度 l=25mm，对于石英光纤 p_e=0.22，现取初始波长分别为 1529.621nm 和 1534.926nm 的两个光纤光栅压力计来研究，理论计算可得光纤光栅压力计的压力灵敏度分别为 25.35 pm/MPa 和 25.43 pm/MPa。

4.3.4　仿真分析

1. 软件介绍

本次仿真计算采用 ANSYS 公司最新推出的工程仿真平台 ANSYS Workbench 15.0 来完成，其主要是一种前后处理和软件集成环境，作为一种大型有限元分析软件，可以很方便地对各种结构特性进行仿真分析，可以利用 ANSYS 求解器完成结构静态力学分析、模态分析和振动分析等，多物理场耦合环境可以方便地进行流体动力学分析和热分析，其内置的特定模块有助于进行接触分析并进行结构的优化设计等，同时，其可以与 AutoCAD、Pro/Engineer 和 Solidworks 等软件实现嵌入对接，极大地增加了使用的方便性。除此之外，它还内置集成了大型材料库和多种材料属性，涵盖了大量常用材料数据和杨氏模量、泊松比、密度及热膨胀系数等属性，而且可以对其进行修改，这也极大地拓展了该软件的使用范围。

ANSYS Workbench 采用“点—线—面—体”的思想，可以在交互式环境里面建立模型并完成网格划分等前处理操作，施加载荷和边界约束之后即可进行结果显示等后处理操作，其具体步骤如下：

(1) 启动软件并选择主单位，导入几何体或者在 DM 界面完成模型的建立；

(2) 给模型添加材料库，并赋予材料参数；

(3) 在模型连接部分定义接触域，并设置接触类型；

(4) 框选或点选面域及体域，设置网格划分方法完成模型网格划分，改变网格参数，细化重点研究区域的网格；

(5) 施加载荷和约束以模拟模型实际受力状态，并完成相关参数设置；

(6) 在工具栏选择应力和位移等求解项，完成图像后处理与分析；

(7) 改变模型材料参数和网格划分方法，继续进行相同操作。

2. 仿真过程与结果分析

1) 模型的建立

针对膜片结构进行详细分析，建立相应的模型，依次对膜片内端头、连接杆和膜片外端头在 *XY* 平面绘制草图，并在 *Z* 轴方向进行拉伸，其中膜片内端头直径为 10mm，厚度为 1mm，连接杆直径为 3mm，长度为 3mm，外端头内径为 8mm，外径为 15mm，厚度为 5mm；按照上述方法对光纤光栅进行建模，光纤直径为 0.25mm，长度为 95mm，同时保证光栅的有效长度达到 25mm；对套筒进行建模，外径为 15mm，内径为 12mm，长度为 75mm。建立的模型图如图 4-15(a) 所示。

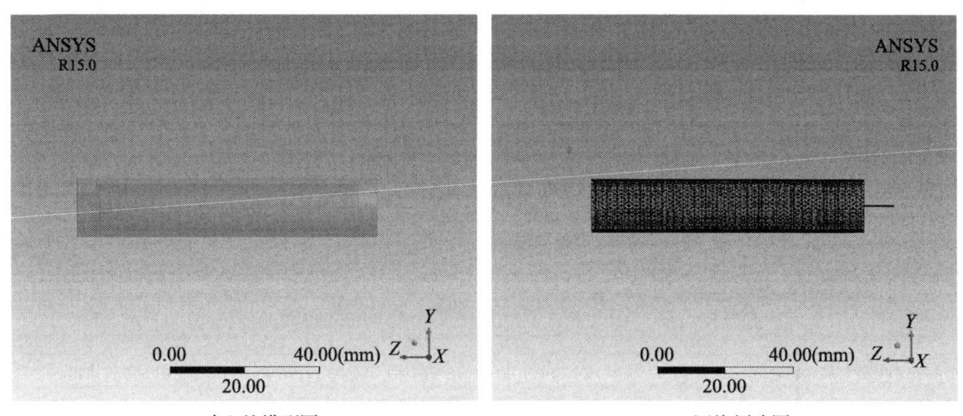

(a) 建立的模型图　　(b) 网格划分图

图 4-15　建立的模型图和网格划分图

2) 定义材料属性

由于光纤光栅种类较多，而且每种光纤光栅的包层和涂覆层都由复合材料组成，因此无法给其直接添加合适的材料。鉴于本书主要分析光纤的变形和受力分布特征，同时为了模拟两种不同材料之间应力和变形的传递，提高分析的精度，定义材料属性时需要在材料库的通用材料中选择不锈钢和结构钢材料，并分别添加给膜片结构和光纤光栅。其中不锈钢材料的弹性模量为 E=193GPa，泊松比为 μ=0.31，结构钢材料的弹性模量为 E=200GPa，泊松比为 μ=0.3。

3) 网格划分

为了模拟光纤光栅预拉状态，需要将光纤光栅与膜片结构和套筒建立绑定接触对，设定划分网格的物理环境为结构分析(mechanical)，设置缺省参数中相关性的值为 20，关联中心为 Fine；对网格进行尺寸控制，单元尺寸和初始尺寸都设置为默认值，设置网格的平滑度为最大值，设置跨度中心角为最小值，以控制网格在弯曲区域实现细分，设置过渡值以缓慢产生网格过渡；对网格进行膨胀控制，设置膨胀选项为平滑过渡，设定过渡比为 0.272，膨胀运算法则为前处理。将各参数设置好后预览并生成网格，划分单元 415797 个，节点 1117920 个，网格划分图如图 4-15(b)所示。

4) 施加载荷与约束

对膜片外端头的外部结构面施加固定约束，限制其在三轴方向的移动和转动；对膜片的压力感应面按照 5MPa 的梯度加载，一直施加到 30MPa，且以指向面内方向为正。

5) 模型求解与结果后处理

对建好的模型进行求解，在求解工具栏中的变形选项下为膜片结构和光纤光栅添加总变形求解项，在应力和应变选项下为光纤光栅添加轴向方向(z 轴方向)应力和应变求解项，模型求解后结果将以云图形式显示。不同载荷下膜片结构和光纤光栅变形云图分别如图 4-16 和图 4-17 所示，不同载荷下光纤光栅应力和应变云图分别如图 4-18 所示。

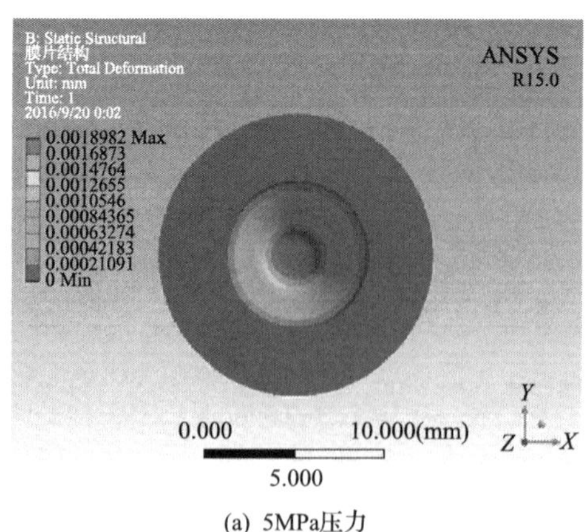

(a) 5MPa压力

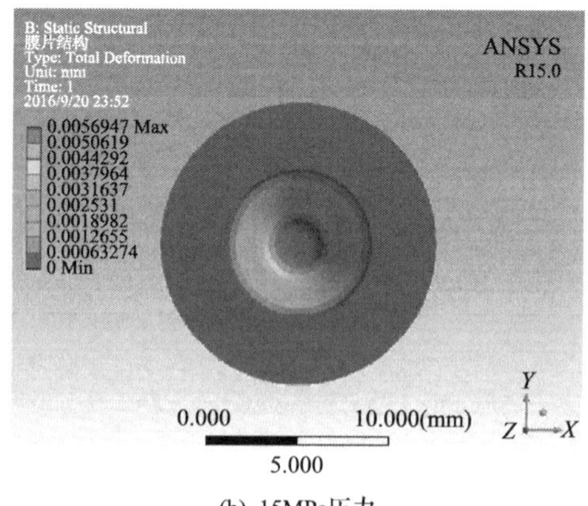

(b) 15MPa压力

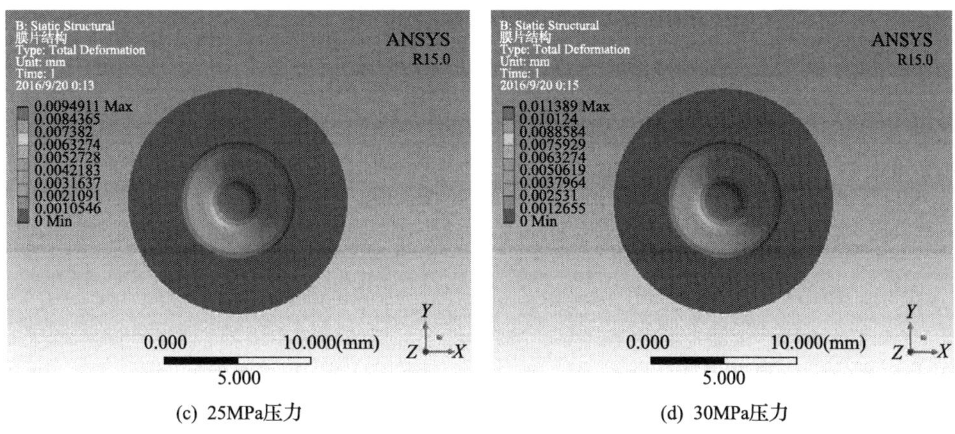

(c) 25MPa压力　　(d) 30MPa压力

图 4-16　不同载荷下膜片结构变形云图

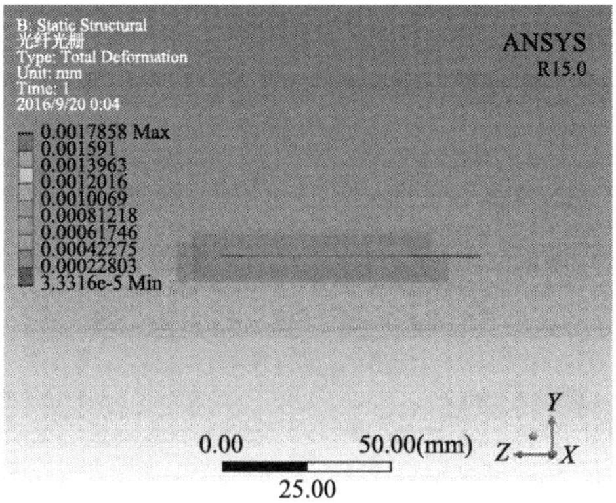

(a) 5MPa压力 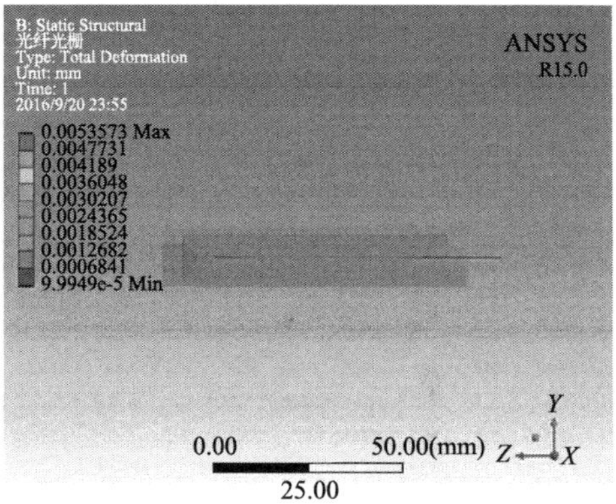　　(b) 15MPa压力

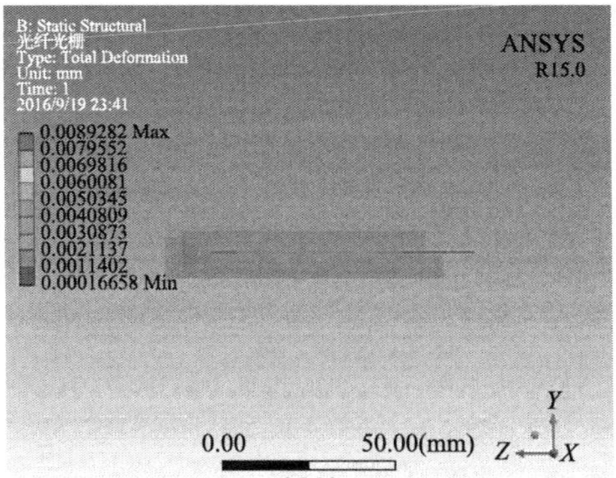

(c) 25MPa压力 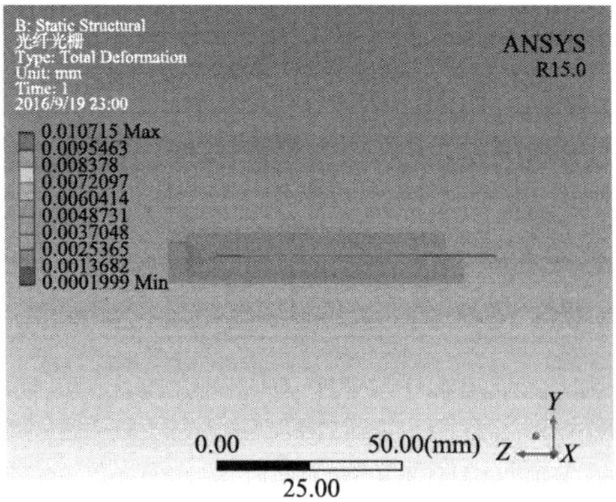　　(d) 30MPa压力

图 4-17　不同载荷下光纤光栅变形云图

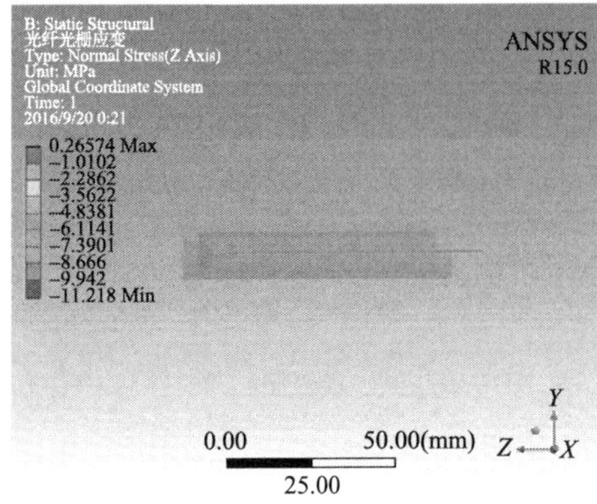

(a) 5MPa光纤光栅应力云图

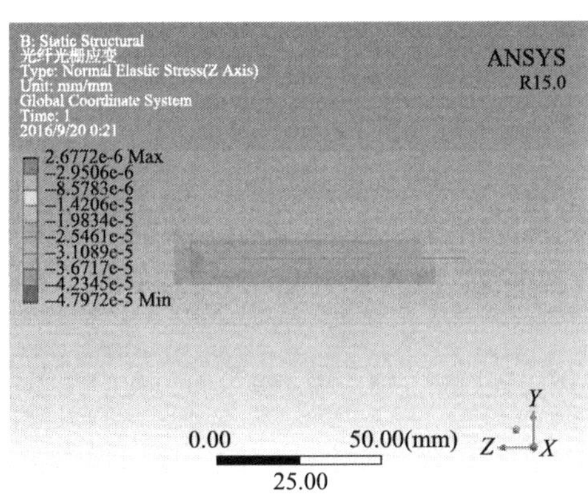

(b) 5MPa光纤光栅应变云图

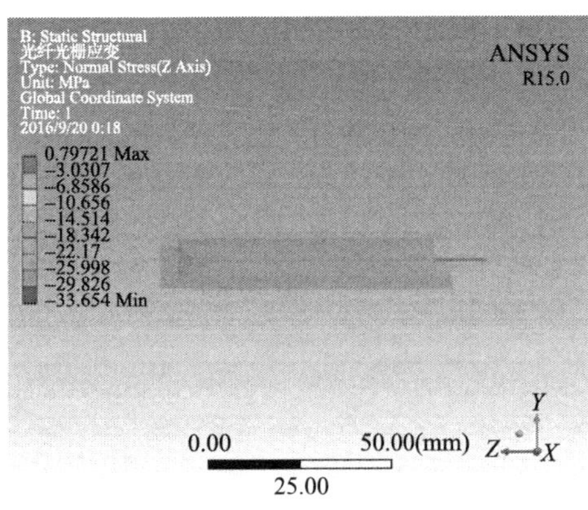

(c) 15MPa光纤光栅应力云图

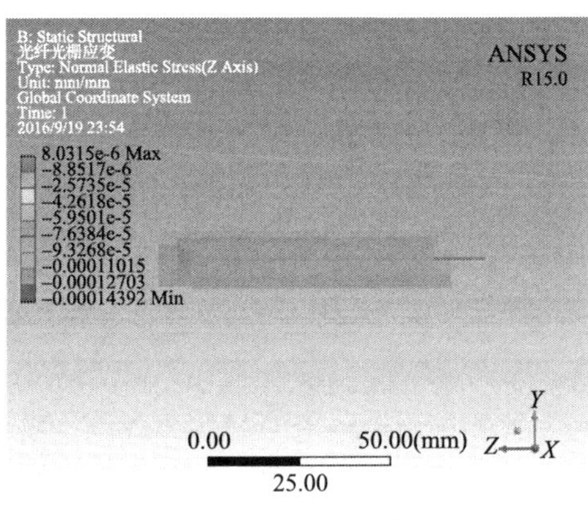

(d) 15MPa光纤光栅应变云图

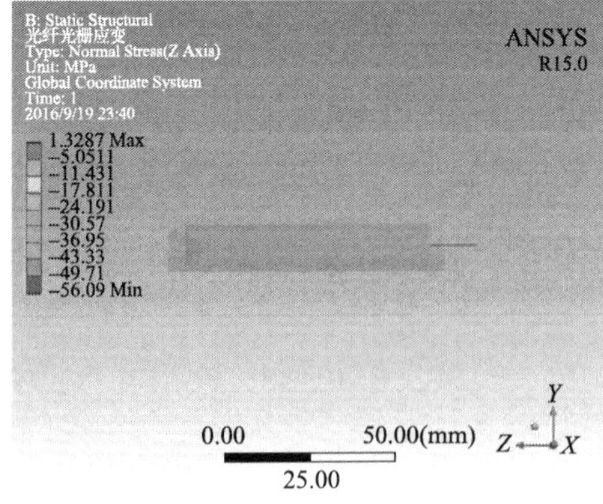

(e) 25MPa光纤光栅应力云图

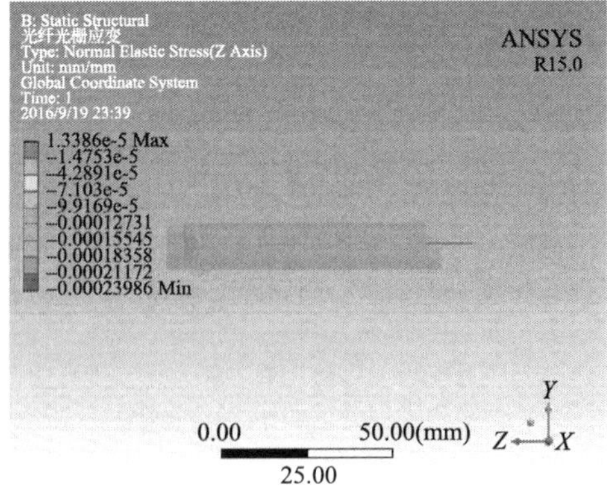

(f) 25MPa光纤光栅应变云图

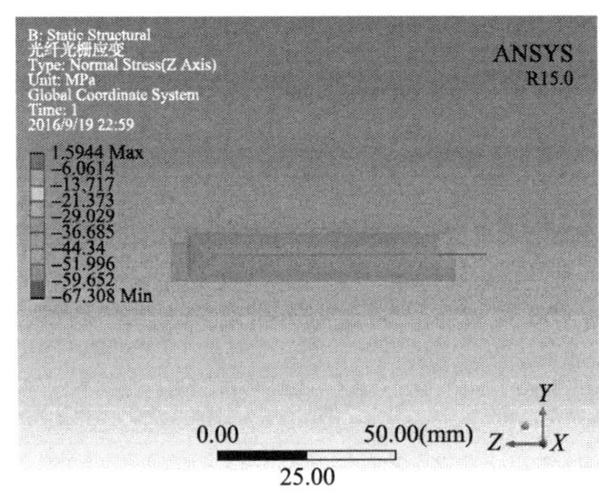

(g) 30MPa光纤光栅应力云图

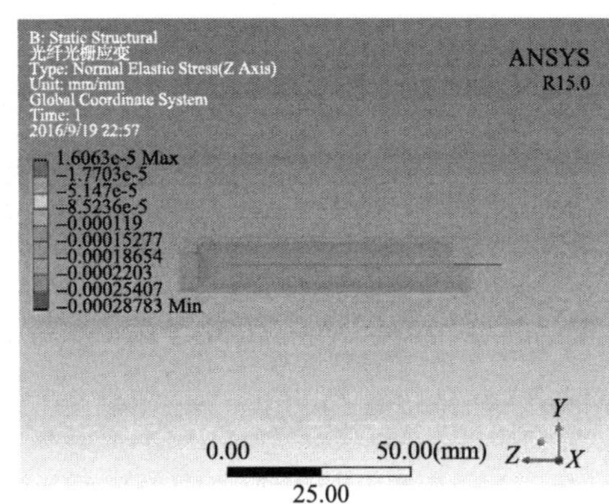

(h) 30MPa光纤光栅应变云图

图 4-18　不同载荷下光纤光栅应力和应变云图

6) 结果分析

(1) 由图 4-16 可知，随着加载载荷的增加，膜片结构压力感应面的总变形呈递增趋势，最大可达到 0.011mm，与理论计算结果 0.0159mm 接近；对于每一个固定载荷，膜片中心一定范围内变形较为集中，且膜片中心挠度最大，随着远离中心，变形逐渐减小，在中心附近减小幅度较大。

(2) 由图 4-17 可知，随着施加载荷的不断增长，光纤光栅的总变形逐渐增大，最大可以达到 0.0107mm，与膜片结构最大变形量接近，保证了较大的变形可以传递到光纤光栅，有很好的增敏效应；对于每一个固定载荷，光纤光栅在全范围内变形不均，且靠近膜片的部位变形较大，变形减小较快，这可以指导光栅在光纤上的刻栅位置，以使光纤光栅性能更优。

(3) 由图 4-18 可知，光纤光栅在轴向方向应力和应变都为负，表明光纤光栅受压，与力学分析相符，而且在模拟的光纤光栅大范围内，应力与应变分布非常均匀，这可以保证光纤光栅中心波长随着应力发生均匀变化，也证明了理论分析和仿真分析的一致性；随着加载载荷的增加，应力和应变呈递增趋势，且在加载载荷达到 30MPa 时，光纤光栅的应力值略高于 29.029MPa，表明膜片结构具有很好的力传递性能，保证了设计的合理性。

4.3.5　性能测试与结果分析

1. 试验设备

试验加压设备采用光纤光栅压力校验仪，该校验仪可以实现 0~40MPa 压力等梯度加载和瞬间压力稳定功能，而且自带电子数显压力表不仅可以方便地确定当前压力大小，而且可以很方便地用于光纤光栅压力计的性能测试，压力校验仪实物图如图 4-19 所示。

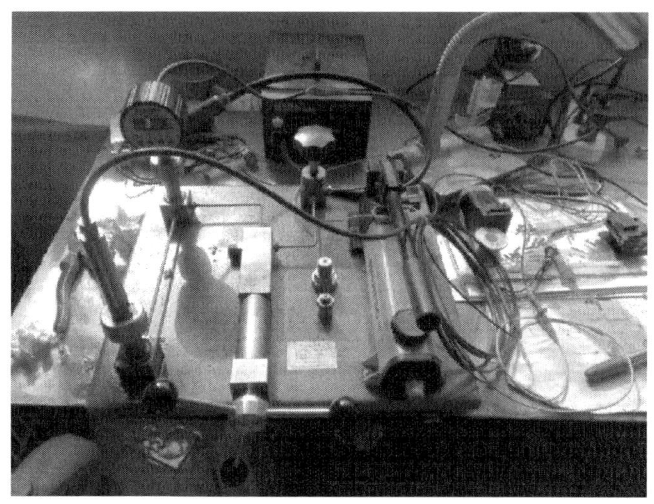

图 4-19　光纤光栅压力校验仪实物图

试验波长采集设备采用 SA 光纤传感分析仪，其解调范围为 1525～1610nm，波长解调分辨率为 0.2pm，软件系统基于 Linux 内核开发，兼容多种通信协议。

2. 试验方法和步骤

(1)试验开始前，需要选定波长分别为 1529.621nm 和 1534.926nm 的两个光纤光栅压力计，将其分别与分析仪相连接，设置好分析仪的通信协议和采集频率等参数，检验压力计是否工作正常；

(2)将其中一个光纤光栅压力计与压力校验仪连接，拉起加油杆再按下，反复几次确保整套设备工作正常；

(3)试验开始，按照 5MPa 的步距进行加载，一直到 25MPa，然后按照同样的步距进行卸载，依次记录稳定后相应的波长值，依此步骤，总共进行 5 次循环；

(4)换另一个光纤光栅压力计进行相同的试验，待试验完毕，整理安放好各试验设备。

3. 试验结果与分析

对加载的压力数值和光纤波长变化数值进行后期处理、曲线拟合和回归分析，得到 5 次加卸载试验载荷-波长的关系曲线，图 4-20 为试验结果取平均后的光纤光栅压力计的性能测试曲线，图中横坐标为施加的真实载荷，纵坐标为加载和卸载行程中测压光栅中心波长值，表 4-3 为加-卸载循环过程中试验数据拟合结果的平均值。

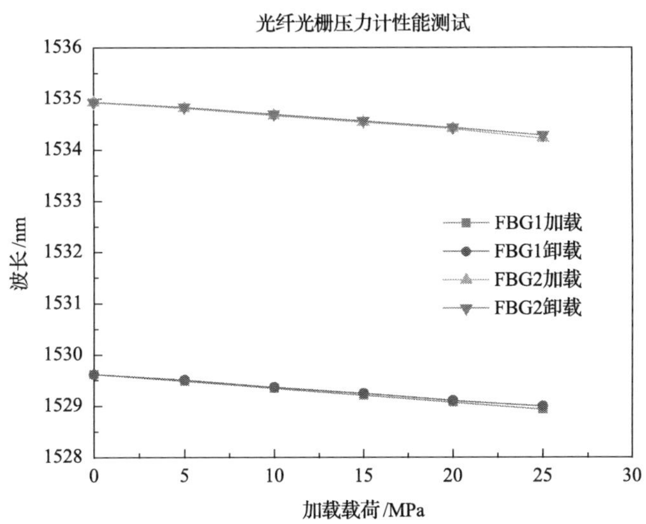

图 4-20　光纤光栅压力计的性能测试曲线

表 4-3　加-卸载循环过程中试验数据拟合结果的平均值

试验内容		压力计	拟合函数	拟合系数
循环平均 1	加载	FBG1	$y=-0.0274x+1529.6$	1
	卸载	FBG1	$y=-0.0255x+1529.6$	0.9988
循环平均 2	加载	FBG2	$y=-0.0276x+1534.9$	0.9951
	卸载	FBG2	$y=-0.026x+1534.9$	0.9965

通过性能测试试验和拟合结果可知：

(1) 在整个测试过程中，两个光纤光栅压力计的线性度都在 0.995 以上，表明光纤光栅压力计具有良好的线性度；

(2) 在多次加载和卸载试验过程中，测压光栅波长值能够基本返回原值，曲线基本重合，根据试验数据可得 FBG1 的重复性误差和回程误差分别为 0.017%和 0.151%，FBG2 的重复性误差和回程误差分别为 0.01%和 0.14%，表明在弹性范围内此种结构的光纤光栅压力计工作重复性较好；

(3) 由拟合数据分析可知，两个光纤光栅压力计的压力灵敏度系数分别在 27.4pm/MPa 和 27.6pm/MPa 附近波动，与理论计算的灵敏度系数接近，同时高灵敏度也保证了其传感性能的优越性。

由以上理论分析可以知道，当与钻孔应力计连接使用时，此种膜片式光纤光栅压力计可以将围岩对钻孔应力计的压力转化为液压油对膜片的压力，还可以将此压力准确转化为光栅波长的变化量，从而在围压与光栅波长之间建立了线性关系。由仿真分析和性能测试不仅可以证明光纤光栅压力计中的光纤光栅受力均匀，同时也证明了其具有良好的线性度和工作重复性。

4.4 现场工程应用

4.4.1 工程概况

1. *矿井概况*

沙曲矿是华晋焦煤有限公司在离柳矿区建设的第一对矿井，位于吕梁山脉中段西部、河东煤田中部，行政区划属山西省吕梁市柳林县管辖，矿井距柳林县城5km。井田走向长度为22km，倾斜宽为4.5～8km，面积为138.35km^2。沙曲矿于1994年12月底开工建设，2004年11月投产，设计生产能力300万吨/年，地质储量22.52亿吨，可采储量12.76亿吨。矿区煤炭资源丰富，煤质优良(以优质焦煤为主)。沙曲矿井田为缓倾斜的单斜构造，地层走向自北向南由南北向渐变为北西向，倾向由西渐变为南西，地层倾角平缓，一般为3°~7°，地表3°~15°，局部地段受小褶曲及断层影响可达18°~23°。井田可采煤层有8层，分为山西组和太原组。2号、3号、4号、5号煤为山西组，6号、8号、9号、10号煤为太原组。

矿井采用主斜、副立井混合开拓方式，主斜井标高+774 m，副立井标高+771m，划分两个水平开采。一水平开采山西组2号、3号、4号、5号煤，水平标高+400m；二水平开采太原组6号、8号、9号、10号煤，水平标高+200m。两个水平之间采用暗斜井方式联络，矿井目前生产水平为+400m水平。

2. *试验巷道生产地质条件*

14301工作面为沙曲矿南三采区首个回采工作面，整个工作面沿4#煤层呈倾向布置，工作面布置为长壁式回采。北面和东面都为保护煤柱，南面为还未开采的本煤层第二个工作面，西面与采区大巷相接。14301工作面走向长1288m，倾斜长220m，煤厚下限2.2m，上限2.7m，平均2.45m，倾角4°～8°，平均6°，工作面底板标高预计在440~570m。

14301工作面设计两进一回，通风方式为Y型通风，轨道巷全长1260m，胶带巷全长1300m，由于3号、4号煤层间距在回采前半部分较小，需要将两层煤共同采出，在后半部分间距较大，需要进行分层开采，因此在胶带巷805m及轨道巷769m处开了一个第二切眼，且要利用沿空留巷技术将轨道巷作为下一工作面的复用巷道。工作面布置图如图4-21所示。

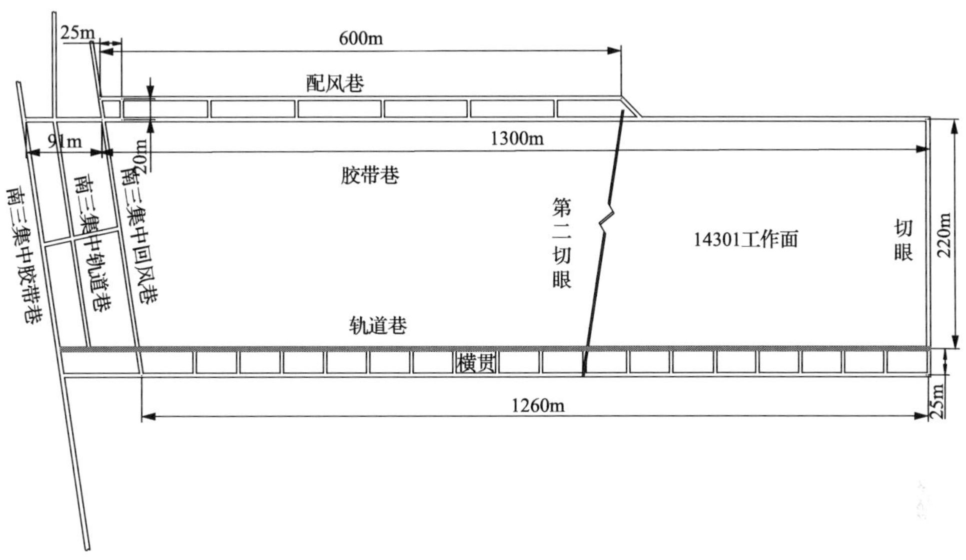

图 4-21　14301 工作面布置图

4.4.2　感知系统组成及传感器布置

光纤光栅采动应力监测系统从内容上主要可以分为硬件系统和软件系统，其中硬件系统主要包括多种波长范围的光纤光栅钻孔应力计、井下连接线缆和分路器等设备及光纤光栅静态解调仪等，软件系统主要包括安装在客户端电脑的数据处理系统，其可以智能化显示每个波段范围的光纤光栅钻孔应力计的使用情况，并且可以在准确定位异常情况和坏点的同时并做出诊断，还可以实现现场数据共享和历史数据查询等。从结构上主要分为地面信息系统和井下传感部分，其中，井下传感部分主要包括光纤光栅静态解调仪、光开关阵列、系统基站和光纤接线盒、各传感仪器、光缆以及跳线等，地面信息系统主要包括客户端电脑、服务器、光纤收发器等设备。

光纤光栅采动应力监测系统采用全光传输且充分利用了光纤传感的优越性，将地面信息和井下工作连通起来；将井上生产调度和井下安全生产结合起来，以光纤光栅钻孔应力计为基础传感单元，采用集成化的理念将多种波长的钻孔应力计安装布设在巷道围岩，待围岩受到扰动，钻孔应力计便会与钻孔围岩发生相互作用，两者之间产生作用力和反作用力，具体表现在采动应力与光纤光栅的波长变化关系上；将各钻孔应力计与系统基站连接正常后，现场应力信息便以光栅波长变化的信息传送到基站，通过通信光纤等设备将这种信息传至光开关阵列，在此处，原来波长变化的信息会进行排序和识别，之后会被传送到解调仪；在此处，波长变化的信息会被转换成为可以识别的电信号和数字信号，之后被送到数据处理系统，信号经过处理会在终端服务器上以数据和图像的形式显示出来。通过联网和云存储，可实现数据的客户端共享和查看，同时还可以将最终结果打印输出。系统整体结构设计示意图如图 4-22 所示。

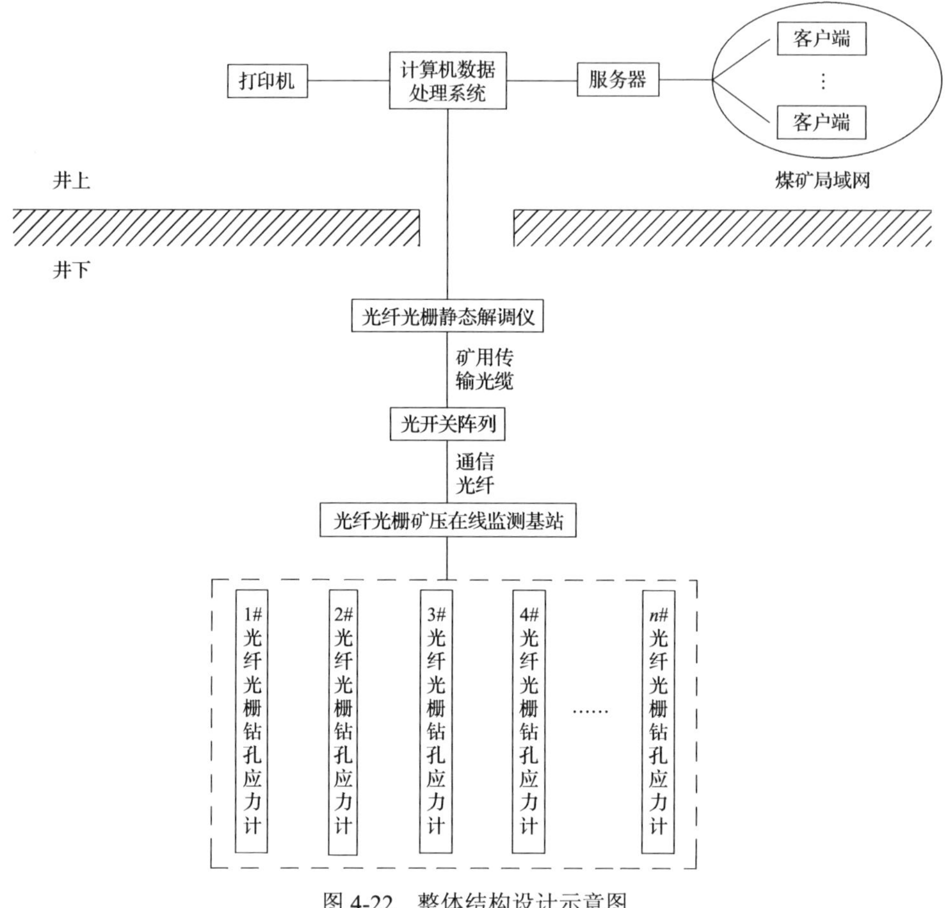

图 4-22　整体结构设计示意图

根据设计和开发完成的光纤光栅采动应力监测系统的模型设计和整体结构，将整套系统应用到现场巷道围岩支承压力测量中，通过对现场采动应力的监测来检查其实际使用情况。采动应力监测以 14301 轨道巷为试验地点，基于光纤光栅采动应力监测系统，实现巷道围岩采动应力实时监测。其主要基于光纤光栅传感技术，将光纤光栅钻孔应力计集成到硬件系统，再配合使用智能化的软件系统，可以实现对巷道两帮围岩支承压力的在线测量，还可以为巷道支护设计提供依据。现在需要在巷道建立监测基站，实现与由光纤接线盒、钻孔应力计、光缆以及跳线组成的多功能传感网络系统的连接配合。监测基站与多功能传感网络系统连接原理图如图 4-23 所示。

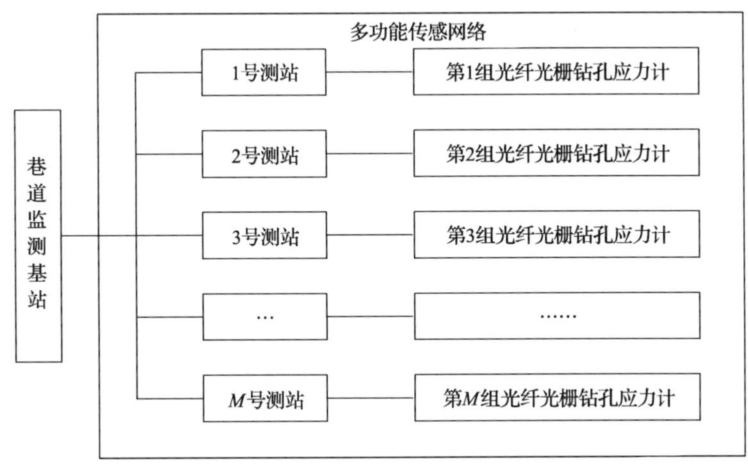

图4-23 监测基站与多功能传感网络系统连接原理图

1. 监测系统测点布置

1) 测点选取原则

合理选择测点能够保证测量结果真实反映采动影响下巷道两帮围岩支承压力分布规律，由于矿井地质条件复杂多变，而且现实情况无法实现整个矿区测点布置，因此，为了使测量结果准确可靠，必须选取少量具有代表性的测点近似反映巷道两帮围岩支承压力分布。测点选择应遵循下列原则：

(1) 测点选择应避开断层、褶曲和大的地质构造带，且要避开有突出隐患的区域进行施工；

(2) 测点应选择在均质完整、节理裂隙不发育和胶结稳定的岩层；

(3) 测点选择应尽量位于能大概反映巷道地质情况的区域，避开诸如巷道和采场布置的拐点等应力集中区和不稳定区，同时尽量远离大的采空区和硐室；

(4) 测点选择钻孔深度根据现场施工可行性而定，同时要注意避开地形地貌和其他生产工序的影响；

(5) 测点选择应兼顾系统连接方便，尽量使给各钻孔应力计分配通道、线缆布置和布线方便，同时尽量减少转接器的使用。

2) 测点布置

监测系统主要是在井下将若干光纤光栅钻孔应力计作为监测设备并合理布置，再将其与监测基站连接来实现对采动应力监测的，其可以同时监测轨道巷两帮围岩即轨道巷上帮煤体不同深度的应力分布和轨道巷下帮煤柱不同深度的应力变化情况，从而为揭示巷道围岩支承压力分布提供依据。

在14301轨道巷布置测点的时候，既要尽可能反映现场矿压规律，又必须充分考虑现场实际情况，最后依次在巷口 350m 和 600m 布置了 2 组综合测站，并顺序编号。

其中每组综合测站包括六个钻孔应力测点，这些测点需要均匀分布在巷道上帮煤体内和下帮煤柱内，利用钻机在现场巷道内沿底板 1.5m 的高度分别钻取深度为 1m、3m 和 5m 的钻孔，且保证相邻两个钻孔相隔 2m，在每个测点安装 1 个光纤光栅钻孔应力计，两组综合测站共安装了 12 个钻孔应力计。测点布置方式如图 4-24 所示。

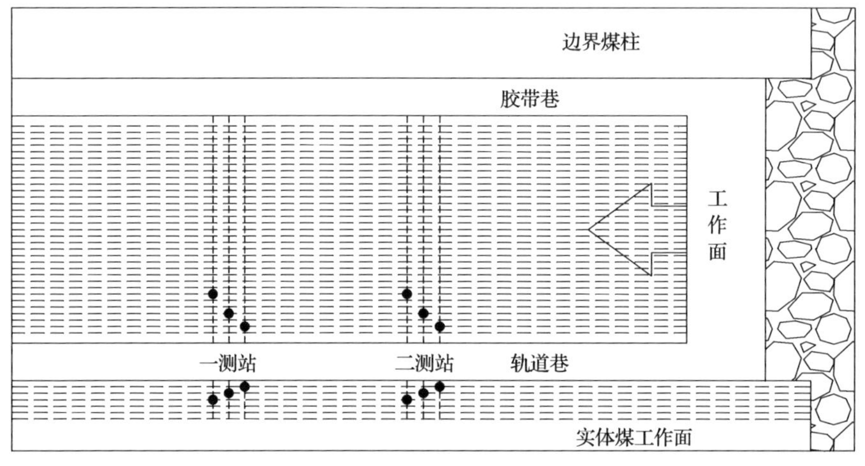

图 4-24　测点布置方式

2. 监测系统现场安装与工艺

在轨道巷选择好测站和测点之后，需要在受到采动影响前对巷道两帮围岩进行钻孔施工，并装设光纤光栅钻孔应力计，然后再接入主系统，现场安装步骤和工艺如下：

(1) 在轨道巷的两个测站内依次用风动煤钻进行钻孔，按照测点布设的要求，沿底板 1.5m 的高度分别钻取深度为 1m、3m 和 5m 的钻孔，且保证相邻两个钻孔相隔 2m；

(2) 考虑到送入钻孔应力计时不会卡在钻孔中，而且能很快与围岩接触，钻孔直径最多比钻孔应力计大 10mm，且应提前将打钻设备布置到位；

(3) 打钻完成后，需要用清水进行清理，多冲洗几次，必要的时候可以在清理杆上面包裹一层毛巾，并涂抹干燥剂，将清理杆送入孔底，可以先清理底部再清理围岩，反复清理 3～4 次，每次更换一个干净的毛巾；

(4) 为了使钻孔应力计与围岩之间充分接触，可预先在钻孔内放置锚固剂，然后将光纤光栅钻孔应力计用推杆将其缓慢推入，在推入应力计时不可将推杆旋转，防止旋转使钻孔应力计尾部的光纤尾纤扯断；

(5) 向孔内喷射足够量的水泥砂浆，待喷射的砂浆大量流出时，停止操作，使钻孔应力计与围岩成为一个整体；

(6) 将光纤光栅钻孔应力计的尾纤引出钻孔，并按顺序接入分光器和转接器，然后利用耦合器接入到主光缆，实现与基站的连接。钻孔应力计安装示意图如图 4-25 所示，现场安装及布置图如图 4-26 所示。

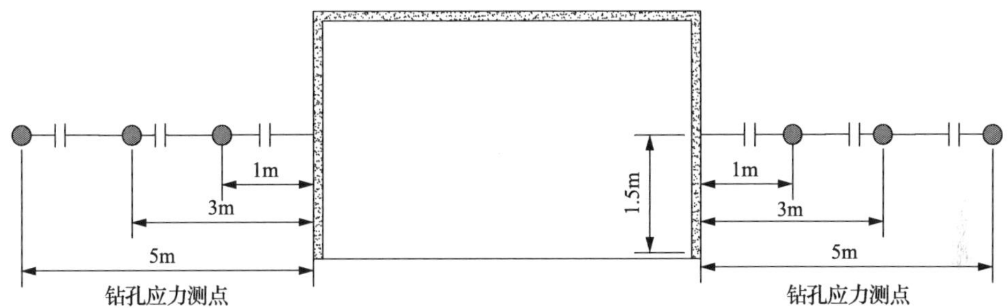

图 4-25　光纤光栅钻孔应力计安装示意图

(a) 现场安装图

(b) 现场布置图

图 4-26　现场安装及布置图

4.4.3　现场应用结果及分析

光纤光栅采动应力监测系统在 14301 轨道巷安装、调试成功后，对巷道围岩支承压力进行监测，定期将两组测站钻孔应力数据导出进行整理分析，并对报表进行整合，总结得出工作面推进过程中依次经过第二测站和第一测站时的现场监测结果和结论。

图 4-27 为工作面在推进过程中第二测站轨道巷上帮和下帮各测点垂直采动应力监测结果，横坐标表示测点距工作面的距离，纵坐标表示采动应力的数值大小。由图可以看出，每条曲线整体形态较为相近，在回采过程中，当测点处于工作面 50m 范围外时，应力增长幅度较小；当进入 50m 范围内后，应力开始快速增长，

在 20m 左右到达峰值后，应力开始减小，直到测点失效；此外，随测点深度的增加，应力总体上呈增大趋势，但是三种深度测点之间应力增长幅度不均匀。

图 4-27(a) 为第二测站轨道巷上帮煤体内 1m、3m 和 5m 处测点的垂直采动应力监测结果。由图可得，在整个回采过程中，存在明显的应力增长区和应力峰值区，其中，当测点处于工作面 150m 范围外时，3m 处测点分布情况与 1m 和 5m 的略有不同，大约在进入工作面 140m 处率先出现跳跃上升，说明从此处进入应力影响区。之后，三种深度测点应力均匀增长，当 1m 处测点进入工作面 40m 范围内后开始迅速升高，说明此处进入快速增长区。当测点进入工作面约 20m 时，应力达到峰值 18MPa，之后快速减小直至工作面推过测点位置。将三种深度测点进行纵向比较发现，由于测点受到围岩松动不同程度的影响，垂直应力随测点逐渐远离巷帮逐渐增大，5m 处测点应力值达到最大值，但是三种深度测点应力增长

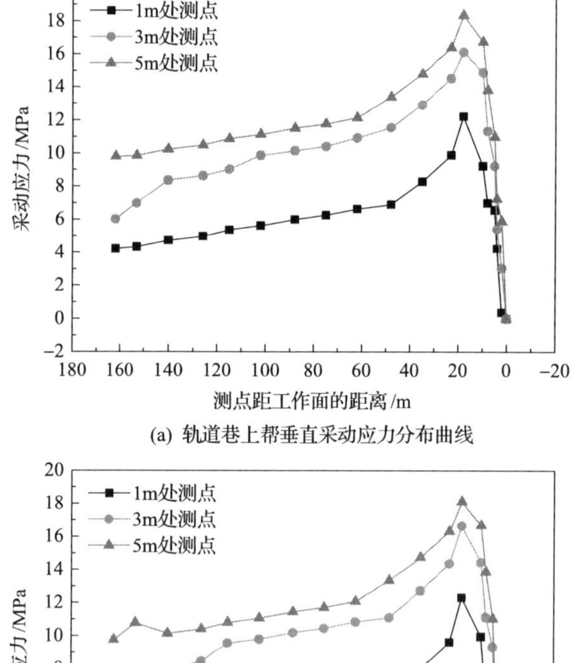

(a) 轨道巷上帮垂直采动应力分布曲线

(b) 轨道巷下帮垂直采动应力分布曲线

图 4-27　第二测站轨道巷上帮和下帮各测点垂直采动应力分布曲线图

幅度不同，3m 与 5m 处测点较为接近。

图 4-27(b) 为第二测站轨道巷下帮煤柱内 1m、3m 和 5m 处测点的垂直采动应力分布曲线。由图可见，在整个过程中，应力增长区和应力峰值区依旧明显，其中 3m 和 5m 处的测点优先在大约 145m 时受到扰动影响，随着工作面的推进，出现了快速上升—均匀增长—迅速升高的阶段性变化，对比三种深度的测点，1m 处测点受到的扰动影响不显著，在推进的全长范围，升高幅度较为平缓。在进入工作面 50m 处时，三处测点应力均开始快速增长，此时进入快速增长区，大约在进入工作面 18m 左右时，应力达到峰值。

图4-28 为工作面在推进过程中第一测站轨道巷上帮和下帮各测点垂直采动应力监测结果，由图可以看出，在整个回采过程中，各测点分布形态与第二测站相似，各深度测点曲线整体形态也较为相近，总体上呈缓慢增加—快速上升—迅速

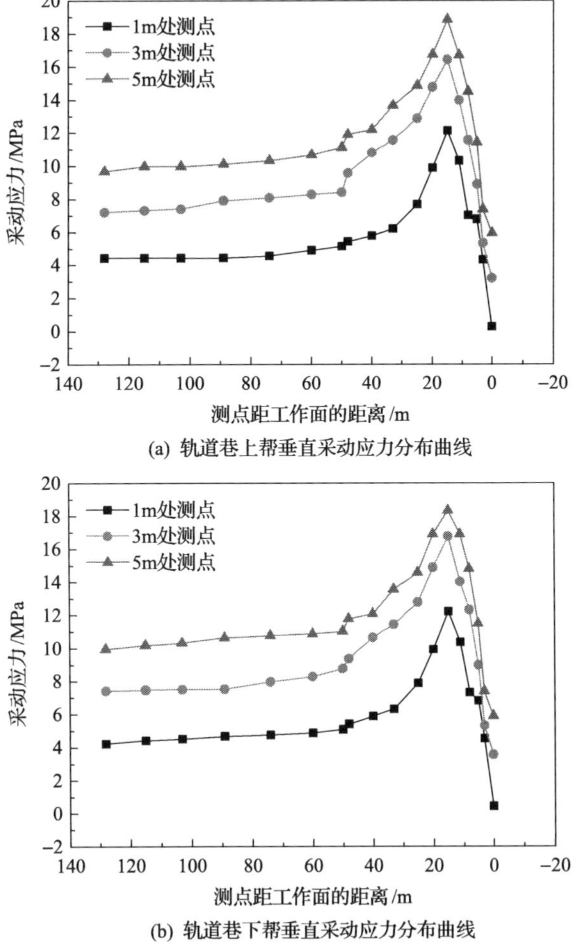

(a) 轨道巷上帮垂直采动应力分布曲线

(b) 轨道巷下帮垂直采动应力分布曲线

图 4-28　第一测站轨道巷上帮和下帮各测点垂直采动应力分布曲线图

降低的阶段性变化；此外，随测点深度的增加，应力呈增大趋势，且浅部测点与深部测点相差较大。

图 4-28(a)为第一测站轨道巷上帮煤体内 1m、3m 和 5m 处测点的垂直采动应力监测结果。由图可见，在整个过程中，存在明显的应力增长区和应力峰值区，在距离工作面 100m 范围外，三种深度测点的应力均基本不变；由于工作面的不断开采，顶板运动渐趋稳定，加之采空区不断压实，测点进入工作面 90m 范围内时应力才开始缓慢增长，此处进入应力影响区，其中 3m 和 5m 测点在进入 50m 范围内时，应力出现跳跃式上升，而 1m 处测点在 35m 处才开始快速升高，且在进入 20m 左右时，应力达到峰值 19MPa。将三种深度测点进行纵向比较发现，5m 处测点在回采全过程中应力数值总是大于其他两种测点。

图 4-28(b)为第一测站轨道巷下帮煤柱内 1m、3m 和 5m 处测点的垂直采动应力监测结果。由图可见，在整个过程中，应力增长区和应力峰值区依旧明显，应力分布形态与上帮煤体相近，应力影响范围在工作面前方 80m 左右，应力快速增长区在工作面前方 50m 左右，应力峰值位于工作面前方 18m 左右。

第 5 章　巷道锚杆(索)受力载荷智能感知技术

5.1　光纤光栅测力锚杆设计

5.1.1　现有光纤光栅测力锚杆存在问题

现有光纤光栅测力锚杆通过在测力锚杆上开槽(2mm 宽，1mm 深)，并在槽内贴上光栅(图 5-1)，使测力锚杆在纵向应变的时候连带贴在槽内的光栅一起应变，光栅感应到应变以后通过同样埋在槽内的光纤传感出去，从而达到测量测力锚杆纵向应变的目的。

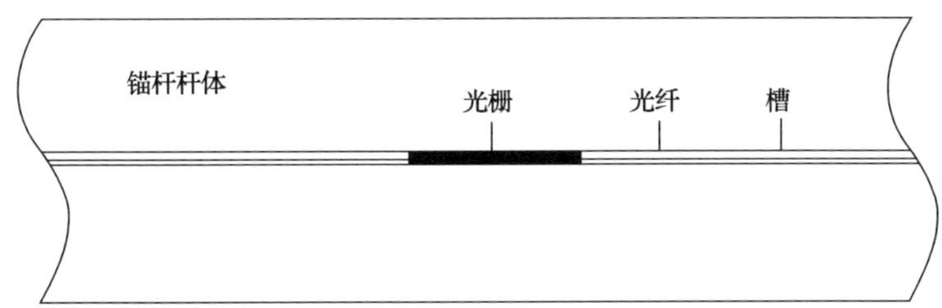

图 5-1　现有光纤光栅测力锚杆结构示意图

但通过分析与现场测试，也暴露了该传感结构设计中的一个主要问题，即光纤光栅延伸率与测力锚杆不匹配。

光纤光栅测力锚杆的传感原理是测力锚杆经过应变后连带贴在其上的光栅一起应变，即要求测力锚杆有多大应变，光栅也有多大应变，而实际情况是测力锚杆的最大延伸率是 17%，光纤光栅的最大延伸率是 0.3%。一旦测力锚杆的应变大于 0.3%，不但达不到测力的目的，还会造成光纤光栅损坏的后果。

通过对实验数据进行整理分析，证明光纤光栅测力锚杆可能会发生因光栅与锚杆应变不协调而断裂的现象。可以看出，图 5-2 中 18s 左右灰线与黑线相交之处光栅断裂。而此时测力锚杆仍然在弹性阶段，远远没有达到屈服极限。一旦测力锚杆所受的拉力大于光栅断裂时的拉力，那么光栅将会被拉断，失去测力效果。

由图 5-3 可知，在光栅断裂位置锚杆的载荷约为 50kN，所以在 50kN 以上的测力情况下，光栅就会被拉断而失去测力功效。因此研发减敏光纤光栅测力锚杆的结构是很有必要的。

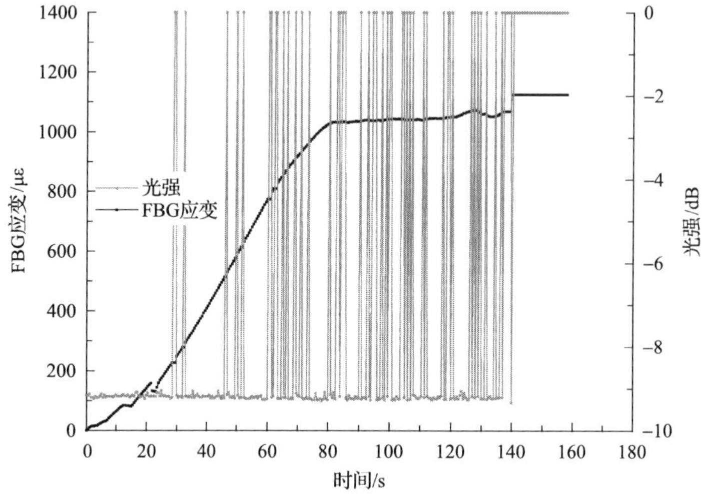

图 5-2　FBG 应变与光强随时间的变化图

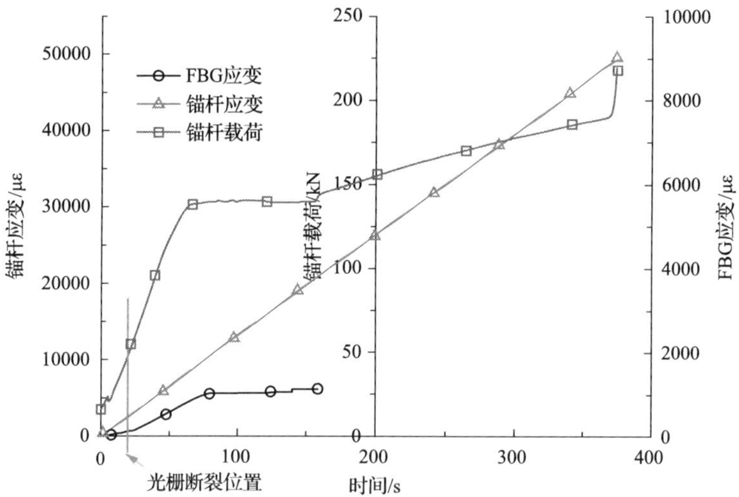

图 5-3　锚杆应变及载荷和 FBG 应变随时间的变化图

5.1.2　改进型光纤光栅测力锚杆设计原理

光纤光栅是将通信光纤的一部分，利用掺锗光纤非线性吸收效应原理的紫外全息曝光法而制成的一种纤芯折射率周期性变化的光栅。通常的光会全部穿过光纤光栅而不受影响，只有特定波长的光(中心波长 λ_B)在光栅处反射后会再返回到原来的方向[181]。

两端夹持式光纤光栅应变传感器的原理如图 5-4 所示。它由光纤光栅、两个夹持部件及两个固定支点组成。采用胶接的方法将光纤光栅固定在夹持部件内，由于胶黏剂没有直接封装光纤光栅区域，消除了胶黏剂对光纤光栅应变传递的影响。

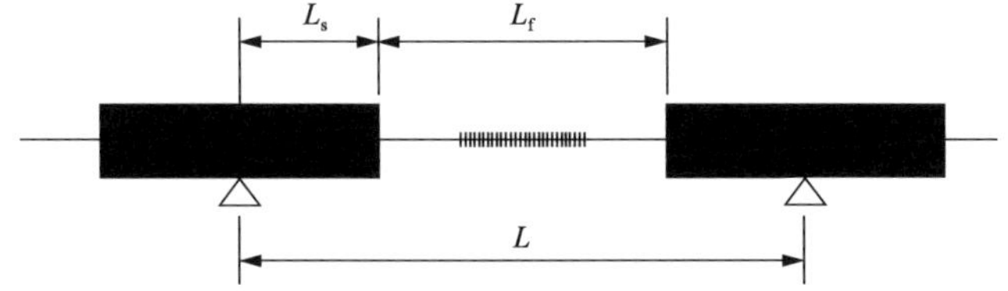

图 5-4　两端夹持式光纤光栅应变传感器的原理图

夹持部件为钢管，直径为 d。设两端固定支点的距离为 L，两端夹持部件内侧端点之间的距离为 L_f。假设两固定支点间发生 ΔL 的轴向变形，相应夹持部件和光纤光栅的变形分别为 ΔL_s 和 ΔL_f。忽略钢管内胶层和光纤的影响，由材料力学基本原理可得

$$\Delta L_f = P_s L_s / E_s A_s \tag{5-1}$$

$$\Delta L_f = P_f L_f / E_f A_f \tag{5-2}$$

其中，E_s 和 E_f 分别为钢管和光纤的弹性模量；A_s 和 A_f 分别为钢管和光纤的截面积；P 为传感器结构的内力。

由于传感器是一个整体，传感结构内力处处相等，由此可得

$$\Delta L_s L_f / \Delta L_f L_s = E_f A_f / E_s A_s \tag{5-3}$$

即

$$\varepsilon_s / \varepsilon_f = E_f A_f / E_s A_s \tag{5-4}$$

得

$$\varepsilon_s / \varepsilon_f = 0.0084 \tag{5-5}$$

可以得出，在整个传感器的结构中，夹持部件的应变可以忽略，固定支点之间的变形量几乎全部加载在光纤上。对于中心波长处于 1550nm 波段的光纤光栅，传感器中心波长变化与外界应变的关系为

$$\varepsilon = L_f L_{\varepsilon f} = L_f \Delta\lambda \; FBG \, 1.2L \tag{5-6}$$

可以看出，通过调整 L_f 与 L 的比值，可以改变传感器的应变测量灵敏度。

5.1.3　增敏、减敏 FBG 应变传感器原理

增敏、减敏传感器的原理分别如图 5-5 和图 5-6 所示。

增敏传感器 L 比 L_f 长，光纤光栅从 L 上感应到的变化也较大，从而实现增敏效果。

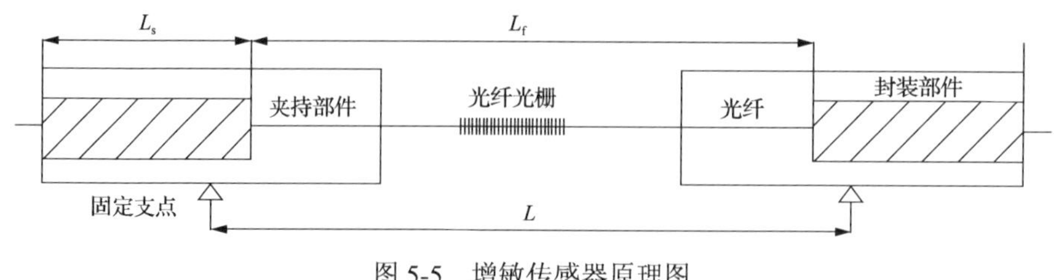

图 5-5　增敏传感器原理图

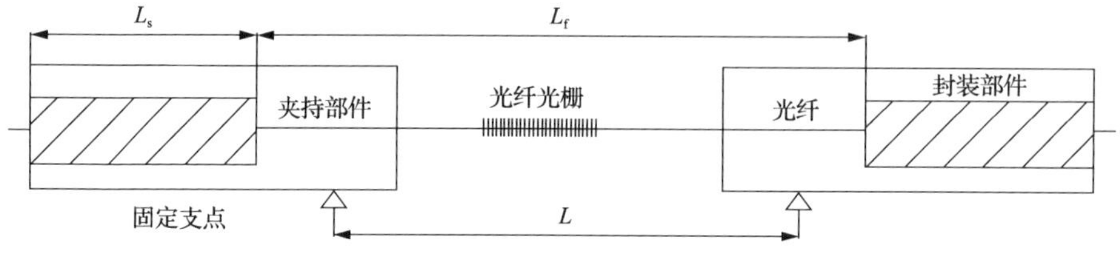

图 5-6　减敏传感器原理图

减敏传感器相反，由于固定支点间的距离 L 小于连接光纤光栅的 L_f，L_f 每段平均感应到的 L 的应变变小，以达到减敏效果[182]。

1. 管式封装 FBG 应变传感器

首先将裸光纤光栅置于套管中，施加一定的预应力使光纤光栅保持平直，再在套管和光纤之间灌入封装胶，从而将光纤光栅牢牢嵌固在套管内部，封装胶具有一定强度，能很好地将结构的应变传递至光纤光栅[183]。管式封装 FBG 应变传感器的基本构造和外形如图 5-7、图 5-8 所示。

图 5-7　管式封装 FBG 应变传感器结构

图 5-8　管式封装 FBG 应变传感器外形

管式封装结构采用了套管，对传感器进行保护，具有良好的抗干扰能力；同时其尺寸较小，对结构的应力场无明显影响，安装于结构后能准确、快速地感受基体结构应变的变化，是一种性能良好的 FBG 应变传感器。

2. 基片式封装 FBG 应变传感器

基片式封装 FBG 应变传感器的基本结构如图 5-9 所示。该传感器在基片上刻一小槽，然后用黏结剂将裸光纤光栅固定在小槽内。刻小槽的目的主要是增加基片和光纤的接触面积，从而能有效地将基片的应变传递到光纤光栅上。

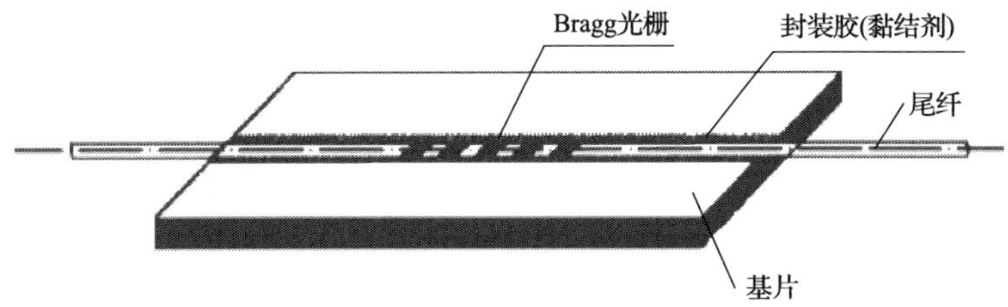

图 5-9　基片式封装 FBG 应变传感器结构

为了更好地满足实际结构测试的需要和提高传感器的性能，研究者们运用不同的材料对裸光纤光栅进行封装，将铜、钛合金或钢基片做成“工”字型(图 5-10)，使其更方便地粘贴在结构表面[184]。

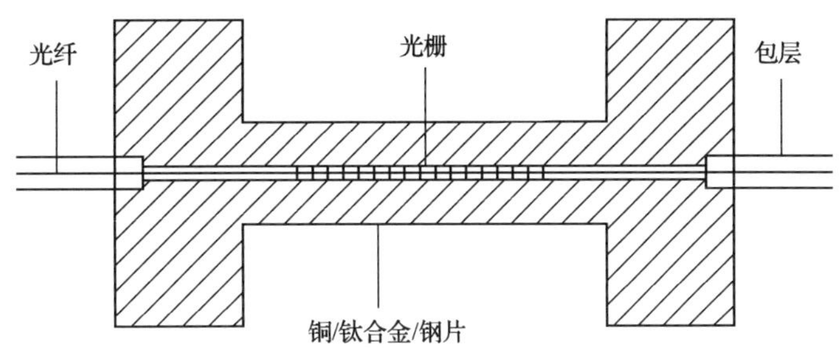

图 5-10　基片式封装 FBG 应变传感器基片结构

相比于管式封装，基片式封装结构不需要将黏结剂灌入套管，传感器制作比较方便，适合于结构表面应变的测量。但是在使用过程中，黏结剂直接暴露在空气中，容易受到环境腐蚀，需要进一步研究其耐久性。目前光纤光栅传感器和光纤光栅解调仪的造价较高，因此应进一步研制价格低廉、性能优越的传感器系统，加快其实用化进程。

FBG 传感器具有优良的性质，理论上可以测量结构上任意点的应变。为了反映结构的真实状态在结构全局范围内布置传感器是不经济的，实际应用中也是无法做到的，所以应进一步进行 FBG 传感器优化布置研究，即如何利用尽可能少的传感器来反映尽可能多的结构信息，达到对结构状态的准确评估。将 FBG 传感器用于实际结构的监测，需要进一步验证其耐久性和长期稳定性。

5.1.4　改进型光纤光栅测力锚杆结构

解决光栅光纤的应变和锚杆应变不同步问题的思路是，借鉴已有的光纤光栅减敏传感器，使光纤光栅的基片载体应变相对减少，而其他部分应变不变，从而达到减敏的目的。

其中应该注意的细节如下：

(1) 光纤光栅在粘贴过程中应尽可能地贴在弹簧拉直段的正中间，以减小误差。

(2) 由于光纤的抗剪能力较差，尽量不要使光纤弯曲。如必须弯曲，要保证光纤弯曲的曲率较小。

(3) 由于光纤的延伸率为 0.3%，而锚杆的延伸率为 17%，因此在光纤与锚杆紧贴在一起进行纵向应变的时候，很容易造成锚杆应变还来不及测出就造成光纤被拉断的结果。

由此提出一种类似以上所提的光纤光栅减敏传感器，其原理如图 5-11 所示，利用材料力学相关知识，使光纤光栅紧贴的部分，即实际测量应变的部分应变尽可能减少，而与锚杆联动的部分应变尽可能增大，从而达到减敏目的。

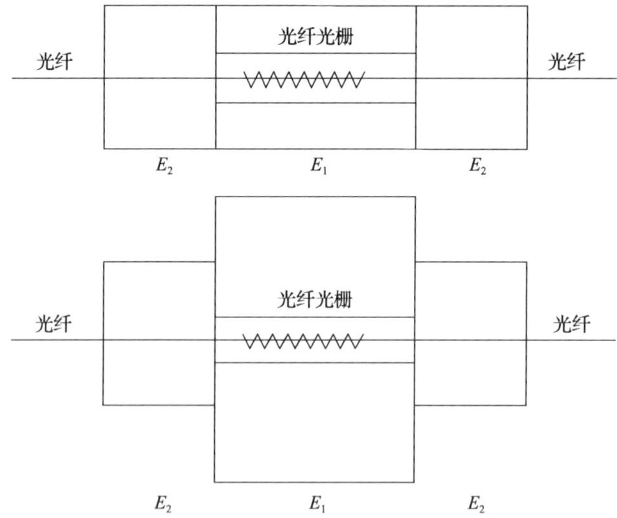

图 5-11　光纤光栅测力锚杆减敏传感器结构原理图

如图 5-12 所示，中间部分为光纤光栅的载体，其与光纤光栅固定在一起并一起应变；与载体相连的两端部分为非载体，非载体通过端部部分与锚杆固定。锚杆应变的同时通过端部部分拉动非载体，进而拉动载体引起光纤光栅的应变。

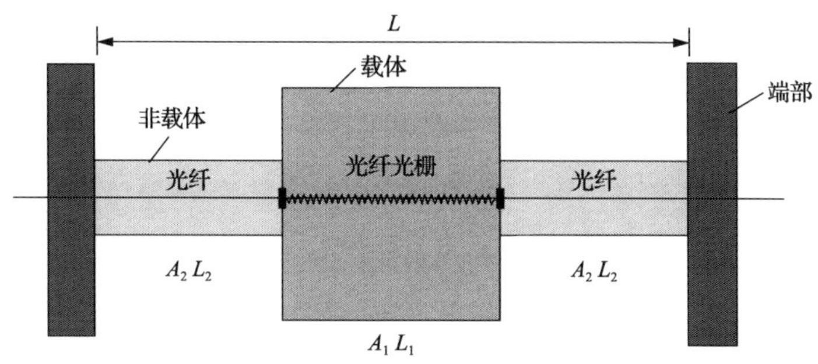

图 5-12　光纤光栅测力锚杆传感器结构初步设想图

尽量用弹性模量比较大的 E_1 材料作为载体，用弹性模量比较小的 E_2 材料作为非载体。另外，载体横截面积 A_1 选大，非载体 A_2 选小。这样就能达到载体横向形变量小于非载体横向形变量的目的。再根据具体数据的计算，设计并选出适合的 E 和 A，最终达到减敏的目的。

根据以上问题，研发设计了新型光纤光栅传感器核心元件。新型测力锚杆的关键结构如图 5-13 所示，它主要有以下优势。

(1) 核心元件载体为定制弹簧，成本较低。定制弹簧通过弹簧段和拉直段的伸长长度不同，达到光纤光栅减敏的效果，从而解决了光纤应变与锚杆应变差别过大，结果不准确的问题。

(2) 适应井下各种条件。核心元件是定制弹簧，材料为琴钢线，可以适应很多恶劣环境，受井下温度、湿度影响减小，可重复使用。

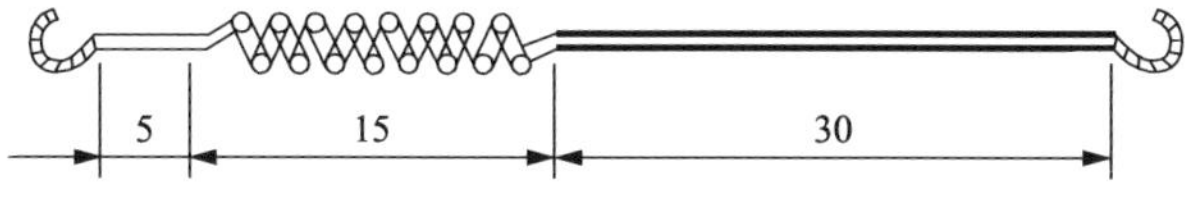

图 5-13　光纤光栅测力锚杆传感器结构图(单位：mm)

下面是根据材料力学公式和光栅波长应变公式来验算和选择传感器，即验算传感器的弹簧尺寸。

琴钢线数据：钢丝直径 d=0.7mm；刚度 k=7.84×10^3N/m；弹模 E=200GPa。

如图 5-13 所示，左边弹簧部分 15mm 变形量为 ΔX_1，由胡克定律知 $\Delta X_1=F/k$；右边拉直部分 30mm 变形量为 ΔX_2，由弹性力学公式知 $\Delta X_2=FL/EA$，其中 L=30mm。代入数据 k，E，L 及 A，$r=d/2$=0.35mm，计算可得 $\Delta X_1/\Delta X_2$=330。又因为光纤延伸率为 0.3%，钢的延伸率为 17%，所以其变形量之比需要大于 17%/0.3%=56.67，$\Delta X_1/\Delta X_2$=330＞60，因此可以保证光纤不被拉断。由于光纤光栅测力精度为 300 个微应变，因此需要 $\Delta X_2/L$ 大于 300×10^{-6}。由 $\Delta X_2/L=F/EA$=300×10^{-6}，得出 $F\approx$ 23.1N。

当测力锚杆受力大于 23.1N 时可以测得数据，加上两端 3mm 直径的钩子，弹簧总长为 56mm，最大变形量为 17%，忽略光纤可承受的 0.3%变形量，应该在弹簧部分预留出的光纤总长度为 56×117%=65.52mm，为了方便，取值为 70mm。

5.1.5　改进型光纤光栅测力锚杆封装与处理

矿用光纤光栅测力锚杆组装示意图如图 5-14 所示，其中传感器 2 置入传感槽 1 内，尾槽 5 置入连接杆内光纤和杆外光纤的法兰盘。

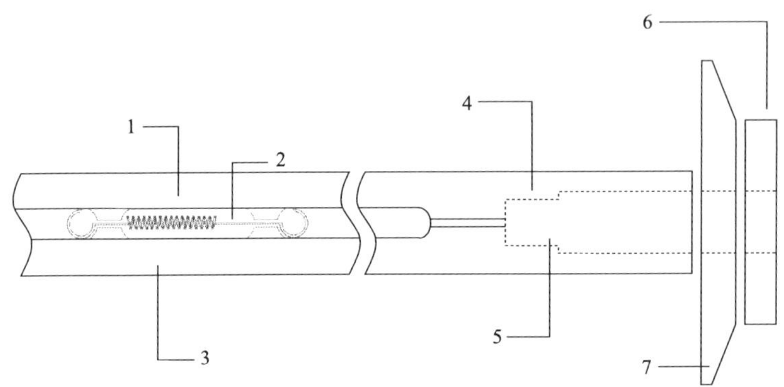

图 5-14　光纤光栅测力锚杆组装示意图

1. 传感槽；2. 传感器；3. 杆体；4. 杆尾；5. 尾槽；6. 螺母；7. 托盘

除在传感器 2 内的贴合部分外，光纤在传感槽 1 内不贴死，留有伸缩量，便于适应锚杆应变。

矿用光纤光栅测力锚杆整体尺寸示意图如图 5-15 所示，锚杆总长 2000mm，第一个传感器距离锚杆顶端 300mm，其后每隔 500mm 安装一个传感器，一个锚杆共安装 3 个传感器。

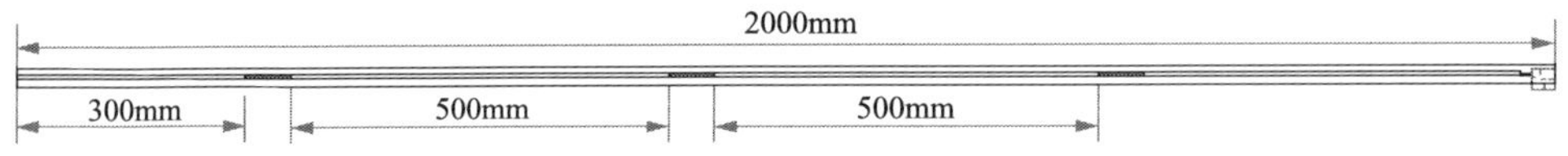

图 5-15　光纤光栅测力锚杆整体尺寸示意图

5.1.6　矿用光纤光栅测力锚杆调试安装方法

光纤光栅测力锚杆通过光纤贴在弹簧直线段部分来间接测量锚杆的应变。光缆在锚杆尾端通过中孔伸出来接头，通过法兰盘连接外部光缆。围岩安装锚杆时内部光缆保存在锚杆内部，然后用耦合器连接内外光缆。

根据矿用光纤光栅测力锚杆安装示意图，矿用光纤光栅测力锚杆的安装方式与普通螺纹钢锚杆相同，在锚杆上紧后按以下步骤接入光纤光栅煤矿顶板安全监测系统中。

步骤一：拧紧锚杆。

与普通锚杆一样，使用锚杆钻机拧紧阻尼螺母至规定预紧扭矩，若锚杆钻机扭矩达不到要求，则应使用扭矩扳手继续拧紧。

步骤二：去掉保护垫片，将尾纤接入系统。

去掉保护垫片，将尾纤缓慢拉出，尾纤长度约为 1m，尾部有 PC 接头，可使用法兰盘接入系统。

步骤三：密封。

光纤接好后，使用密封胶涂满矿用光纤光栅测力锚杆尾部的空洞和法兰盘的连接空隙，以隔水防尘，保证系统的稳定性。

5.2　光纤光栅测力锚杆试验测试

本实验以锚杆拉拔实验为基础，实验所用的设备是煤炭资源与安全开采国家重点实验室引进的 MTS 试验机。图 5-16 展示了实验所用的锚杆和实验过程。

(a) 安装好后

(b) 实验系统

(c) 测试锚杆

(d) 锚杆失效

图 5-16　MTS 试验机上实验时各过程

图 5-17 展示的操作平台包括锚杆拉拔试验平台和光纤光栅测力锚杆标定装置实验平台。

图 5-17　光纤光栅测力锚杆实验操作平台

本实验做了锚杆应变和光纤光栅应变的记录，并绘图对比。根据锚杆所受载荷和应变，可以得出锚杆应变在 650s 后呈线性；根据光纤光栅所受载荷和应变可以得出光纤光栅应变在 850～1000s 呈线性，与锚杆应变趋势吻合。关于相对应的应变，在 850～1000s 光纤光栅的微应变是 600～1000，而在 650～1000s 锚杆的应变是 0.06～0.12，可以看出锚杆应变约是光纤光栅应变的 100 倍，符合第 4 章的计算结果。

矿用光纤光栅测力锚杆用来实时测量巷道锚杆支护结构中锚杆锚固段与非锚固段的受力情况，掌握锚杆的受力特点，用以优化锚杆支护参数和巷道顶板安全的实时在线监测。矿用光纤光栅测力锚杆由锚杆杆体、机械传感构件、光纤光栅及光纤尾纤组成，可通过 PC 接头或熔接的方式接入光纤光栅煤矿安全监测系统中。

矿用光纤光栅测力锚杆以普通锚杆的安装工艺进行安装后，可通过尾纤接头连接或熔接的方式接入煤矿安全监测系统中，实时监测巷道锚杆支护结构中的锚杆锚固段与非锚固段的受力情况。监测结果不仅可以为锚杆支护参数的优化提供数据依据，还可以与离层值、围岩应力值等参量进行多源信息融合，实现巷道顶板安全的实时在线监测预警。

5.3　光纤光栅锚杆(索)测力计设计

5.3.1　传感器结构设计理论

1. 传感器的基本结构

光纤光栅压力传感器主要由壳体、平面膜片、固定支架、温度补偿光栅、压力敏感光栅、光纤尾纤、尾纤保护套及密封元件组成(图 5-18)。传感器的平面膜片与壳体间通过两道 O 型密封圈和挡圈进行密封，固定支架通过焊接的方式连接平面膜片，并与壳体固定连接。压力敏感光栅通过环氧树脂胶粘贴在固定支架中心的凹槽上，用于感知因压力作用引起的波长漂移。温度补偿光栅作为压力敏感光栅的温度补偿，粘贴在壳体内，通过耦合器与压力敏感光栅连接。光纤保护套和尾纤保护套用于封装保护传感器的光纤尾纤。

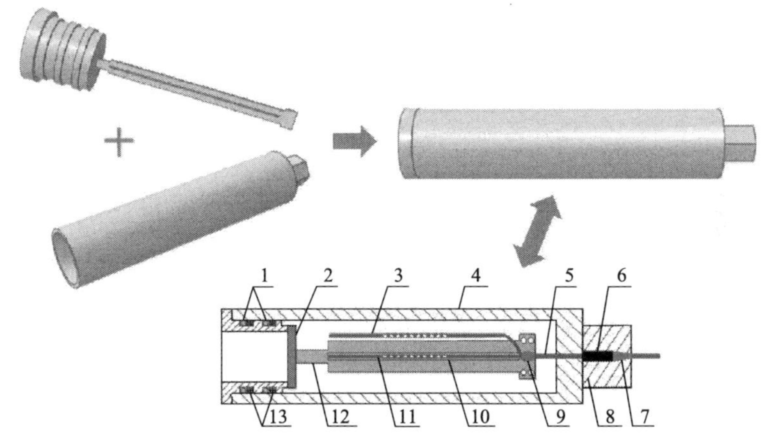

图 5-18　光纤光栅压力传感器结构图

1. O 型密封圈；2. 平面膜片；3. 温度补偿光栅；4. 壳体；5. 光纤尾纤；6. 光纤保护套；7. 尾纤保护套；8. 加强保护螺母；9. 耦合器；10. 凹槽；11. 压力敏感光栅；12. 固定支架；13. 挡圈

此光纤 Bragg 光栅压力传感器的测力原理为：基于弹性膜片结构，膜片在环境压力作用下发生挠度变形，变形会通过与之连接的固定支架传递到压力敏感光栅上，使压力敏感光栅产生轴向压缩，从而使光纤光栅的中心波长发生漂移；通过光纤光栅分析仪检测出压力敏感光栅和温度补偿光栅的波长变化，两者的温度效应相同，对于压力敏感光栅，消除温度变化引起的波长漂移，就可得到压力单独引起的波长漂移；然后根据压力-波长漂移数学模型计算出压力值，即测量过程为：压力变化→弹性膜片发生形变→光纤 Bragg 光栅波长发生漂移→光纤光栅分析仪检测波长漂移量→通过压力-波长漂移数学模型计算。

2. 锚杆(索)测力计光纤光栅传感原理

光纤光栅是根据光纤材料的光敏特性，在紫外光照射下使纤芯折射率沿轴向形成周期性的永久性变化，即在纤芯内形成空间相位光栅，从而可以对入射光中相位匹配的频率产生相干反射，形成中心反射峰。根据耦合模式理论，对于宽带入射光在光纤 Bragg 光栅中传输时产生模式耦合，使 FBG 内波长范围很窄的光谱产生影响，在满足光纤 Bragg 光栅条件

$$\lambda_B = 2n_{eff}\Lambda \tag{5-7}$$

时，光波就会产生有效的反射，其余的透射光谱则不受影响。式中，λ_B 为光纤光栅的中心波长，即反射波的波长；n_{eff} 为纤芯的有效折射率；Λ 为光栅周期。由式(5-7)可知，光栅周期 Λ 和纤芯的有效折射率 n_{eff} 是影响反射光谱中心波长的主要因素。应变和温度等外界环境因素的干扰都会引起这两个物理参量的变化，从而使得光纤光栅中心波长漂移，这些物理参量的传递情况直接决定了传感器的可靠性和灵敏度[185]。对于单模均匀的 FBG，应变和温度同时作用时其反射波长的漂移量可表示为[186]

$$\Delta\lambda_B = \lambda_B\left(1-P_e\right)\Delta\varepsilon + \lambda_B\left(\alpha+\zeta\right)\Delta T \tag{5-8}$$

式中，$\Delta\lambda_B$ 为反射波长漂移量；P_e 为光纤的有效弹光系数；$\Delta\varepsilon$ 为光纤沿长度方向的轴向应变；α 为光纤的热膨胀系数；ζ 为光纤的热光系数；ΔT 为光纤所处温度变化量。根据式(5-8)可知，当 FBG 受到外界应力场或温度作用时，利用波长解调装置测量反射波长的变化量，便可精确获得相应外部作用物理参量的信息。

3. 双光纤光栅对传感器的温度补偿分析

在压力测量过程中，传感器中的压力敏感光栅同时受温度和压力的影响，温度补偿光栅只受温度影响，根据光纤光栅应变和温度测试原理，在光栅线性范围内，压力敏感光栅与温度补偿光栅的波长与压力、温度变化存在如下关系：

$$\frac{\Delta\lambda_P}{\lambda_P} = \left(1-P_e\right)\Delta\varepsilon + K_{T1}\Delta T_P \tag{5-9}$$

$$\frac{\Delta\lambda_T}{\lambda_T} = K_{T2}\Delta T_T \tag{5-10}$$

式中，K_{T1}、K_{T2} 分别为压力敏感光栅和温度补偿光栅的温度灵敏度。由于压力敏感光栅和温度补偿光栅在同一温度场工作(ΔT_P=T_T)，联立式(5-9)和式(5-10)，可得

$$\frac{\Delta\lambda_P}{\lambda_P} - \frac{K_{T1}}{K_{T2}}\frac{\Delta\lambda_T}{\lambda_T} = \left(1-P_e\right)\Delta\varepsilon \tag{5-11}$$

通过式(5-11)可以有效解决温度变化对应变测量的影响，得到应变单独引起的波长漂移，克服了应变、温度的交叉敏感问题。

4. 平面膜片的力学性能分析

光纤光栅压力传感器选用圆形平面膜片结构作为弹性敏感元件，其在流体作

用力转化为应变/位移等方面应用相当广泛。本设计采用周边固支的形式，当膜片受到均匀轴向载荷作用时，膜片将向压力较低一侧产生挠度变形，其受力简图如图 5-19 所示。

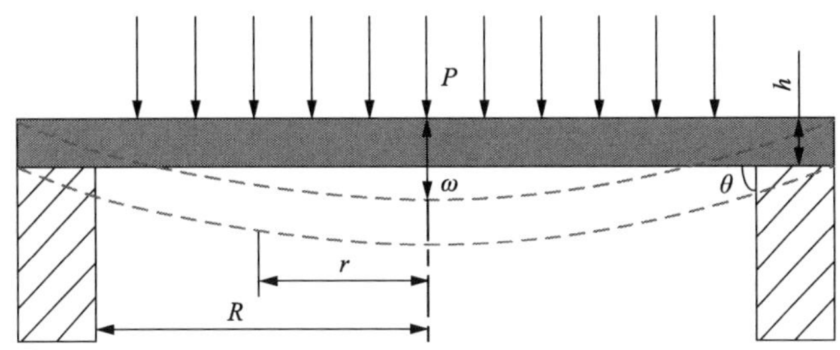

图 5-19　压力传感器平面膜片计算简图

假设平面膜片满足薄板条件和小挠度条件，受均匀载荷下膜片产生的位移是膜片半径的函数，根据小挠度薄板弯曲理论[187]，圆形平面膜片对称弯曲微分方程为

$$\frac{\mathrm{d}}{\mathrm{d}r}\left[\frac{1}{r}\frac{\mathrm{d}}{\mathrm{d}r}\left(r\frac{\mathrm{d}\omega}{\mathrm{d}r}\right)\right]=\frac{Q}{K} \tag{5-12}$$

式中，r 为膜片上任意点距圆心距离；ω 为膜片挠度；Q 为半径 r 的圆截面上单位长度的剪力；K 为膜片材料的抗弯刚度，$K=Eh^3/12(1-\mu^2)$；μ 为膜片材料的泊松比；E 为膜片材料的弹性模量；h 为膜片的厚度。

当均匀载荷 P 作用在圆形平面膜片的表面时，距膜片圆心 r 处的剪力方程为

$$2\pi rQ=\pi r^2P \tag{5-13}$$

将式(5-13)代入式(5-12)并解微分方程有

$$\begin{cases}\theta=\dfrac{\mathrm{d}\omega}{\mathrm{d}r}=\dfrac{Pr^3}{16K}+\dfrac{r}{2}C_1+\dfrac{1}{r}C_2\\[2ex]\omega=\dfrac{Pr^4}{64K}+\dfrac{r^2}{4}C_1+C_2\ln\dfrac{r}{R}+C_3\end{cases} \tag{5-14}$$

其中，R 为膜片的半径。根据膜片弯曲变形的边界条件可知，在 r=0 和 r=R 处转角 θ=0，在 r=R 处挠度 ω=0，即

$$\begin{cases}\theta|_{r=0}=0\\\theta|_{r=R}=0\\\omega|_{r=R}=0\end{cases} \tag{5-15}$$

根据式(5-15)可求得 $C_1=-PR_2/8K$，$C_2=0$，$C_3=PR^4/64K$，进一步得出圆形平面膜片弹性曲面方程为

$$\omega=\frac{3P\left(1-\mu^2\right)}{16Eh^3}\left(R^4-2R^2r^2+r^4\right) \tag{5-16}$$

根据式(5-16)可知，圆形平面膜片的最大挠度在膜片中心(r=0)处，即

$$\omega_{\max}=\frac{3\left(1-\mu^2\right)R^4P}{16Eh^3} \tag{5-17}$$

5. 传感器压力-波长漂移数学模型

当膜片受到均布载荷产生弯曲变形时，在膜片挠度变形推动下，与膜片中心连接的压力敏感光栅发生相同的变形，使光纤光栅沿长度方向的轴向应变存在下列关系：

$$\Delta\varepsilon=\frac{\omega_{\max}}{L} \tag{5-18}$$

联立式(5-11)、式(5-17)和式(5-18)可得传感器的测力数学模型为

$$P=\frac{16ELh^3}{3\left(1-\mu^2\right)\left(1-P_{\mathrm{e}}\right)R^4}\left(\frac{\Delta\lambda_{\mathrm{P}}}{\lambda_{\mathrm{P}}}-\frac{K_{\mathrm{T1}}}{K_{\mathrm{T2}}}\frac{\Delta\lambda_{\mathrm{T}}}{\lambda_{\mathrm{T}}}\right) \tag{5-19}$$

其中，L 为光纤光栅有效受拉长度。通过上式分析可以得到 $P-\Delta\lambda$ 的关系，从而实现从光纤光栅的波长变化量得到所承受的被测压力 P 值。

5.3.2　传感器结构有限元仿真

1. 材料参数对灵敏度的影响

根据式(5-19)的传感器测力数学模型可知，压力与膜片材料的弹性模量、泊松比、半径及厚度有关，调整上述参量，可以在一定范围内实现灵敏度的调节。

令 $\frac{\Delta\lambda_{\mathrm{P}}}{\lambda_{\mathrm{P}}}-\frac{K_{\mathrm{T1}}}{K_{\mathrm{T2}}}\frac{\Delta\lambda_{\mathrm{T}}}{\lambda_{\mathrm{T}}}=S_{\mathrm{P}}\cdot P$，则灵敏度系数为

$$S_{\mathrm{P}}=\frac{3\left(1-\mu^2\right)\left(1-P_{\mathrm{e}}\right)R^4}{16ELh^3} \tag{5-20}$$

利用 MATLAB 软件对光纤传感器灵敏度的理论模型进行数值分析，得到如图 5-20 所示的膜片材料参数及结构尺寸与灵敏度系数的关系曲线。

根据图 5-20 可知，①随着泊松比的增加，灵敏度呈现线性减小的趋势，但变化幅度较小，且随着弹性模量的增加，泊松比对灵敏度的影响程度减小；②随着弹性模量的增加，灵敏度整体呈反比例函数减小趋势，当弹性模量较小时，灵敏度的变化幅度较大，当弹性模量较大时，灵敏度的变化趋于平缓；③随着结构尺寸 R/h 的增加，灵敏度也跟着增大，且变化幅度较大，相较于泊松比和弹性模量，膜片半径及厚度则是影响灵敏度的主要因素。

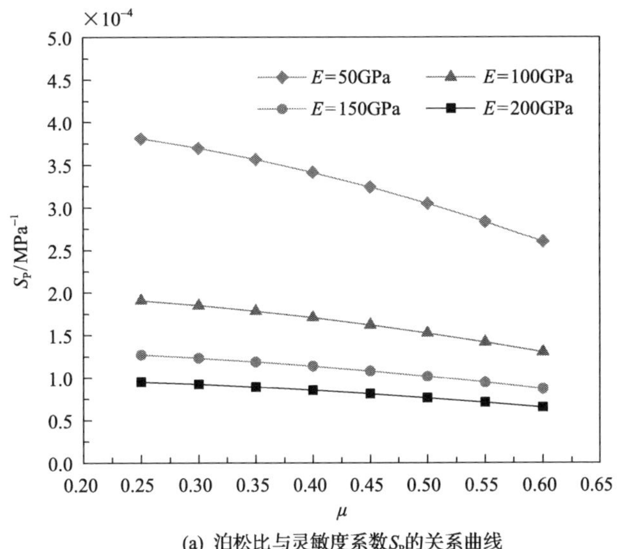

(a) 泊松比与灵敏度系数S_p的关系曲线

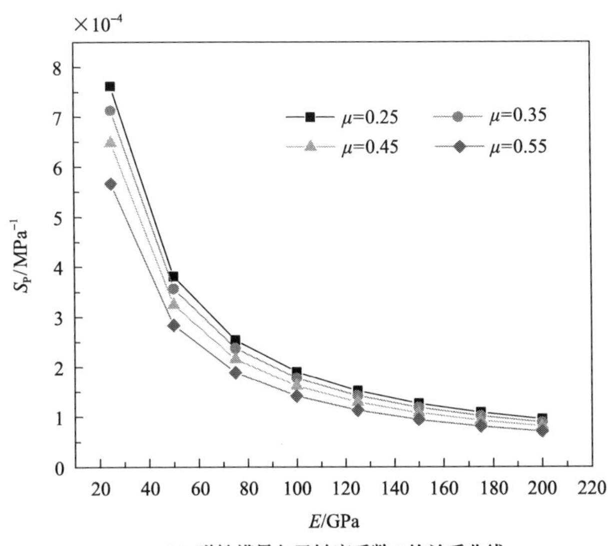

(b) 弹性模量与灵敏度系数S_p的关系曲线

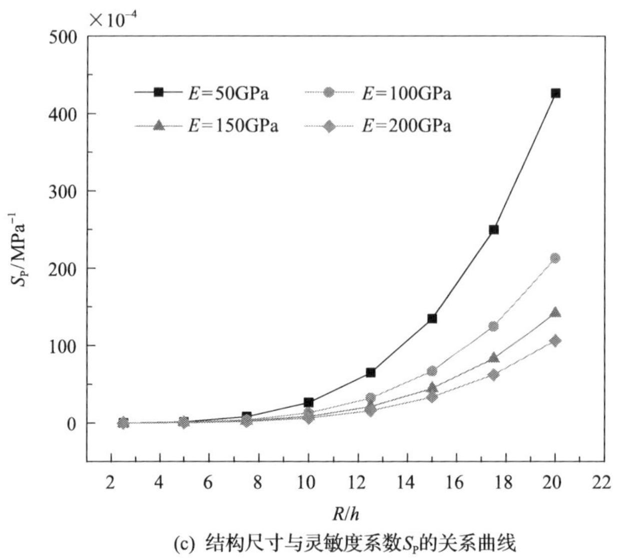

(c) 结构尺寸与灵敏度系数S_P的关系曲线

图 5-20　膜片材料参数及结构尺寸与灵敏度系数的关系曲线

根据分析可知，灵敏度与膜片的半径成正比关系，而与膜片厚度成反比关系，即若要取得较高的膜片灵敏度，应适当地增加膜片半径，同时减小膜片厚度。因此，在对传感器进行实际设计时，要综合考虑在增加灵敏度的同时保持结构尺寸的优势，再进行优化设计[188]，才能得到良好的传感器性能。

2. 膜片模型有限元仿真

为了更加直观地观察膜片在受到不同均匀压力后产生的形变状态及实时变化，根据所选膜片材料的弹性模量 E=195GPa，泊松比 μ=0.272，厚度 h=1mm，半径 R=6mm，选用 ABAQUS 有限元软件对膜片进行三维仿真分析。在 ABAQUS 软件中建立膜片实体模型，经过赋予材料属性、施加边界条件和载荷、划分网格，生成有限元模型，模型共有 22723 个节点，14319 个单元，对膜片分别施加 100kPa、500kPa、1000kPa、2000kPa 的均匀压力，膜片模型及位移云图如图 5-21 所示。

根据图 5-21 可知，膜片的位移量随着受压载荷的增加而增大，膜片中心处的位移最大且沿着半径方向减小。在 1MPa 作用条件下，膜片中心的位移达到 1.282×10^{-3}mm，中心位移引起的光纤光栅伸长变化量也为 1.282×10^{-3}mm，光纤光栅有效受拉长度为 33mm，所以经仿真分析压力敏感光栅中心波长漂移量为 46.28pm，即压力灵敏度为 46.28pm/MPa。

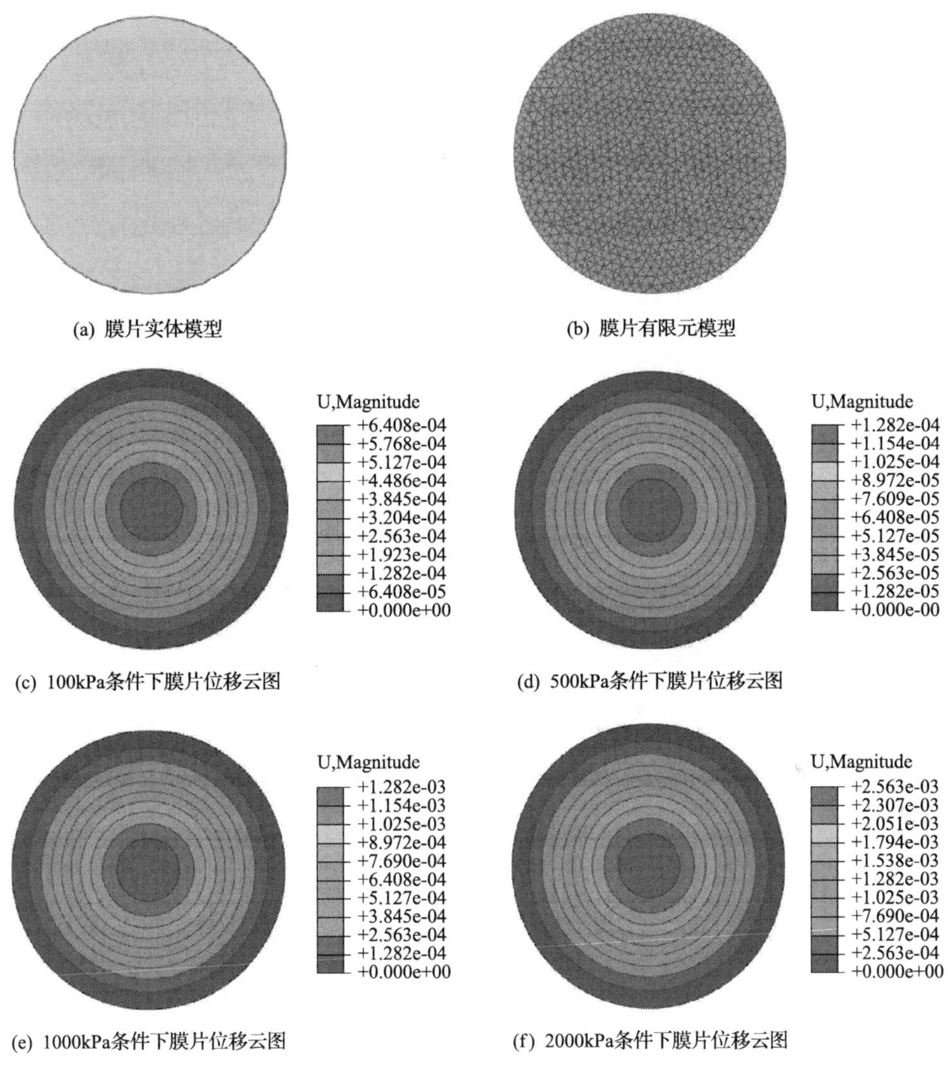

(a) 膜片实体模型　(b) 膜片有限元模型

(c) 100kPa条件下膜片位移云图　(d) 500kPa条件下膜片位移云图

(e) 1000kPa条件下膜片位移云图　(f) 2000kPa条件下膜片位移云图

图 5-21　膜片模型及位移云图

5.3.3　传感器性能测试

1. 传感器制作

合理选择和使用弹性膜片材料是设计和制作传感器的基础，为了保证光纤光栅压力传感器的环境适应性，其设计原则如下[189]：①强度高、弹性极限高，在量程范围内弹性模量温度系数小且稳定；②具有较高的抗氧化、抗腐蚀性和冲击韧性；③具有良好的热处理性能，且材料各向同性，热膨胀系数较小；④兼顾量程大小和整体结构尺寸，并选用合适的胶黏剂。

根据传感器设计原则，传感器的平面膜片和外壳选用耐久性较高、强度较高的 17-4PH 不锈钢材料，利用环氧树脂胶粘贴光栅，封装制作后的传感器实物图如图 5-22 所示。

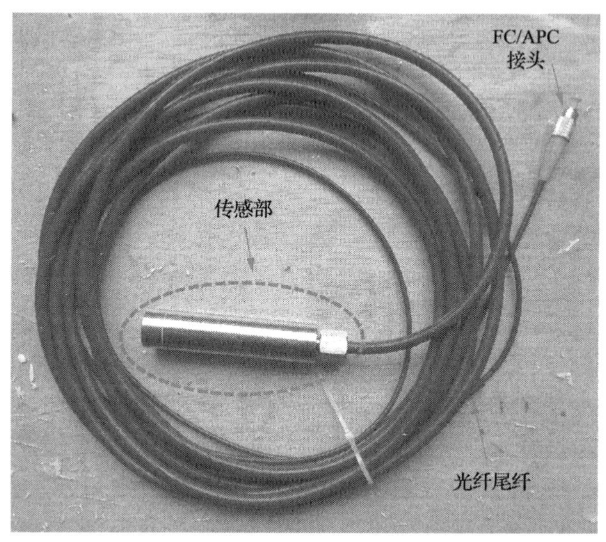

图 5-22　光纤光栅压力传感器成品照片

传感器采用的光纤光栅参数如下：光纤光栅有效受拉长度 L=33mm，压力敏感光栅初始波长 λ_P=1527.275nm，温度补偿光栅初始波长 λ_T=1530.352nm，封装过程中通过预拉力的作用，使光栅产生 1nm 的波长偏移量，稳定后压力敏感光栅和温度补偿光栅的波长分别为 1529.298nm 和 1531.383nm，在温度变化不大(即 $\Delta\lambda_T$=0)时，可计算出理论压力灵敏度为 40.43pm/MPa。

2. 传感器测试实验

在传感器的压力测试实验中，测试系统由宽带光源、光纤光栅分析仪、耦合器、数显式手动压力泵、光纤光栅压力传感器、连接油管、光纤和计算机处理系统等组成，如图 5-23 所示。光纤光栅压力传感器与数显式手动压力泵的接头通过密封圈连接，传感器尾纤与光纤光栅分析仪通过耦合器连接，光纤光栅分析仪与计算机处理系统通过网线连接。使用手动泵的压力源对活塞筒进行加压，利用阀门和手柄控制压力的大小，数显式压力表实时显示压力值，光纤光栅分析仪对压力-波长进行调制与解调，并在计算机处理系统中实时显示动态光谱图。

在传感器的温度测试实验中，测试系统主要由宽带光源、光纤光栅分析仪、制冷恒温槽、计算机处理系统、光纤组成，光纤光栅的波长解调与数据处理和压力测试实验相同。

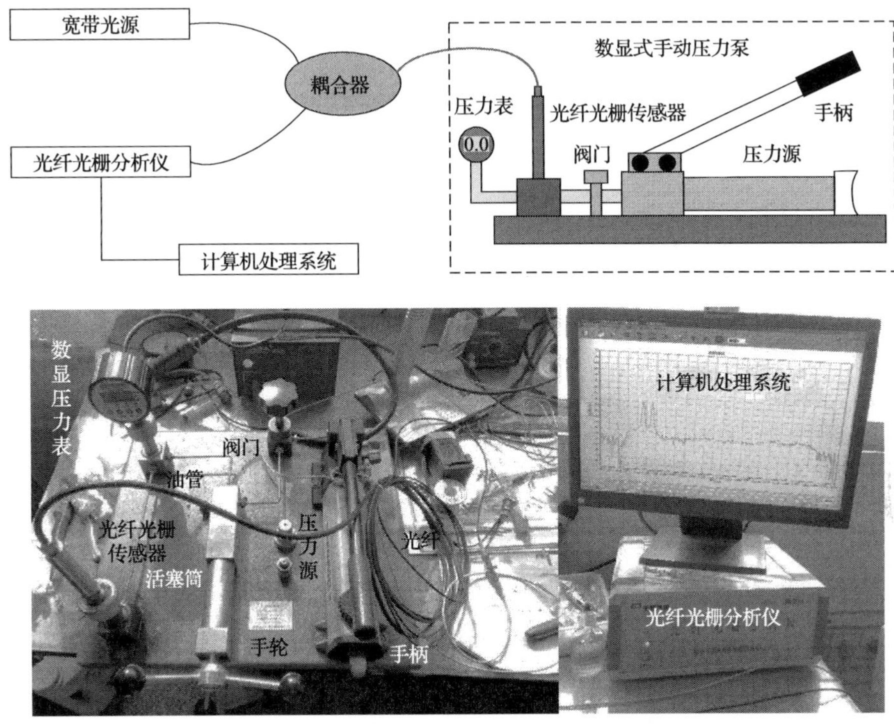

图 5-23　测试系统示意图

实验中用到的压力加载装置为 SSR-YBS-60TB 型台式压力校验仪，最大量程为 60MPa，准确度为 0.03MPa。温度测量装置为 RTS-40 制冷恒温槽，温度量程为–40～95℃，温度分辨率为 0.01℃，精度为 0.05℃。传感器光纤光栅采用紫外侧写入单模光纤，接头采用通用的光纤 FC/APC 跳线头，光纤光栅分析仪的波长扫描范围为 1510～1590nm，波长分辨率为 1pm，工作频率为 1～10Hz，采样频率为 1Hz。

3. 实验结果分析

1)压力实验

实验时将传感器的 FC/APC 接头连接至光纤光栅分析仪。采用分级加载形式，首先压力以 5MPa 间隔从 0MPa 加载至 50MPa，然后再逐级平稳地卸载，待分析仪读数稳定后，记录每级加、卸载时两个光纤光栅反射中心波长值，根据实验测得数据的平均值，绘制压力敏感光栅、温度补偿光栅的波长值与压力的关系曲线，如图 5-24 所示。

根据图 5-24 可知，压力敏感光栅中心波长随着压力的增大而线性减小，呈负线性相关性，其线性拟合度达到 0.9995；温度补偿光栅的中心波长对压力基本不敏感，虽然在实验过程中波长变化了 11pm，其可能与测试过程中室温的浮动有关。

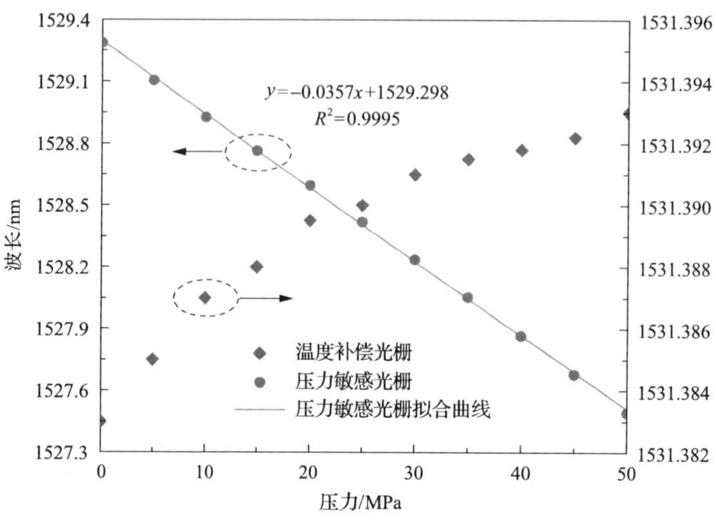

图 5-24　光纤光栅中心波长与压力的关系曲线

从实验数据的拟合方程 $y=-0.0357x+1529.298$ 可得光纤光栅压力传感器灵敏度为 35.7pm/MPa，比理论值和仿真值略小。造成这种结果的主要原因是：①在传感器加工过程中，有些部件的加工尺寸存在误差或加工质量不符合，直接影响传感器的灵敏度；②压力敏感光栅粘贴时与弹性膜片中心共轴偏差或者压力敏感光栅两端固定点不共面；③环氧树脂胶具有一定的弹塑性，胶的性能会影响传递质量，使膜片与应变传递元件之间的应变传递效率达不到 100%；④仿真过程中的一些边界条件与实际存在一定差异；⑤在实际工作中，壳体内的固定架会给膜片一个反作用力，这个力使得膜片的位移量减小，进而影响压力灵敏度。

2) 温度实验

在传感器的温度测试过程中，传感器不施加任何载荷，将传感器放置在恒温槽中，控制传感器所处环境温度的测试范围为−10～70℃。槽内液体的温度以 10℃的间隔从−10℃升至 70℃，记录不同温度下压力敏感光栅和温度补偿光栅中心波长值，绘制波长与温度关系曲线，如图 5-25 所示。考虑到温度效应的影响时，$\Delta\lambda_P/\lambda_P-\Delta\lambda_T\cdot K_{T1}/\lambda_T\cdot K_{T2}$ 与压力的关系曲线，如图 5-26 所示。

从图 5-25 可知，压力敏感光栅和温度补偿光栅的中心波长随温度的增加而线性增加，呈正线性相关性，线性拟合度均达到 0.9994 以上，使温度补偿光栅可以在压力测量时为压力敏感光栅提供准确的温度补偿。另外，根据拟合曲线可知温度补偿光栅的温度灵敏度为 11.25pm/℃，压力敏感光栅的温度灵敏度为 1.63pm/℃，说明温度补偿光栅的温度特性高于压力敏感光栅，可见温度补偿光栅在对压力敏感光栅进行温补之外，也可进行温度测量。根据图 5-26 可知，在考虑温度的影响效应时，经过温度补偿过后的波长差 $\Delta\lambda_P/\lambda_P-\Delta\lambda_T\cdot K_{T1}/\lambda_T\cdot K_{T2}$ 与压力的线性拟合度为 0.9983，灵敏度系数达到 $2.35\times10^{-5}MPa^{-1}$，可计算出实际的压力灵敏度为 37.48pm/MPa，实现了压力测量过程中的温度补偿。

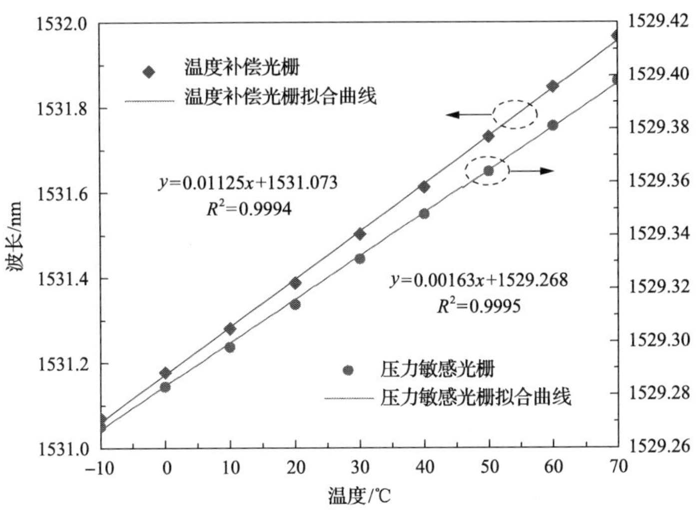

图 5-25　光纤光栅中心波长与温度的关系曲线

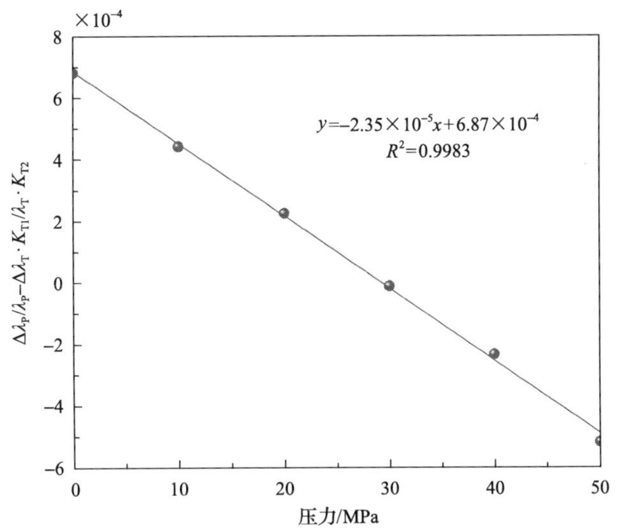

图 5-26　波长差 $\Delta\lambda_P/\lambda_P-\Delta\lambda_T\cdot K_{T1}/\lambda_T\cdot K_{T2}$ 与压力的关系曲线

3) 稳定性实验

如图 5-27 所示，在同一温度环境下，对传感器分别施加 0MPa、22MPa、44MPa 的载荷，传感器压力敏感光栅反射光谱 3dB 带宽分别为 0.438nm、0.439nm、0.436nm，说明传感器在外界载荷作用下其光栅反射光谱不存在明显的带宽展宽或啁啾现象。

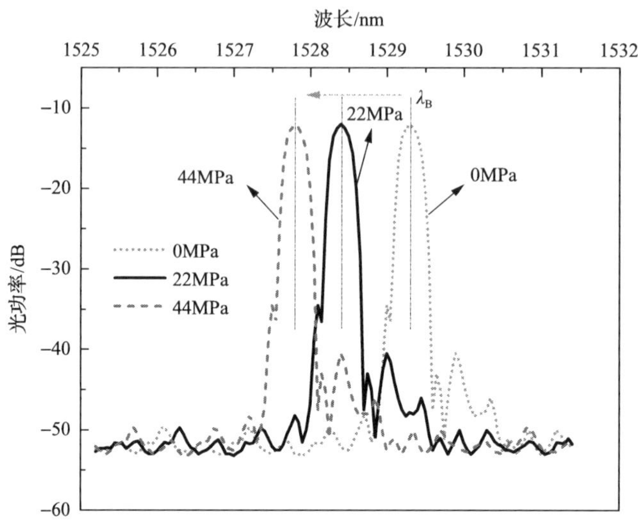

图 5-27　传感器光栅反射光谱对比图

在室温条件下(25℃)，对传感器施加 20MPa 载荷进行稳定性实验。实验共进行 10 次，待每次实验加载到指定载荷，记录稳定后光栅的波长值(以压力敏感光栅为主)，然后进行下一次实验，实验数据见表 5-1。

表 5-1　稳定性实验数据

实验次数	波长/nm	实验次数	波长/nm
1	1528.597	6	1528.602
2	1528.595	7	1528.593
3	1528.601	8	1528.599
4	1528.598	9	1528.595
5	1528.594	10	1528.592

通过波长的变化幅度判定传感器的稳定性能，由表 5-1 的实验数据可求得波长的均方差为 3.2×10^{-3}，表明在外界载荷稳定不变时，传感器在长时间内其光栅中心波长的变化幅度较小，稳定性能较好。

根据以上实验可得所研制的光纤光栅压力传感器具有良好的线性度、较低的啁啾性及较高的稳定性，能够实现温度补偿。

5.4　现场工程应用

5.4.1　工程概况

巷道锚杆(索)受力载荷智能感知技术在华晋焦煤有限责任公司沙曲矿 14301

工作面的轨道巷进行工程应用，矿井及工作面概况见本书 4.4.1 节。14301 轨道巷为矩形断面，14301 轨道巷作为 14301 工作面的材料运输巷道和进风巷道，锚、网、索、W 钢带联合支护。第一切眼回采段全宽 4.4m，净宽 4.2m；全高 4.3m，净高 4.2m；第二切眼回采段全宽 4.1m，净宽 4.0m，全高 2.8m，净高 2.7m。轨道巷的补强加固支护工作必须超前回采工作面 150m 完成，以完全避开采动影响区。

顶板采用 Φ20mm×2000mm 螺纹钢锚杆配合长 4m、6 眼(厚 5mm)W 钢带、70mm×70mm 小垫片、5m×1m 铁丝网支护。顶锚矩形布置，间距 0.76m，排距 0.8m，垂直于顶板打注。采帮采用 Φ20mm×2000mm 螺纹钢锚杆、150mm×150mm 小垫片、10m×1m 双抗网、1.9m 长 3 眼的圆钢钢带护帮，帮锚矩形布置，间距、排距均为 0.8m，最上一排帮锚距顶板 0.3m 安装；非采帮采用 Φ20mm×2000mm 螺纹钢锚杆、70mm×70mm 小垫片、10m×1m 双抗网、2m 长 3 眼(厚 3mm)的 W 钢带护帮，帮锚矩形布置，间距 0.76m、排距 0.8m，最上一排帮锚距顶板 0.3m 安装。铁丝网及双抗网长边搭接均为 0.1m，每隔 0.2m 用 14 号双股铁丝系一扣，每扣扭结不少于 3 圈。随巷道前掘，每隔 1.6m 布置两根 Φ21.8mm×6300mm 钢绞线锚索(距中心线 1.0m 处各打注一根)。顶锚锚固端依次上两支 MSK2455 树脂药卷，帮锚上一支 MSK2455 树脂药卷，锚索锚固端依次上三支 MSK2455 树脂药卷。顶锚初锚力不得低于 2t，锚固力不得低于 6t；帮锚初锚力不得低于 1t，锚固力不得低于 3t；锚索预紧力不得低于 8t，锚固力不得低于 20t。14301 轨道巷断面的具体支护形式分别如图 5-28 和图 5-29 所示。

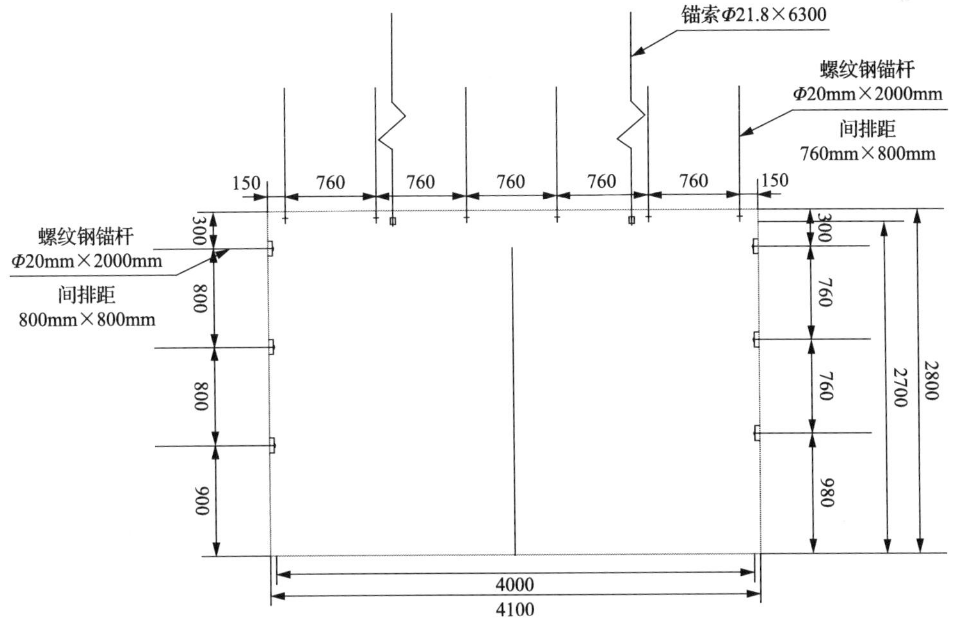

图 5-28　14301 轨道巷断面支护主视图(单位：mm)

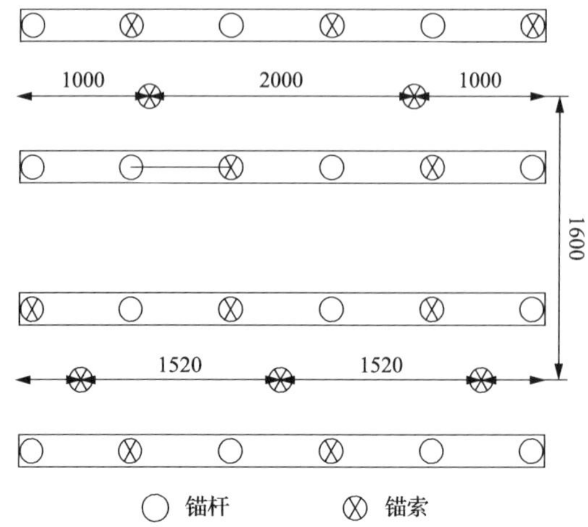

图 5-29　14301 轨道巷断面支护俯视图(单位：mm)

5.4.2　感知系统组成及传感器布置

1. 监测目的

光纤光栅锚杆(索)受力荷载智能感知是实现矿山生产科学管理必不可少的基础工作，同时也是正确进行采矿设计、合理选择支护形式及支架类型、加强顶板管理、保证安全生产的重要环节。在锚杆锚索支护的巷道回采期间，光纤光栅锚杆(索)受力荷载智能感知系统可及时了解和掌握巷道在整个服务期间的巷道围岩变形情况和锚杆锚索的支护效应。对观测数据的分析，可科学指导施工及锚杆支护设计，以保证巷道正常施工及人员安全。

根据沙曲矿的地质特征和煤层赋存特点，针对 14301 轨道巷锚杆受力监测手段落后、数据传输滞后、监测误差大等技术问题，且传感仪器现场需要提供电源工作，在高瓦斯矿井使用会增加安全隐患。在这种背景下，本项目基于光纤光栅传感技术，提出合理的光纤光栅锚杆(索)受力荷载智能感知系统的技术方案，最终形成一套成熟完善的基于光纤光栅的光纤光栅锚杆(索)受力荷载智能感知系统；采用理论分析、实验室实验及煤矿现场工业性实践相结合的综合方法，研究高瓦斯大断面巷道的矿山压力监测，分析巷道围岩安全状态监测数据，确定巷道围岩变形规律，综合分析巷道目前支护方案的合理性与可靠性，确定是否对原有支护方案进行优化或重新设计，提出安全生产的合理建议措施，提高巷道安全系数，实现沙曲矿的高效安全生产，为其他地质条件相似的煤矿提供借鉴作用，并进一步推广使用。

2. 监测内容

14301 轨道巷的光纤光栅锚杆(索)受力荷载智能感知系统包括巷道顶板及两帮锚杆载荷监测、锚杆杆体应力分布特征监测等内容，具体见表 5-2。

表 5-2　14301 轨道巷巷道围岩安全状态监测内容

序号	项目	监测内容	监测设备
1	锚杆载荷监测	顶帮锚杆的受力大小	光纤光栅锚杆测力计
2	锚杆杆体应力分布特征监测	锚杆杆体的应力分布特征	光纤光栅测力锚杆

(1) 锚杆载荷监测。锚杆载荷监测是巷道围岩安全状态监测的重要内容。通过监测巷道围岩顶板及两帮锚固锚杆轴向力的大小，可比较全面地了解锚杆工作状况，判断锚杆是否发生屈服和破断，评价巷道围岩的稳定性与安全性，验证锚杆支护设计是否合理，根据监测数据提出对支护设计的合理化修改建议。

(2) 锚杆杆体应力分布特征监测。锚杆杆体应力分布特征监测即锚杆支护质量监测，是煤矿巷道锚杆支护成套技术不可分割的重要组成部分。锚杆支护属于隐蔽性工程，支护设计不合理或者施工质量不好都有可能导致顶板垮落、两帮片落等巷道围岩灾害事故。因此，锚杆支护施工以后，必须对巷道围岩变形与破坏状况、锚杆受力分布和大小进行全面、系统的监测，判断巷道围岩的稳定程度和安全性。

3. 监测测站位置布置

根据对沙曲矿 14301 轨道巷的开采状况、煤层赋存特点、地质特征，综合考虑系统施工时间、排线难易及煤矿生产计划，结合沙曲矿井工业以太环网的铺设线路及布置地点，最终确定将光纤光栅信号解调主机放在南三采区变电所如图 5-32 所示。14301 工作面全长 1288m，已采至第二开切眼位置(距巷口 800m)，考虑到工作面停采线位置，决定在 14301 轨道巷内布设 2 个综合测站，即第一综合测站距 14301 轨道巷巷口 350m，第二综合测站距 14301 轨道巷巷口 600m，如图 5-30 所示。

每个综合测站包括一个锚杆载荷监测断面和一个锚杆杆体应力分布特征监测断面，测点布置示意图如图 5-31 所示。

(1) 每个锚杆杆体应力分布特征监测断面内，分别在距巷道口 350m 和 600m 的两帮位置各安装 1 根光纤光栅测力锚杆。光纤光栅测力锚杆的直径为 22mm，长度为 2000mm，安装高度距底板为 1.5m，两个测站共安装 4 根，具体安装示意图如图 5-33 所示。

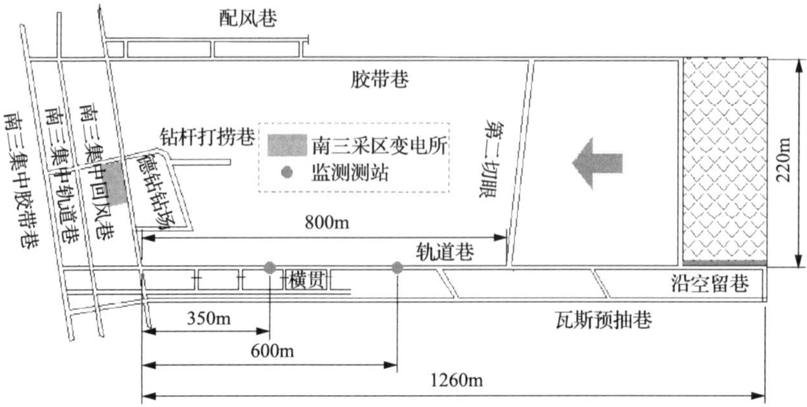

图 5-30　监测测站位置布置

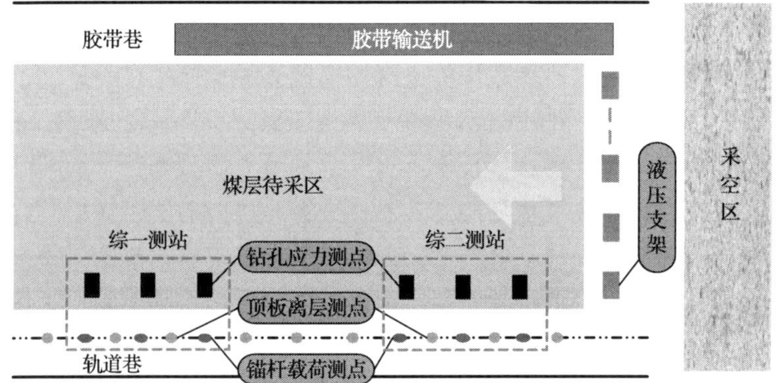

图 5-31　传感设备测点布置示意图

图 5-32　光纤光栅信号解调主机安装位置

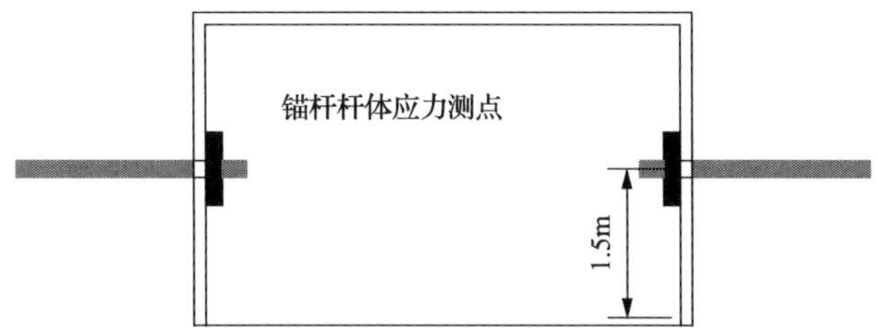

图 5-33　光纤光栅测力锚杆安装示意图

(2)每个锚杆载荷监测断面内，分别在距巷道口 350m 和 600m 的两帮和顶板各安装 2 个光纤光栅锚杆测力计。两帮的锚杆测力计安装高度距底板为 1.5m，对称分布，使用的锚杆直径为 20mm，长度为 2000mm；安装在顶板的两个锚杆测力计距离两帮均为 1.3m，对称分布，使用的锚杆直径为 20mm，长度为 2000mm，具体安装示意图如图 5-34 所示。

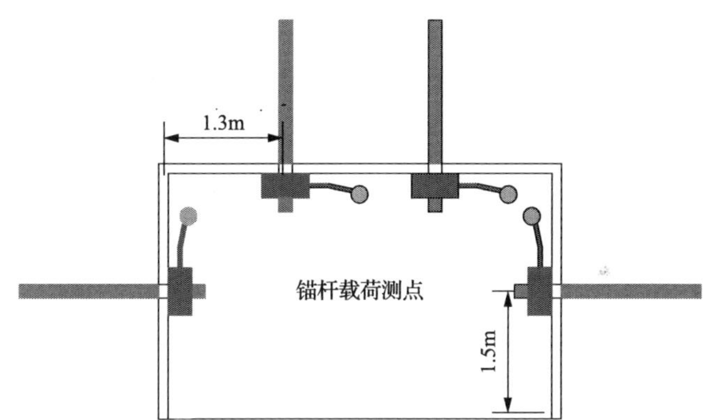

图 5-34　锚(索)杆测力计安装示意图

5.4.3　传感器现场安装

1. 光纤光栅测力锚杆现场安装

光纤光栅测力锚杆安装在综合测站内，布置在 14301 轨道巷的两帮，每个综合测站布置 2 个，共 4 个，安装步骤按如下：

(1)光纤光栅测力锚杆在安装前，利用风动锚杆钻机在煤矿巷道的顶板钻孔，钻孔深度为 2m，钻孔直径为 32mm，钻孔高度距巷道底板 1.5m；

(2)在钻孔的顶端推入锚固剂，将锚杆放入钻孔中，在锚杆放入过程中，轻微旋转锚杆使锚固剂与锚杆充分接触，不可用力旋转，以防测力锚杆的光纤被扯断；

(3)将光纤光栅测力锚杆的光纤尾纤通过分光器和跳线接入预先设计好的主光缆。

14301轨道巷光纤光栅测力锚杆的安装示意图和效果图分别如图5-35和图5-36所示。

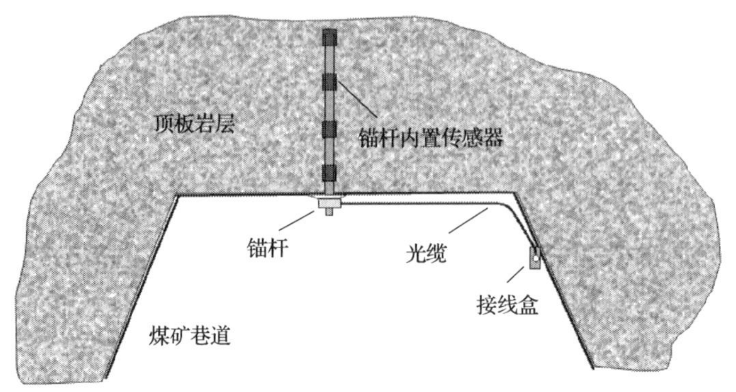

图 5-35 光纤光栅测力锚杆的安装示意图

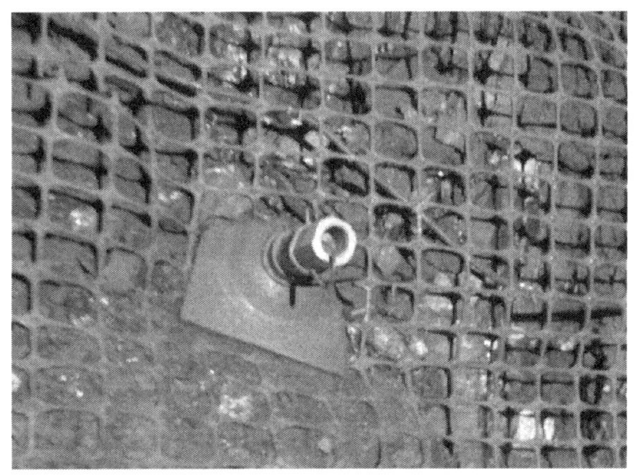

图 5-36 光纤光栅测力锚杆的安装效果图

2. 锚杆(索)测力计现场安装

在安装施工阶段，14301工作面已采至第二开切眼位置(距巷口800m)，综合考虑工作面的开采状况、地质特征、生产计划及矿井以太网的布置地点，在轨道巷内布设2个监测测站，第一监测测站距轨道巷巷口350m，第二监测测站距轨道巷巷口600m，将光纤光栅解调主机放置在南三采区变电所。

由于巷道为矩形，为了更加准确地监测锚杆载荷大小，在每个测站的断面共对称布设4个光纤光栅锚杆测力计(按测站及顺时针编号为1–i、2–i，i=1,2,3,4，编号为1的位于巷道采煤侧，编号为4的位于巷道非采煤侧)，两帮和顶板各布设2个，两帮的锚杆测力计安装高度距底板为1.5m，顶板的锚杆测力计距离两帮为1.4m。每个测站内的光纤光栅锚杆测力计单端出纤，采用并联方式通过分光器使光缆与光纤光栅解调主机连接，通过矿井以太网与地面的监控与服务设备连接起来，组成锚杆支护光纤光栅监测系统(图 5-37)。

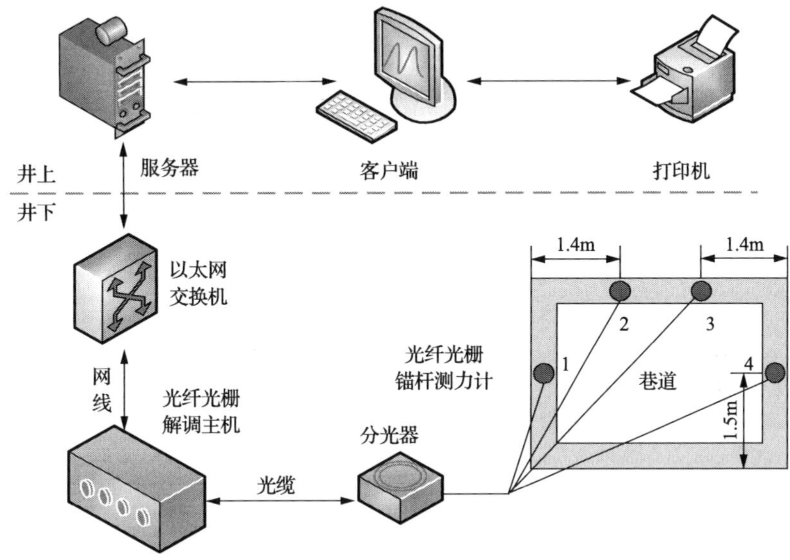

图 5-37　煤矿锚杆支护质量光纤光栅监测系统

在井下安装施工时，为了避免光纤光栅锚杆测力计在施工过程中被冲击，防止尾纤在施工过程中被破坏，一定要注意保护尾纤及传输光缆，将尾纤布置在比较隐蔽的地方，并利用扎带将其固定，尾纤与光缆之间通过法兰连接器连接；为了保护好光纤连接头，利用防水胶带对连接处进行密封，并将密封后的光纤连接头放在光纤接线盒内。传感器的安装方式如图 5-38 所示。

工作时锚杆穿过油缸中心圆孔施加端部载荷，锚杆的端部载荷施加在油缸活塞上，通过活塞作用到油缸内的液压油上，进而通过油管和三通阀作用到光纤光栅压力传感器上，根据光栅的传感特性，再通过光纤光栅解调仪探测其波长变化量的大小，并根据换算关系计算出锚杆载荷，实现监测点处锚杆载荷的实时在线监测。

5.4.4　现场应用结果及分析

1. 光纤光栅测力锚杆监测数据分析

锚杆载荷实时监测值见表 5-3。

第一测站(350m)锚杆载荷变化见图 5-39，监测时段：2015/1/22～2015/1/28。

第二测站(600m)锚杆载荷变化见图 5-40，监测时段：2015/1/22～2015/1/28。

第一测站(350m)锚杆轴向力变化曲线见图 5-41。

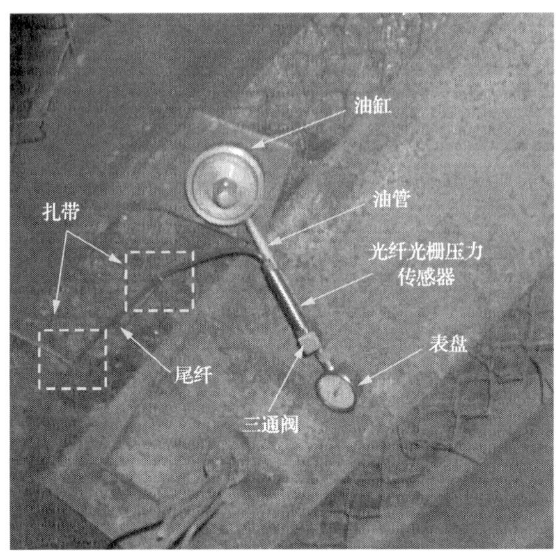

图 5-38　传感器的安装方式

表 5-3　锚杆载荷实时监测值(1MPa=8.67kN)

位置	测站	
	一测站/MPa	二测站/MPa
左帮	3.36	3.95
左上	1.02	
右帮	2.61	1.81
右上	1.64	

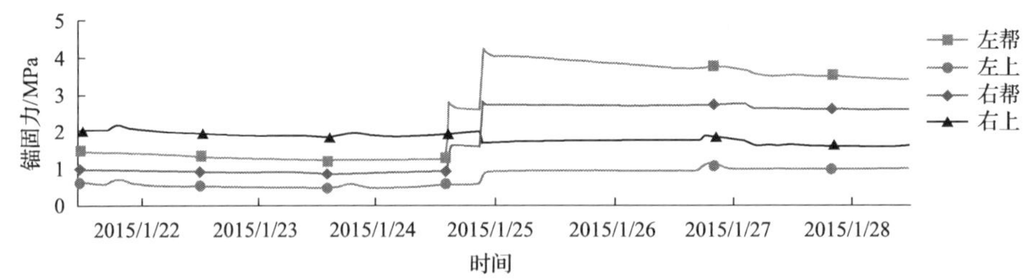

图 5-39　第一测站锚杆载荷变化

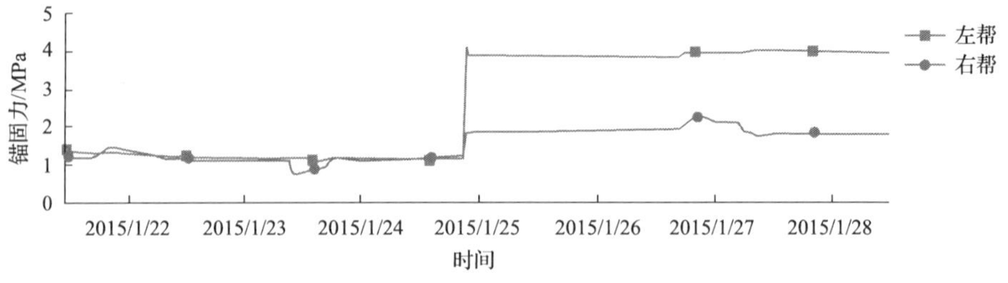

图 5-40　第二测站锚杆载荷变化

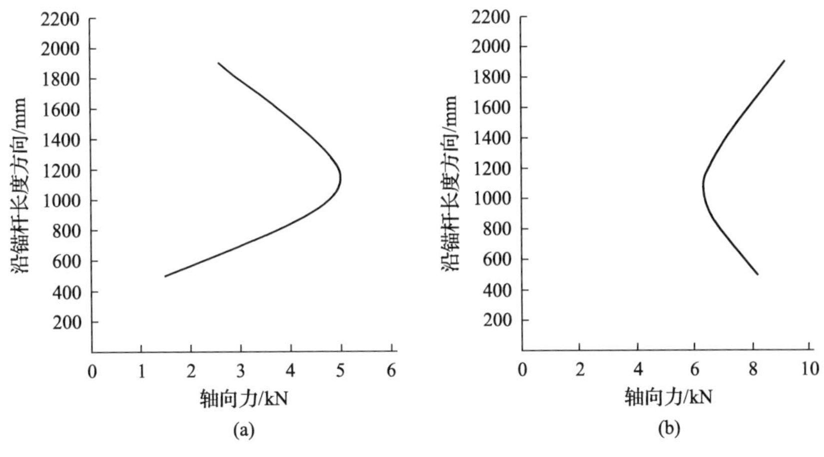

图 5-41　第一测站锚杆轴向力变化曲线

第二测站(600m)锚杆轴向力变化曲线见图 5-42。

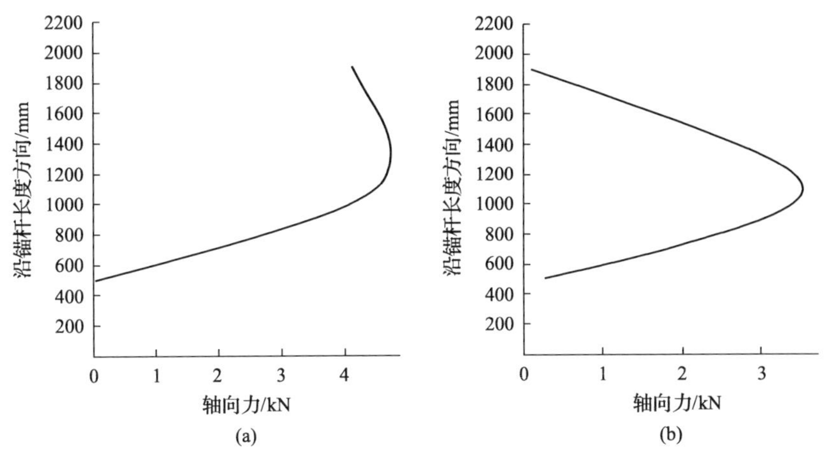

图 5-42　第二测站锚杆轴向力变化曲线

巷道锚杆支护监测分析：从 14301 轨道巷光纤光栅锚杆(索)受力荷载智能感知系统方案出发，围绕监测目的和监测内容，根据 14301 轨道巷现场实际情况，设计了监测测站的合理位置布置，着重研究了光纤光栅锚杆(索)受力荷载智能感知系统实施方案，通过在沙曲矿 14301 轨道巷的具体实施案例验证了系统的可靠性，结果表明基于光纤光栅锚杆(索)受力荷载智能感知系统能够较精准地得到巷道矿压数据和检测锚杆支护质量，达到了预期的效果。

2. 光纤光栅锚杆(索)测力计监测数据分析

14301 轨道巷锚杆支护质量光纤光栅监测系统安装完成时，工作面距巷口

780m，测站位置距工作面分别为 430m 和 180m。从 2015 年 1 月 26 日开始监测，截止 5 月 15 日，连续监测 110 天，其间工作面共推进了 198m，得到轨道巷两个测站的锚杆测力计监测曲线，如图 5-43 所示。

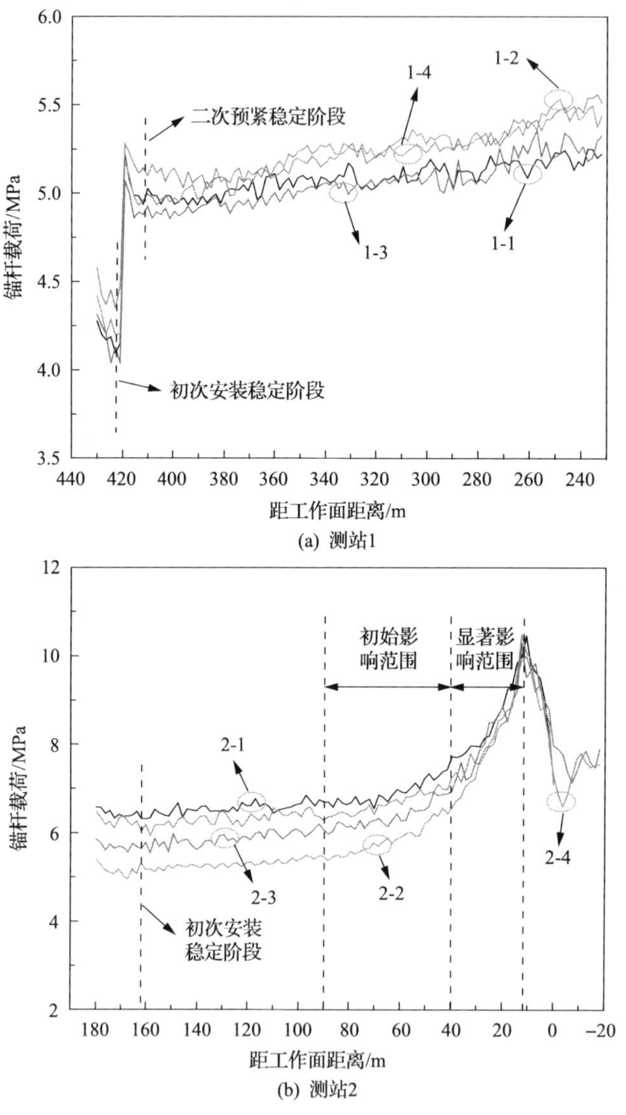

(a) 测站1

(b) 测站2

图 5-43　测站锚杆载荷变化曲线

(1) 如图 5-43(a)所示，测站 1 中锚杆的初始预紧力不同，但光纤光栅锚杆测力计监测的锚杆载荷变化总体趋势基本相同。在初次安装时锚杆施加的预紧力约为 4.3MPa，之后锚杆测力计因油缸内部排出空气而出现卸压的现象，经过 5 天的稳定之后，为了更好地实现监测效果，对锚杆施加二次预紧力达 5.2MPa。在工作面推进了 198m 之后，测站 1 距工作面 232m，锚杆载荷变化值趋于一个比较稳定的值，基本稳定在二次预紧力的大小，但巷道采煤侧的锚杆载荷比非采煤侧的锚杆载荷变化相对较大，表明测站 1 距离工作面较远，没有达到工作面开采扰动的影响范围，但巷道采煤一侧会先受到开采扰动的影响。

(2) 如图 5-43 (b) 所示，测站 2 的锚杆载荷变化规律几乎为先稳定变化后增大最后减小的趋势。①在距工作面 90～180m 范围内，测站的锚杆载荷变化趋势基本保持稳定；②在距工作面 40～90m 范围内，测站的锚杆载荷开始升高，但载荷变化幅度不大，表明测站内的锚杆受到工作面开采应力场扰动的作用进入初始影响范围；③在距工作面 12～40m 范围内，测站的锚杆载荷明显升高，且变化幅度较大，表明测站内的锚杆进入工作面开采扰动作用显著影响范围；④在测站距工作面 0～12m 范围内，测站从应力集中区向松弛破碎区过渡，测站内的锚杆载荷呈现下降趋势，且下降幅度明显较大；⑤在工作面通过测站之后，14301 轨道巷进行沿空留巷，巷道周边应力场重新分布，形成二次应力场，测站内的锚杆载荷呈现增大至稳定趋势；⑥工作面通过测站后，测站内的 2-1 与 2-2 锚杆测力计因损坏而未监测到数据；⑦位于巷道顶板位置 2-2 和 2-3 的锚杆载荷变化幅度比两帮位置的锚杆载荷较大，原因是巷道顶板承载结构受采动影响较大。

由上述监测的锚杆载荷数据分析可知，随着工作面的推进，距离工作面较远的锚杆基本不受采动影响，仍保持初始预紧力的作用效果，距离工作面较近的锚杆载荷变化趋势能够有效地反映工作面推进过程中的覆岩运动规律，表明了光纤光栅技术应用到煤矿安全监测的可行性，实现了巷道锚杆支护质量的实时在线监测，监测数据可以作为巷道围岩稳定与控制的数据基础。

第 6 章　巷道顶板离层智能感知技术

6.1　光纤光栅顶板离层仪设计理论

6.1.1　常见光栅位移传感器理论特性分析

光栅传感器是光纤监测结构的核心部件，光栅传感器是一种把位移、温度、力等物理量转换成光波波长的结构。光栅位移传感器可以把位移这一物理量转换成光波波长，光纤 Bragg 光栅顶板离层仪的核心部件就是光栅位移传感器。光栅位移传感器是衡量光纤 Bragg 光栅顶板离层仪精度的最主要元件，常见的位移传感器结构有矩形悬臂梁、梯形悬臂梁等[190]。光纤 Bragg 光栅顶板离层仪的位移传感器敏感元件采用一种新型悬臂梁结构，即 L 形悬臂梁结构。L 形悬臂梁结构是一种把力矩转换成光波的结构，矩形悬臂梁、梯形悬臂梁主要是把力转换成光波。下文分别用理论和模拟 2 种方法详细分析和对比矩形悬臂梁、梯形悬臂梁和 L 形悬臂梁的特性。

1. 矩形悬臂梁的理论特性分析

图 6-1 是常见的矩形悬臂梁示意图。矩形悬臂梁的长度为 L，悬臂梁的截面是矩形，高为 h，宽为 b。建立坐标系如图 6-1 所示，根据材料力学可知，梁横截面上既有弯矩又有剪力，既有正应力又有切应力的情况称为横力弯曲或剪切弯曲，计算横力弯曲可以用纯弯曲时的正应力，并不会引起很大误差，能够满足工程需要的精度[191]。

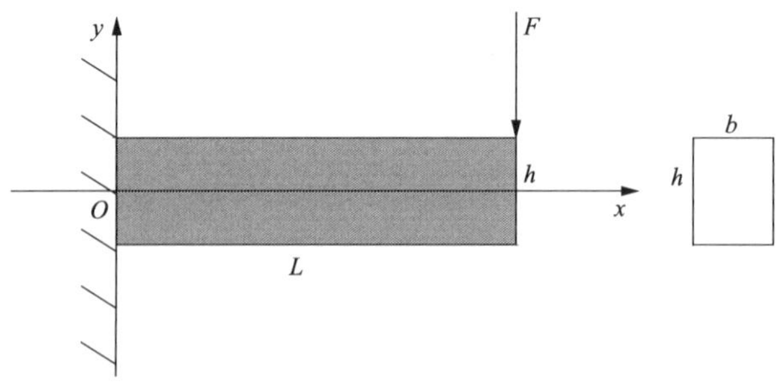

图 6-1　矩形悬臂梁示意图

矩形悬臂梁在图 6-1 中的弯曲正应力、正应变分别是

$$\sigma = \frac{M(x)h}{2I} \tag{6-1}$$

$$\varepsilon = \frac{M(x)h}{2EI} \tag{6-2}$$

式中，σ 为矩形截面梁的正应力，MPa；ε 为弯曲正应变，με；$M(x)$ 为横坐标是 x 的截面上受到的弯矩，kN · m；I 为矩形悬臂梁截面对 z 轴的惯性矩，kN · m。

弯矩的具体公式见式(6-3)，由于光纤光栅是粘贴在矩形截面梁的表面，所以光纤光栅的应力应变为距离中性面最远的 $h/2$ 的表面(暂且不考虑胶体粘贴应变传递的影响)。当 x=0 时，矩形悬臂梁的最大应变是

$$\sigma_{\max} = \frac{FL}{6Ebh^2} \tag{6-3}$$

矩形截面梁的挠度 y 和转角 θ 之间的关系用下面的公式表示：

$$M(x) = F(L-x) \tag{6-4}$$

$$f'(x) = \frac{\mathrm{d}y}{\mathrm{d}x} = \tan\theta \tag{6-5}$$

根据材料力学，为了求解方便，在小变形的情况下，挠曲线是一个非常平坦的曲线，θ 也是一个非常小的角度(小角度下 $\theta \approx \tan\theta$)，并且 $\mathrm{d}y/\mathrm{d}x$ 也很小(相比 1 可以省略)，所以可以写成

$$\theta \approx \tan\theta = \frac{\mathrm{d}y}{\mathrm{d}x} = f'(x) \tag{6-6}$$

$$f'(x) = \frac{\mathrm{d}^2 y}{\mathrm{d}x^2} \approx \frac{\dfrac{\mathrm{d}^2 y}{\mathrm{d}x^2}}{\left[1+\left(\dfrac{\mathrm{d}y}{\mathrm{d}x}\right)^2\right]^{3/2}} = \frac{M(x)}{EI} \tag{6-7}$$

从式(6-6)和式(6-7)可以看出，挠曲线的一阶导数是转角，挠曲线的二阶导数是 $M(x)/EI$，对式(6-6)和式(6-7)两边进行积分，再利用边界条件：当 x=0 时，y=0，θ=0，可以得到挠度 y 和转角 θ 分别是

$$y = \frac{FLx^2}{2EI} - \frac{Fx^3}{6EI} \tag{6-8}$$

$$\theta = \frac{FLx}{EI} - \frac{Fx^2}{2EI} \tag{6-9}$$

求式(6-8)和式(6-9)的最大值，当 x=L 时，挠度和转角最大，分别是 $y_{\max}=\dfrac{FL^3}{3EI}$，$\theta=\dfrac{FL^2}{2EI}\left(I=\dfrac{bh^3}{12}\right)$。

2. 梯形悬臂梁的理论特性分析

图 6-2 是梯形悬臂梁示意图。梯形悬臂梁所成的梯形高是 L，上底宽为 b_2，下底宽是 b_1，中间任一点的处横截线长度为 $b(x)$。建立坐标系如图 6-2 所示。同样地，梁横截面上既有弯矩又有剪力，我们用纯弯曲时的正应力来计算，满足工程需要的精度。需要指出的是梯形悬臂梁的截面是变截面，但均为矩形截面，所以梯形悬臂梁的截面惯性矩是不固定的，而是一个与 $b(x)$ 有关的函数。

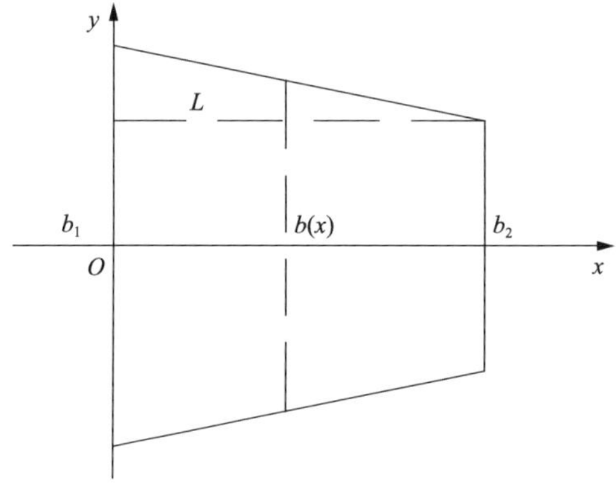

图 6-2　梯形悬臂梁示意图

梯形悬臂梁上的 $b(x)$ 可以根据几何知识得到

$$b(x)=b_1-\frac{x}{L}(b_1-b_2) \tag{6-10}$$

$$\sigma=\frac{M(x)h}{2I} \tag{6-11}$$

$$\varepsilon=\frac{M(x)h}{2EI} \tag{6-12}$$

式中，σ 为梯形截面梁的正应力，MPa；ε 为弯曲正应变，με；$M(x)$ 为横坐标是 x 的截面上受到的弯矩，kN · m；I 为梯形悬臂梁截面对 z 轴的惯性矩，kN · m。z 轴惯性矩的具体公式见式(6-14)。当 x=0 时，梯形悬臂梁的最大应变是 $\sigma_{\max}=\dfrac{FL}{6Eb_1h^2}$。

$$M(x) = F(L - x) \tag{6-13}$$

$$I = \frac{b(x)h^3}{12} - \frac{h^3}{12}\left[b_1 - \frac{x}{L}(b_1 - b_2)\right] \tag{6-14}$$

矩形截面梁的挠度 y 和转角 θ 之间的关系用下面的公式表示：

$$y = f(x) \tag{6-15}$$

$$f'(x) = \frac{\mathrm{d}y}{\mathrm{d}x} = \tan\theta \tag{6-16}$$

根据材料力学，为了求解方便，在小变形的情况下，挠曲线是一个非常平坦的曲线，θ 也是一个非常小的角度(小角度下 $\theta \approx \tan\theta$)，并且 $\mathrm{d}y/\mathrm{d}x$ 也很小(相比 1 可以省略)，所以可以写成

$$\theta \approx \tan\theta = \frac{\mathrm{d}y}{\mathrm{d}x} = f'(x) \tag{6-17}$$

$$f''(x) = \frac{\mathrm{d}^2 y}{\mathrm{d}x^2} \approx \frac{\dfrac{\mathrm{d}^2 y}{\mathrm{d}x^2}}{\left[1 + \left(\dfrac{\mathrm{d}y}{\mathrm{d}x}\right)^2\right]^{3/2}} = \frac{M(x)}{EI} \tag{6-18}$$

从式(6-17)和式(6-18)可以看出，挠曲线的一阶导数是转角，挠曲线的二阶导数是 $M(x)/EI$，对式(6-17)和式(6-18)两边进行积分，再利用边界条件：当 $x=0$ 时，$y=0$，$\theta=0$。可以得到挠度 y 和转角 θ 分别是

$$y = \frac{12FL}{Eh^3(b_1 - b_2)}\left\{\frac{x^2}{2} - \frac{b_2 L[b_1 L - (b_1 - b_2)x]}{(b_1 - b_2)^2}\ln\left[\frac{b_1 L - (b_1 - b_2)x}{b_1 L}\right] - \frac{b_1 b_2 L x}{b_1 - b_2}\right\} \tag{6-19}$$

$$\theta = \frac{12FL}{Eh^3(b_1 - b_2)} x + \frac{b_2 L}{b_1 - b_2}\ln\left[\frac{b_1 L - (b_1 - b_2)x}{b_1 L}\right]\Bigg\} \tag{6-20}$$

求式(6-19)和式(6-20)的最大值，当 $x=L$ 时，挠度和转角最大，分别是

$$y_{\max} = \frac{12FL^3}{Eh^3(b_1 - b_2)}\left[\frac{1}{2} - \frac{b_2^2}{(b_1 - b_2)^2}\ln\frac{b_2}{b_1} - \frac{b_1 b_2 L}{b_1 - b_2}\right]$$

$$\theta_{\max} = \frac{12FL^2}{Eh^3(b_1 - b_2)}\left(1 + \frac{b_2}{b_1 - b_2}\ln\frac{b_2}{b_1}\right)$$

3. L 形悬臂梁的理论特性分析

图 6-3 是 L 形悬臂梁示意图。L 形悬臂梁主梁的长度为 L，主悬臂梁的截面是矩形，高为 h，宽为 b。建立坐标系如图 6-3 所示。L 形悬臂梁的力学模型可以简化成作用在主梁上的力 F 和弯矩 M，均可以使主梁产生应力应变。根据材料力学可知，主梁上的力 F 产生的应力应变相比弯矩 M 产生的应力应变极其微小(L 形悬臂梁结构中相差大约 1000 倍)，为简便运算，只按弯矩产生的应力应变计算，并不会引起很大误差，能够满足工程需要的精度。

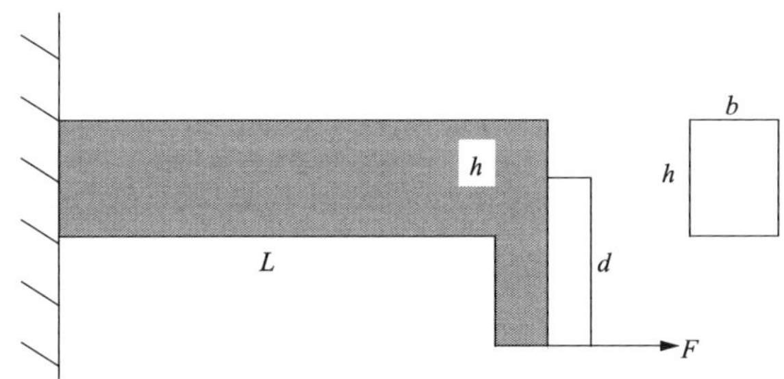

图 6-3　L 形悬臂梁示意图

L 形悬臂梁在图 6-3 中的弯曲正应力、正应变分别是

$$\sigma = \frac{M(x)h}{2I} \tag{6-21}$$

$$\varepsilon = \frac{M(x)h}{2EI} \tag{6-22}$$

式中，σ 为梯形截面梁的正应力，MPa；ε 为弯曲正应变，με；$M(x)$ 为横坐标是 x 的截面上受到的弯矩，kN · m；I 为梯形悬臂梁截面对 z 轴的惯性矩，kN · m。

截面上受到的弯矩具体公式见式(6-3)，由于光纤光栅是粘贴在矩形截面梁的表面，所以光纤光栅的应力应变为距离中性面最远的 $h/2$ 的表面(暂且不考虑胶体粘贴应变传递的影响)。L 形悬臂梁的应变均相等是 $\sigma_{\max} = \dfrac{FL}{6Eb_1h^2}$。

$$M(x) = Fd \tag{6-23}$$

矩形截面梁的挠度 y 和转角 θ 之间的关系可用下面的公式表示：

$$y = f(x) \tag{6-24}$$

$$f'(x) = \frac{\mathrm{d}y}{\mathrm{d}x} = \tan\theta \tag{6-25}$$

根据材料力学，为了求解方便，在小变形的情况下，挠曲线是一个非常平坦的曲线，θ 也是一个非常小的角度(小角度下 $\theta \approx \tan\theta$)，并且 $\mathrm{d}y/\mathrm{d}x$ 也很小(相比 1 可以省略)，所以可以写成

$$\theta \approx \tan\theta = \frac{\mathrm{d}y}{\mathrm{d}x} = f'(x) \tag{6-26}$$

$$f''(x) = \frac{\mathrm{d}^2 y}{\mathrm{d}x^2} \approx \frac{\dfrac{\mathrm{d}^2 y}{\mathrm{d}x^2}}{\left[1+\left(\dfrac{\mathrm{d}y}{\mathrm{d}x}\right)^2\right]^{3/2}} = \frac{M(x)}{EI} \tag{6-27}$$

从式(6-26)和式(6-27)可以看出，挠曲线的一阶导数是转角，挠曲线的二阶导数是 $M(x)/EI$，对式(6-26)和式(6-27)两边进行积分，再利用边界条件：当 $x=0$ 时，$y=0$，$\theta=0$，可以得到挠度 y 和转角 θ 分别是

$$y = \frac{F\mathrm{d}x^2}{2EI} \tag{6-28}$$

$$\theta = \frac{F\mathrm{d}x}{EI} \tag{6-29}$$

求式(6-28)和式(6-29)的最大值，当 $x=L$ 时，挠度和转角最大，分别是：$y_{\max} = \dfrac{F\mathrm{d}L^2}{3EI}$，$\theta_{\max} = \dfrac{F\mathrm{d}L}{2EI}$。

6.1.2　三种悬臂梁上光栅波长与应变的关系

光纤光栅就是一段光纤，其纤芯中具有折射率周期性变化的结构。根据耦合理论：

$$\lambda_{\mathrm{B}} = 2n_{\mathrm{eff}}\Lambda \tag{6-30}$$

式中，λ_{B} 为光纤光栅的中心波长；Λ 为光栅周期；n_{eff} 为纤芯的有效折射率。

当光纤光栅上应变分布不均匀时，光栅的有效折射率和光栅周期会发生变化，即

$$\Delta\lambda_{\mathrm{B}} = \Delta n_{\mathrm{eff}}\Lambda + n_{\mathrm{eff}}\Lambda \tag{6-31}$$

根据弹性力学理论，固体材料中的应变和应力用张量来表示，σ_x，σ_y，σ_z 是施加在光纤上的正应力，ε_x，ε_y，ε_z 是由应变产生的正应变，即

$$\begin{bmatrix} \varepsilon_x \\ \varepsilon_y \\ \varepsilon_y \end{bmatrix} = \frac{1}{Y} \begin{bmatrix} 1 & -v & -v \\ -v & 1 & -v \\ -v & -v & 1 \end{bmatrix} \begin{bmatrix} \sigma_x \\ \sigma_y \\ \sigma_z \end{bmatrix} \tag{6-32}$$

应变导致弹光效应，即折射率会随着应变的增加而变化。对于轴向应变，光纤的折射率改变量可以描述为

$$\Delta\left(\frac{1}{n^2}\right) = \frac{-2}{n^3} \begin{bmatrix} \Delta n_x \\ \Delta n_y \\ \Delta n_y \end{bmatrix} = \begin{bmatrix} p_{11} & p_{12} & p_{12} \\ p_{12} & p_{11} & p_{12} \\ p_{12} & p_{12} & p_{11} \end{bmatrix} \begin{bmatrix} \varepsilon_x \\ \varepsilon_y \\ \varepsilon_z \end{bmatrix} = \begin{bmatrix} p_{11}\varepsilon_x + p_{12}(\varepsilon_y + \varepsilon_z) \\ p_{11}\varepsilon_y + p_{12}(\varepsilon_x + \varepsilon_z) \\ p_{11}\varepsilon_z + p_{12}(\varepsilon_x + \varepsilon_y) \end{bmatrix} \tag{6-33}$$

将式(6-32)代入式(6-33)，可得

$$\begin{bmatrix} \Delta n_x \\ \Delta n_y \\ \Delta n_y \end{bmatrix} = \frac{-n^3 \varepsilon_z}{2} \begin{bmatrix} (1-v)p_{12} - vp_{11} \\ (1-v)p_{12} - vp_{11} \\ p_{11} - 2vp_{12} \end{bmatrix} \tag{6-34}$$

单模光纤传输的光波基本上为横膜，因此有效折射率变化量近似等于 Δn_x 或 Δn_y，

$$\Delta n_{\text{eff}} = -n_{\text{eff}}^2[(1-v)p_{12} - vp_{11}]\varepsilon_z / 2 = p_{\text{e}} n_{\text{eff}} \varepsilon_z \tag{6-35}$$

$$p_{\text{e}} = -n_{\text{eff}}^2[(1-v)p_{12} - vp_{11}] / 2 \tag{6-36}$$

式中，p_{e}通常称为有效弹光系数。将式(6-35)和式(6-36)代入(6-31)可得

$$\frac{\Delta\lambda_{\text{B}}}{\lambda_{\text{B}}} = (1 - p_{\text{e}})\varepsilon_z \tag{6-37}$$

其中，ε_z为应变；$\Delta\lambda_{\text{B}}$为波长变化量；p_{e}为有效弹光系数。其中 ε_z就是矩形悬臂梁、梯形悬臂梁、L 形悬臂梁求出的应变。

可以得出矩形悬臂梁的波长漂移公式是

$$\frac{\Delta\lambda_{\text{B}}}{\lambda_{\text{B}}} = (1 - p_{\text{e}})\frac{6F(L-x)}{Ebh^2} \tag{6-38}$$

同理，可以得出梯形悬臂梁的波长漂移公式是

$$\frac{\Delta\lambda_{\text{B}}}{\lambda_{\text{B}}} = (1 - p_{\text{e}})\frac{6FL(L-x)}{Eh^2[b_1 L - (b_1 - b_2)x]} \tag{6-39}$$

可以得出 L 形悬臂梁的波长漂移公式是

$$\frac{\Delta\lambda_{\mathrm{B}}}{\lambda_{\mathrm{B}}}=(1-p_{\mathrm{e}})\frac{6Fd}{Ebh^2} \tag{6-40}$$

式中，F 为施加在悬臂梁上的力；E 为材料的弹性模量；L 为悬臂梁的长度；h 为悬臂梁截面的高；b 为矩形悬臂梁的长；b_1 和 b_2 分别是梯形悬臂梁的上底和下底；d 为 L 形悬臂梁所受的力臂长度。

6.2　光纤光栅顶板离层仪设计及性能测试

6.2.1　光纤光栅顶板离层仪结构设计

光纤 Bragg 光栅顶板离层仪的基本结构如图 6-4 所示。光纤 Bragg 光栅传感结构图如图 6-5 所示。光纤 Bragg 光栅顶板离层仪设有两个锚固爪，使用时将两个锚固爪固定在围岩浅部和深部，当受到采动影响时，顶板出现离层，离层仪锚固爪会同步发生位移，通过高质量锰钢弹簧将力传递到 L 形悬臂梁上，引起 L 形悬臂梁上产生正负应变，粘贴在 L 形悬臂梁的光纤光栅会产生同样的应变，通过光纤光栅的光波长会发生相应改变，通过解调仪解调光波长后在客户端就可以直观显示岩层位移变化。

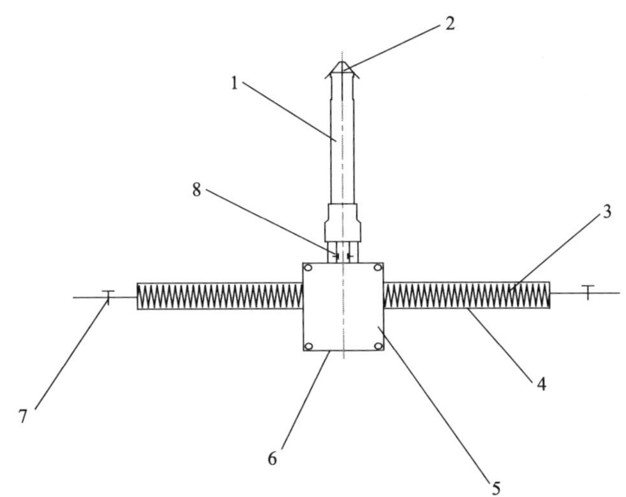

图 6-4　光纤 Bragg 光栅顶板离层仪的基本结构

1. 柱形金属筒；2. 钢丝绳引出孔；3. 弹簧；4. 塑料外臂；5. 防爆外壳；6. 光纤接口；7. 钢丝绳紧固螺丝；8. 铜管紧固螺丝

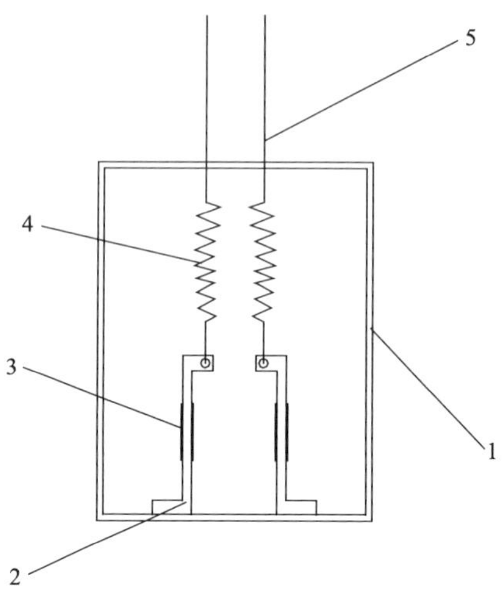

图 6-5　光纤 Bragg 光栅传感结构图

1. 防爆外壳；2. L 形悬臂梁结构；3. 光纤 Bragg 光栅；4. 锰钢弹簧；5. 钢丝绳

根据第 2 章内容可知，光纤光栅对温度特别敏感，为提高传感器的精度，剔除温度的误差影响，光纤 Bragg 光栅顶板离层仪的 L 形悬臂梁的上下表面各粘贴一个光纤 Bragg 光栅。根据材料力学，当 L 形悬臂梁产生应变时，上下表面分别受拉伸和压缩，所产生的正负应变绝对值相等，符号相反。粘贴在 L 形悬臂梁上下表面的两个光纤光栅，其中一个波长变大，另一个波长变小，光纤光栅的波长变化与温度及应变的表达式如下：

$$\frac{\Delta\lambda_{\mathrm{B}}}{\lambda_{\mathrm{B}}}=(1-p_{\mathrm{e}})\varepsilon+(\alpha+\xi)\Delta T \tag{6-41}$$

式中，λ_{B} 为光纤光栅的中心波长；$\Delta\lambda_{\mathrm{B}}$ 为波长变化量；p_{e} 为有效弹光系数；ε 为光纤光栅的应变；α 为有效热膨胀系数；ξ 为光纤光栅的热光系数；ΔT 为光纤光栅的温度变化差值。

粘贴在的 L 形悬臂梁上下表面的两个光纤光栅可以认为所受温度影响一致，即 $(\alpha+\xi)\Delta T$ 的值相等，两个波长相减，即

$$\frac{\Delta\lambda_{\mathrm{B12}}}{\lambda_{\mathrm{B}}}=\frac{\Delta\lambda_{\mathrm{B1}}-\Delta\lambda_{\mathrm{B2}}}{\lambda_{\mathrm{B}}}=2(1-p_{\mathrm{e}})\varepsilon \tag{6-42}$$

由上式可知，两个光栅波长做差值的时候，就可以有效地避免温度的干扰，还能减少系统误差，提高光纤 Bragg 光栅顶板离层仪的精度。

光纤 Bragg 光栅顶板离层仪相比传统的顶板离层仪有以下优点：

(1) 结构简单，方便实用；

(2) 测量精度高，线性度好，采用光信号传输，抗干扰能力强；

(3)在井下恶劣的环境下长期稳定工作，不受风阻、瓦斯等因素的影响；

(4)不仅可以现场读数，也可以进行长距离传输和自动化监测处理；

(5)结合计算机技术可实现无滞后多点分布式组网测量；

(6)无源监测，本质安全，在煤矿井下适应性强。

光纤 Bragg 光栅顶板离层仪的主要技术指标见表 6-1。

表 6-1　光纤 Bragg 光栅顶板离层仪的主要技术指标

技术指标	参数
标准量	150mm(可订制)
测量精度	＜1%F·S
测量点数	2 点
工作温度	–10～80℃
波长范围	1520～1580nm
测量时间	＜1s
出纤形式	两端单芯出纤
封装形式	不锈钢材质
尺寸	395mm×306mm×34mm

光纤 Bragg 光栅顶板离层仪调试安装方法如下：

(1)用风动锚杆钻机在煤矿巷道顶板上打孔；

(2)分别松开 7、8 两处的钢丝绳紧固螺丝，以便钢丝绳可以相对离层仪的套筒自由滑动；

(3)用安装杆将光纤光栅顶板离层仪的两个锚固爪推至预定的位置，一个锚固爪推至钻孔顶端，另一个锚固爪推至与锚杆锚固端相同高度位置处，轻拉装置，确保锚固爪与顶板岩石彻底锚固；

(4)用螺丝刀拧上 7、8 两处的紧固螺丝，使钢丝绳和离层仪套筒固定在一起，把传感器接头接到主光路上，看远程主机是否有信号。

6.2.2　光纤光栅顶板离层仪精度分析

L 形悬臂梁材料的选择很重要，较为广泛的应用材质是铜质(青铜或黄铜)、钢质、铝合金、钛合金、高分子材料碳纤维、树脂材质等。对 L 形悬臂梁材料的要求有以下几点要求：

(1)符合光纤光栅的封装材料要求；

(2)弹性和线性度要好；

(3)弹性模量要适中，过大过小均不合适；

(4)经济合理，尽量选用常见材料；

(5)具有良好的机械加工性能，耐腐蚀。

参考表 6-2 中常见材料的弹性模量，综合考虑以上几点要求，L 形悬臂梁选用镁铝合金，弹簧也应尽量选取线弹性好的、弹性滞后效应小的。综合考虑，选取材质是 65Mn 的高质锰钢弹簧。

表 6-2　常见材料的弹性模量

序号	材料名称	弹性模量 E/GPa	切变模量 G/GPa	泊松比 μ
1	镍铬钢、合金钢	206	79.38	0.25～0.3
2	碳钢	196～206	79	0.24～0.28
3	铸钢	172～202	—	0.3
4	球墨铸铁	140～154	73～76	—
5	灰铸铁、白口铸铁	113～157	44	0.23～0.27
6	冷拔纯铜	127	48	—
7	轧制磷青铜	113	41	0.32～0.35
8	轧制纯铜	108	39	0.31～0.34
9	轧制锰青铜	108	39	0.35
10	铸铝青铜	103	41	—
11	冷拔黄铜	89～97	34～36	0.32～0.42
12	轧制锌	82	31	0.27
13	镁铝合金	68.9	20～30	0.33
14	轧制铝	68	25～26	0.32～0.36
15	铅	17	7	0.42
16	玻璃	55	22	0.25
17	混凝土	14～23	4.9～15.7	0.1～0.18
18	纵纹木材	9.8～12	0.5	—
19	横纹木材	0.5～0.98	0.44～0.64	—
20	橡胶	0.00784	—	0.47
21	电木	1.96～2.94	0.69～2.06	0.35～0.38
22	尼龙	28.3	10.1	0.4
23	可锻铸铁	152	—	—
24	拔制铝线	69	—	—
25	大理石	55	—	—
26	花岗石	48	—	—
27	石灰石	41	—	—
28	尼龙 1010	1.07	—	—
29	夹布酚醛塑料	4～8.8	—	—
30	石棉酚醛塑料	1.3	—	—
31	高压聚乙烯	0.15～0.25	—	—
32	低压聚乙烯	0.49～0.78	—	—
33	聚丙烯	1.32～1.42	—	—

L 形悬臂梁弹性变形简图见图 6-6。

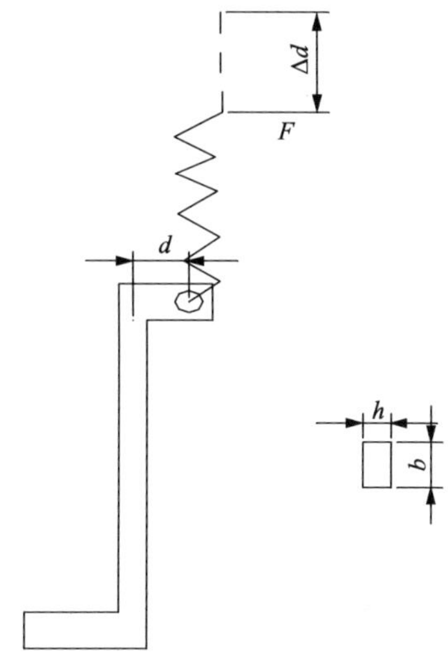

图 6-6　L 形悬臂梁弹性变形简图

L 形悬臂梁的应变公式是

$$\varepsilon = \frac{My}{EI} \tag{6-43}$$

$$M = Fd \tag{6-44}$$

$$I = \frac{bh^3}{12} \tag{6-45}$$

$$(1 - p_{\rm e})\varepsilon = \Delta\lambda / \lambda \tag{6-46}$$

式中，F 为施加在悬臂梁上的力，N；E 为材料的弹性模量，为 70GPa；d 为悬臂梁的长度，m；h 为悬臂梁截面的高，m；b 为悬臂梁截面的宽，m；ε 为弯曲正应变，με；M 为截面上受到的弯矩，kN · m；I 为矩形悬臂梁截面对 z 轴的惯性矩，kN · m；λ 为光栅波长，按 1550nm 计算；$p_{\rm e}$ 为有效弹光系数，$1-p_{\rm e}$ 为 0.78。

把设计尺寸等代入式(6-43)～式(6-46)，求得

$$\Delta\lambda = 0.6\text{nm}$$

光纤 Bragg 光栅顶板离层仪的量程是 150mm，由此可以得出光纤 Bragg 光栅顶板离层仪的灵敏度为

$$S = \frac{\Delta\lambda}{\Delta d} = 0.004\text{nm} / \text{mm}$$

6.2.3 光纤光栅顶板离层仪性能测试

本实验的实验设备采用煤炭资源安全开采实验室最新引进的 Moy 调制解调仪，实验目的是测试光纤 Bragg 光栅顶板离层仪的性能，主要包括线性度、滞后性、灵敏性和重复性。

1. 测试实验前的准备布置

光纤 Bragg 光栅的粘贴过程与应变片粘贴过程大致相同，具体封装流程如下：L 形悬臂梁的表面打磨→清洗表面→粘贴光纤光栅→光纤光栅和应变片线路布置→加保护层保护。各个步骤的详细过程见表 6-3。

表 6-3 光纤 Bragg 光栅的封装流程

传感器封装步骤	详细过程
L 形悬臂梁表面打磨	在 L 形悬臂梁上开槽，通过细沙磨以后将光栅封装在槽里面
清洗表面	首先用干棉布或砂纸轻轻擦拭悬臂梁表面，除去表面灰尘及铁锈等，然后使用丙酮或三氯乙烯等清洗剂清洗表面
光纤 Bragg 光栅的封装	必须沿待测应变方向轴向粘贴光栅，涂胶水后需要轻轻挤压传感器来排出多余空气，并使其与待测点的金属紧密接触
传感器保护	用一块硅胶片覆盖在平面上，上面再覆盖一片玻璃片，然后使用电磁体挤压玻璃片，使传感器得到固定。24 小时以后，在悬臂梁表面再涂上一层环氧胶
注意事项	a 必须保证平面和槽的深度处于同一平面； b 凹槽内部表面要非常光滑，以免槽内的凹凸部分金属划断光纤 Bragg 光栅； c 光纤 Bragg 光栅的敏感性很高，在其粘贴的位置处清洁效果一定要好，不能有多余杂质或灰尘等

2. 实验方案及改进

每一个 L 形悬臂梁的上下表面各分别粘贴一个光纤 Bragg 光栅，一个光纤 Bragg 光栅顶板离层仪需要粘贴 4 个光纤 Bragg 光栅。我们用两个光纤 Bragg 光栅顶板离层仪做测试，验证光纤 Bragg 光栅顶板离层仪的离层值与光纤光栅波长之间的线性关系，验证光纤光栅离层仪的离层值与应变之间的线性关系。

这个实验方案共需要 8 个光纤 Bragg 光栅。但是通过前面的论证可知，一个 L 形悬臂梁上粘贴两个光纤 Bragg 光栅只是为了消除温度的影响。如果能保持温度恒定，一个 L 形悬臂梁上只需要粘贴一个光纤 Bragg 光栅就可以满足需要。这样能使我们在不影响实验结果的情况下大大降低经济成本。基于此我们对实验方案进行了改进，把实验环境选在较小范围的室内，通过空调使室内保持大致恒温的状态。实验方案则改为每一个 L 形悬臂梁的表面粘贴一个光纤 Bragg 光栅，一个光纤 Bragg 光栅顶板离层仪需要粘贴 2 个光纤 Bragg 光栅。我们用两个光纤 Bragg 光栅顶板离层仪做测试，验证光纤 Bragg 光栅顶板离层仪的离层值与光纤光栅波长之间的线性关系，验证光纤光栅离层仪的离层值与应变之间的线性关系。

3. 实验过程

(1) 连接实验仪器。将光纤光栅顶板离层仪连接在解调仪上，解调仪再连接电脑，打开计算机和解调仪，进行仪器调试工作。到此整个实验仪器连接完毕。

(2) 将预先粘贴有裸光纤的 Bragg 光栅顶板离层仪进行实验前调试，调试成功并可以保存数据后方可进行试验。

(3) 拉伸光纤 Bragg 光栅顶板离层仪的左锚固爪模拟顶板离层，当离层值达到 0mm、20mm、40mm、60mm、80mm、100mm、120mm 时，待变形稳定以后分别记录此时的光纤光栅中心波长值，共加载 6 次。

(4) 逐次卸载，当离层值分别达到 100mm、80mm、60mm、40mm、20mm、0mm 时，待变形稳定以后分别记录此时的光纤光栅中心波长值。由于是手动加载，所以不能保证每次加载均匀。记录相关数据，期间采用相机采集照片。实验过程中，采取不间断连续的办法进行。

(5) 重复 (3) 和 (4) 的加载卸载过程 3 次。

(6) 模拟拉伸光纤 Bragg 光栅顶板离层仪的右锚固爪模拟顶板离层，重复 (3)～(5) 的实验过程。

(7) 实验完成后，仔细回收光纤光栅，并清理实验残渣。

光纤 Bragg 光栅顶板离层仪左臂实验数据如表 6-4 所示，右臂实验数据如表 6-5 所示。

表 6-4　左臂实验数据

离层值/mm	第一次加载 光栅波长/nm	第一次卸载 光栅波长/nm	第二次加载 光栅波长/nm	第二次卸载 光栅波长/nm	第三次加载 光栅波长/nm	第三次卸载 光栅波长/nm
0	1536.2201	1536.2291	1536.2291	1536.2214	1536.2214	1536.2185
20	1536.2877	1536.2781	1536.2841	1536.2801	1536.2885	1536.2890
40	1536.3382	1536.3210	1536.3344	1536.3320	1536.3402	1536.3419
60	1536.3759	1536.3736	1536.3841	1536.3786	1536.3872	1536.3898
80	1536.4185	1536.4170	1536.4285	1536.4294	1536.4338	1536.4343
100	1536.4654	1536.4667	1536.4773	1536.4754	1536.4801	1536.4881
120	1536.5115	1536.5115	1536.5285	1536.5285	1536.5303	1536.5303

表 6-5　右臂实验数据

离层值/mm	第一次加载光栅波长/nm	第一次卸载光栅波长/nm	第二次加载光栅波长/nm	第二次卸载光栅波长/nm	第三次加载光栅波长/nm	第三次卸载光栅波长/nm
0	1549.481	1549.4854	1549.4854	1549.4813	1549.4813	1549.4808
20	1549.5556	1549.5581	1549.5516	1549.551	1549.5522	1549.5546
40	1549.6249	1549.6189	1549.6217	1549.6221	1549.6182	1549.6177
60	1549.6778	1549.6758	1549.6812	1549.6847	1549.6872	1549.6835
80	1549.741	1549.7344	1549.7401	1549.74	1549.7386	1549.7401
100	1549.799	1549.799	1549.796	1549.796	1549.7934	1549.7934

左臂加载-卸载的曲线见图 6-7。右臂加载-卸载的曲线见图 6-8。

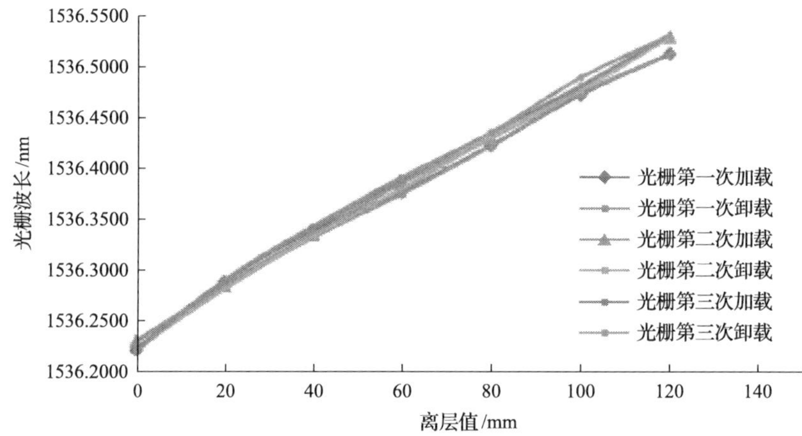

图 6-7　左臂加载-卸载曲线图

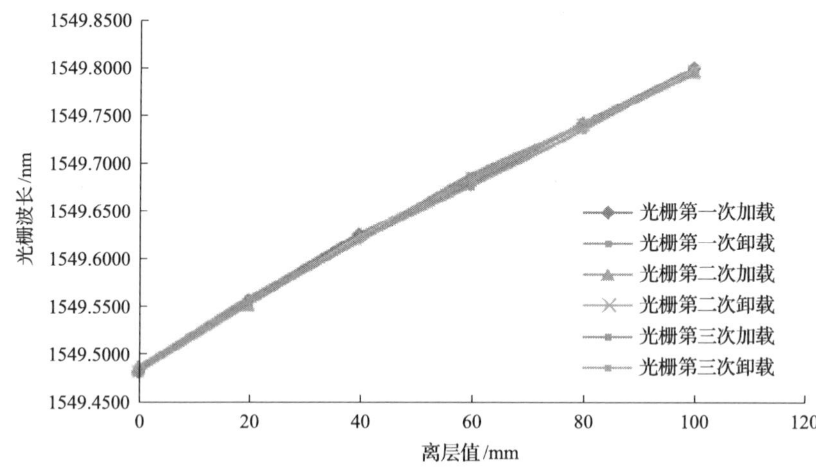

图 6-8　右臂加载-卸载曲线图

6.2.4 实验数据分析

1. 线性度分析

线性度是指离层值与光波漂移量之间的线性关系。为提高光纤 Bragg 光栅顶板离层仪的精度，拟合曲线选用三次加载和卸载测试的算数平均值。本书拟合的数据值见表 6-6。

表 6-6　拟合数据值

左臂离层值/mm	左臂光栅波长平均值/nm	右臂离层值/mm	右臂光栅波长平均值/nm
0	1536.2233	0	1549.4825
20	1536.2846	20	1549.5539
40	1536.3346	40	1549.6206
60	1536.3815	60	1549.6817
80	1536.4269	80	1549.739
100	1536.4755	100	1549.7961
120	1536.5234		

左臂拟合的曲线见图 6-9。右臂拟合的曲线见图 6-10。

从图 6-9 和图 6-10 可以看出，左臂的线性拟合度为 0.9981，右臂的线性拟合度为 0.9979，光纤 Bragg 光栅顶板离层仪的线性度较好。

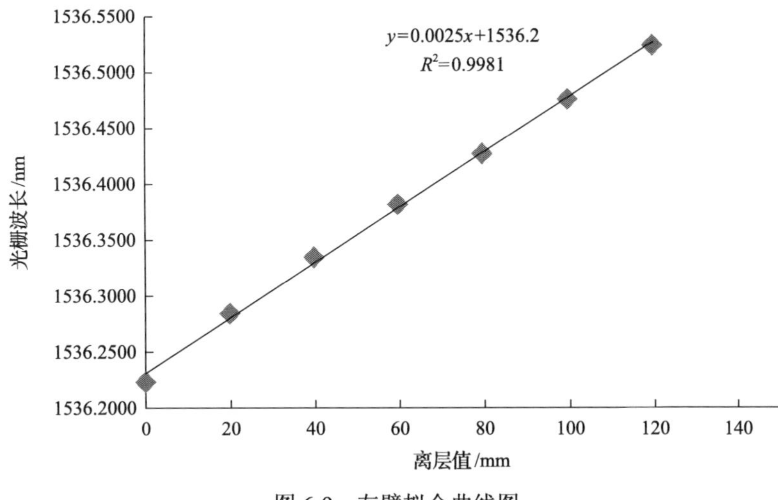

图 6-9　左臂拟合曲线图

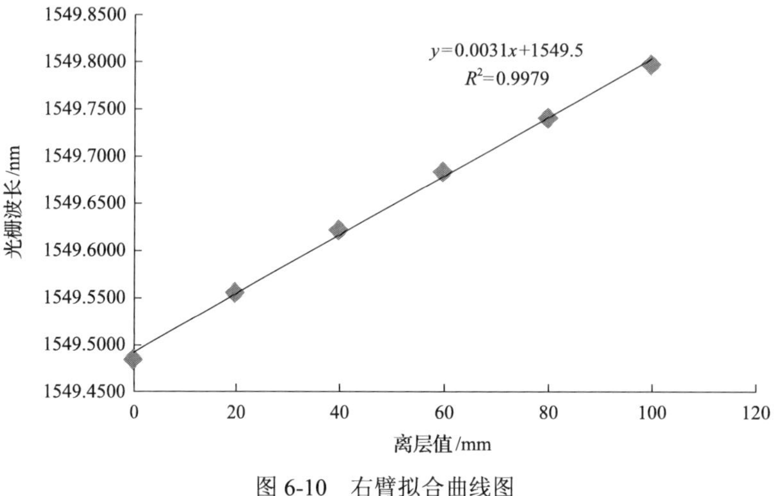

图 6-10 右臂拟合曲线图

2. 灵敏度分析

灵敏度的公式为

$$s = \frac{\Delta\lambda}{\Delta d} \tag{6-47}$$

上文已经计算出理论的灵敏度为 0.004，实际测算出来的灵敏度，左臂为 0.0025，右臂为 0.0031，表明实际值与理论值有误差。导致这种情况的可能原因如下。

(1)用树脂胶把光纤光栅粘贴在悬臂梁上时，默认的是光栅的应变等于悬臂梁的应变，实际上光栅的应变和悬臂梁的应变成正比例关系，这个正比例系数就叫光栅应变传递效率。这应该是系统的主要误差。

(2)光纤光栅的粘贴可能有一定的误差，不完全在中轴线上。另外，系统的装配误差也是重要的因素之一。

3. 迟滞性分析

迟滞性是指在加载或卸载到同一个离层值时，同一个光纤 Bragg 光栅的波长最大偏差与满量程的光栅波长变化的比值。

$$E = \frac{\lambda_{\mathrm{d}}}{\Delta\lambda_{\mathrm{d}}} \tag{6-48}$$

通过计算得，左臂最大迟滞性为 3%FS，右臂最大迟滞性为 1%FS。通过表 6-7 的数据分析发现，左臂波长偏差明显大于右臂的波长偏差，导致这种情况的可能原因是左臂的光纤光栅的质量不如右臂的光纤光栅。

表 6-7　波长最大偏差值

左臂离层值/mm	波长最大偏差/nm	右臂离层值/mm	波长最大偏差/nm
0	0.0106	0	0.0046
20	0.0109	20	0.0059
40	0.0192	40	0.0072
60	0.0162	60	0.0077
80	0.0173	80	0.0057
100	0.0227	100	0.0056
120	0.0188		

4. 重复性分析

重复性是指在整个量程区间的光栅波长漂移值的最大偏差值与满量程的光栅波长变化的比值，即

$$R=\frac{\lambda_{\max}}{\Delta\lambda_d}\times 100\% \tag{6-49}$$

通过计算得，左臂的光栅波长漂移值的最大偏差值为 0.0294，右臂的光栅波长漂移值的最大偏差值为 0.0074，左臂的重复性为 4.9%，右臂的重复性为 1.2%。

6.3　现场工程应用

6.3.1　工程概况

1. 矿井概况

华晋焦煤有限责任公司沙曲矿坐落于山西省吕梁市柳林县境内，具体位置在穆村镇沙曲村。井田走向长 22km，倾斜长 4.5～8km，井田面积约为 135km^2。地质储量 22.52 亿吨，可采储量 12.76 亿吨。初期矿井设计生产能力达到 3.0Mt/a，后期经过技术改造和改扩建能达到 8.0Mt/a(第三期 10.0Mt/a)的产量。沙曲矿属于煤与瓦斯突出矿井。矿区拥有丰富的煤炭资源，且煤质以优质焦煤为主。目前正在进行开采的山西组 2 号、3+4 号、5 号煤层之间煤层间距较小，属于近距离煤层群，其中主采煤层 3+4 号、5 号煤层，两者都为中厚煤层，2 号煤层为薄煤层，用下行开采方式开采，都有煤与瓦斯突出危险性。

2. 工作面概况

14301 工作面为南三采区第一个 4 号煤工作面，北面为杜峪村保护煤柱，南面为 14302 工作面，东面为大窊村保护煤柱，西面为南三采区大巷。14301 工作

面煤层厚度为 2.2～2.7m，平均厚度为 2.45m；煤层倾角为 4°～8°，平均为 6°。14301 工作面由于受 3 号、4 号煤层间距影响(在后部层间距约为 0.9m)，在胶带巷 805m 及轨道巷 769m 处开第二切眼。

工作面底板标高预计在 440～570m，工作面上覆地表均为黄土覆盖区，地面标高为 855～995m，地表由四个近似南北向的冲沟和黄土峁梁相间分布组成，为典型的黄土丘陵地貌。14301 工作面整体为一单斜构造，煤层走向 320°，倾向 SW，工作面走向长 1288m，倾斜长 220m。该工作面水文地质条件中等，4 号煤层顶底均为弱含水层，补给条件差，补给量有限，正常涌水量 $2m^3/h$，最大涌水量 $8m^3/h$。分析本采区已采工作面的瓦斯涌出状况，推断在正常情况下，14301 掘进工作面的绝对瓦斯涌出量极有可能达到 $3～8m^3/min$，相对瓦斯涌出量为 $10.89m^3/t$，是煤与瓦斯突出矿井。4 号煤层爆炸指数为 21%～30%，具有爆炸性，煤层为Ⅲ类不易自燃煤层，地温地压正常。断层对工作面回采有一定的影响。工作面布置如图 6-11 所示。

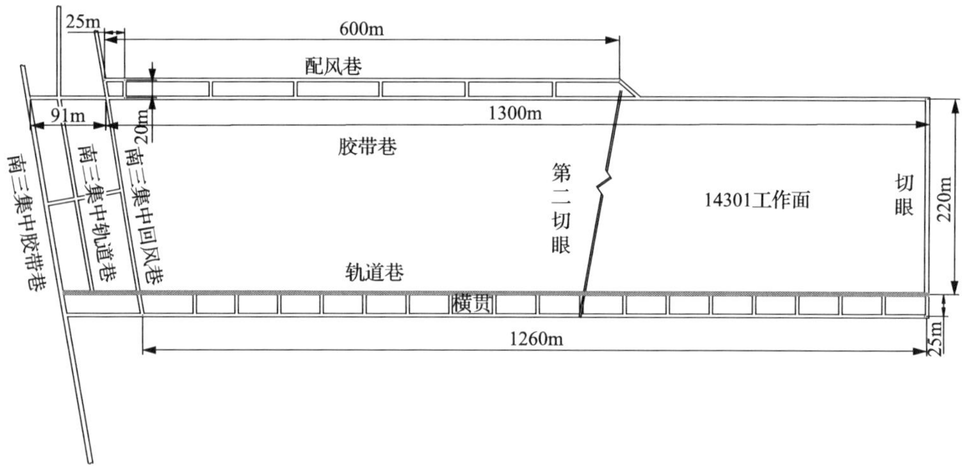

图 6-11　14301 工作面布置图

3. 试验地点选取

14301 轨道巷主要是服务于 14301 回采工作面的运料。设计全部工程量为 1288.3m，现已施工 686.6m，已经形成施工期间通风、材料运输系统。然后沿着 4 号煤顶、底板或 3 号煤顶板及 4 号煤底板，继续施工该巷道约 601.7m，在采帮每隔 50m 施工一个钻场。根据 14301 工作面回采期间所使用的配套设备和轨道巷选用 SSJ-800/55×2 胶带机等设备，同时满足通风断面要求，该巷道设计为矩形断面。巷道长度 1250m，巷道全高 2.85m，净高 2.8m；全宽 4.1m，净宽 4.0m；全断面 11.69m²，净断面 11.2m²。

根据工作面邻近钻孔资料综合分析，3 号煤距 4 号煤层间距为 0～8.9m，由开口处向工作面切眼有合并趋势。根据层间距的不同，巷道永久支护形式及参数如下。

(1) 层间距≥2m 时，采取以下支护形式。

顶板采用 Φ20mm×2000mm 螺纹钢锚杆配合长 4m、6 眼(厚 5mm)W 钢带、70mm×70mm 小垫片、5m×1m 铁丝网支护。顶锚矩形布置，间距 0.76m，排距 0.8m，垂直于顶板打注。采帮采用 Φ20mm×2000mm 螺纹钢锚杆、150mm×150mm 小垫片、10m×1m 双抗网、1.9m 长 3 眼的圆钢钢带护帮，帮锚矩形布置，间距、排距均为 0.8m，最上一排帮锚距顶板 0.3m 安装；非采帮采用 Φ20mm×2000mm 螺纹钢锚杆、70mm×70mm 小垫片、10m×1m 双抗网、2m 长 3 眼(厚 3mm)的 W 钢带护帮，帮锚矩形布置，间距 0.76m、排距 0.8m，最上一排帮锚距顶板 0.3m 安装。铁丝网及双抗网长边搭接均为 0.1m，每隔 0.2m 用 14 号双股铁丝系一扣，每扣扭结不少于 3 圈。随巷道前掘，每隔 1.6m 布置两根 Φ21.8mm×6300mm 钢绞线锚索(距中心线 1.0m 处各打注一根)。层间距≥2m 时，具体支护形式如图 6-12 所示。

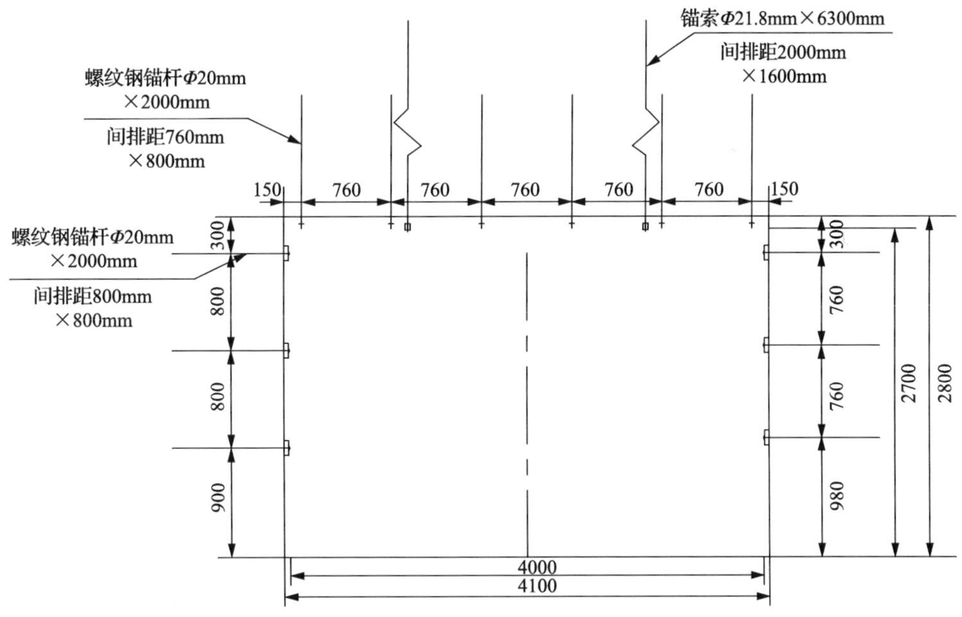

图 6-12　14301 轨道巷支护形式(层间距≥2m)(单位：mm)

(2) 层间距为 1～2m 时，采取以下支护形式。

①两排 W 钢带之间不再布置锚索。②21.8×6300mm 锚索布置在 W 钢带眼内，按照 3-2-3-2 布置，排距 0.8m；其余眼内布置 20mm×2000mm 螺纹钢锚杆。③其余支护形式执行 1 标准。

层间距为 1～2m 时，具体支护形式如图 6-13 所示。

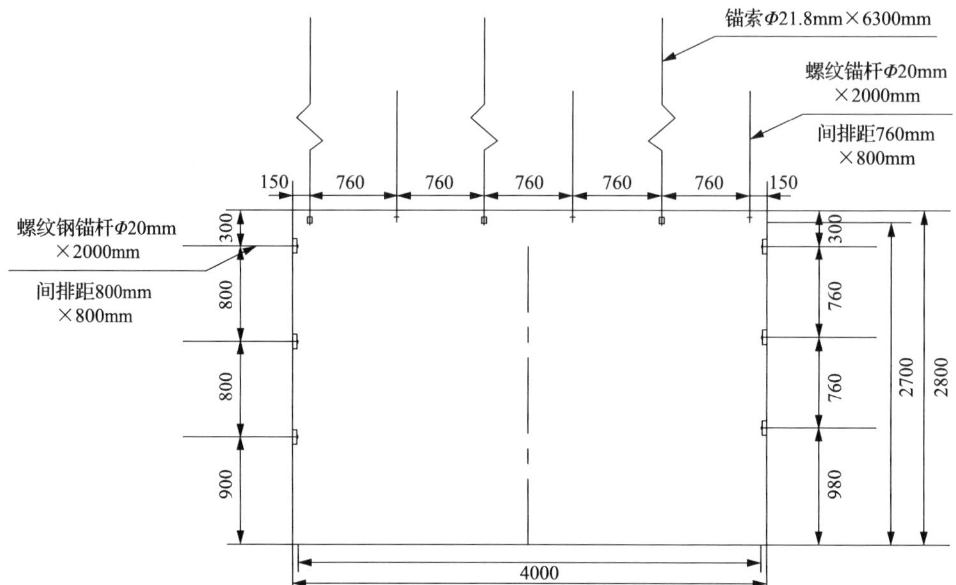

图 6-13　14301 轨道巷支护形式(层间距为 1～2m)(单位：mm)

(3)层间距＜1m，顶板难以控制时，利用掘进机将 4 号煤顶板及 3 号煤全部挑下来，然后采取跟顶留底煤(跟 3 号煤顶板留 4 号煤)的方式掘进，确保净高不低于 2.7m。利用此方式掘进至切眼位置时，将皮带缩回，跟着 4 号煤底板掘进至切眼。高度≤2.7m 时，采取以下支护形式；若高度＞2.7m，根据巷道实际高度，采帮采用 3.4m 长 5 眼或 4m 长 6 眼的圆钢钢带护帮；非采帮采用 3.4m 长 5 眼(厚 3mm)或 4m 长 6 眼(厚 3mm)的 W 钢带护帮，其余支护形式执行以下标准。

顶板采用 Φ20mm×2000mm 螺纹钢锚杆配合长 4m、6 眼(厚 5mm)W 钢带、70mm×70mm 小垫片、5m×1m 铁丝网支护。顶锚矩形布置，间距 0.76m，排距 0.8m，垂直于顶板打注。采帮采用 Φ20mm×2000mm 螺纹钢锚杆、150mm×150mm 小垫片、10m×1m 双抗网、1.9m 长 3 眼的圆钢钢带护帮，帮锚矩形布置，间距、排距均为 0.8m，最上一排帮锚距顶板 0.3m 安装；非采帮采用 Φ20mm×2000mm 螺纹钢锚杆、70mm×70mm 小垫片、10m×1m 双抗网、2m 长 3 眼(厚 3mm)的 W 钢带护帮，帮锚矩形布置，间距 0.76m、排距 0.8m，最上一排帮锚距顶板 0.3m 安装。铁丝网及双抗网长边搭接均为 0.1m，每隔 0.2m 用 14 号双股铁丝系一扣，每扣扭结不少于 3 圈。随巷道前掘，按照 3-2-3-2 布置 21.8mm×6300mm 的钢绞线锚索，排距 1.6m。

层间距＜1m 时，具体支护形式如图 6-14 所示。

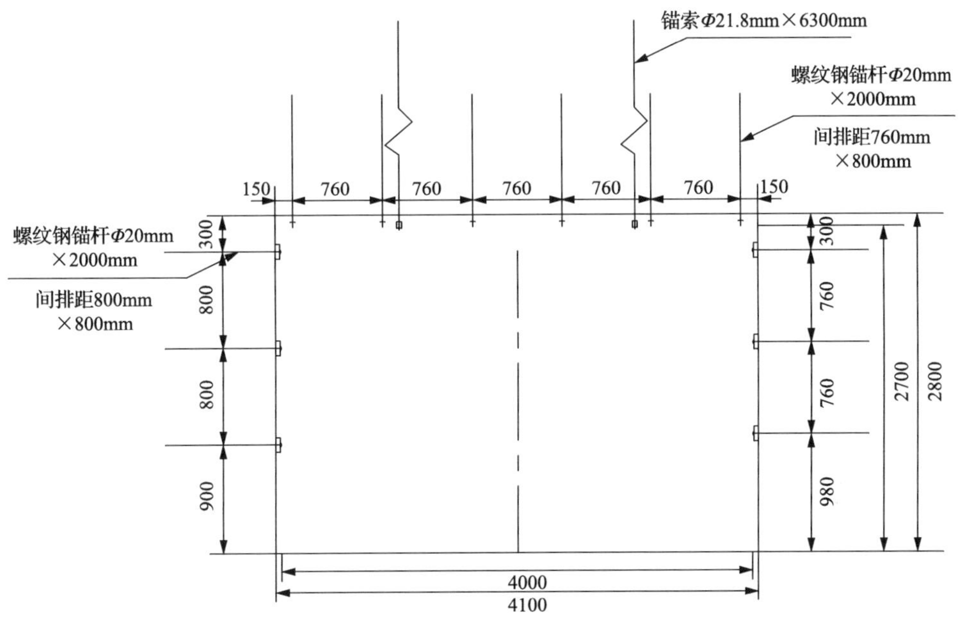

图 6-14　14301 轨道巷支护形式(层间距<1m)(单位：mm)

6.3.2　感知系统组成及传感器布置

1. 监测系统组成

在现场进行工业性试验时，14301 轨道巷如图 6-15 所示。14301 轨道巷光纤光栅顶板离层智能感知系统由地面设备及井下设备组成，地面设备包括交换机(原调度室使用)、光纤收发器、客户端电脑及传输光缆；井下设备包括解调主机、监测传感设备、光纤接线盒、主光缆、分支光缆及连接跳线。监测系统组成框图如图 6-16 所示。

图 6-15　14301 轨道巷

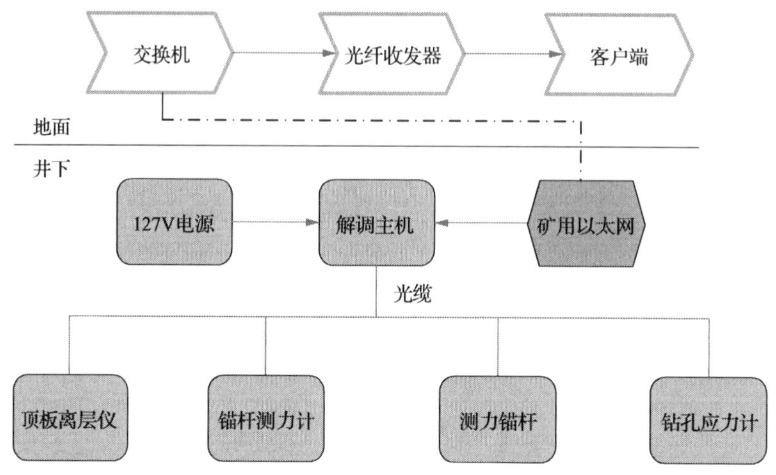

图 6-16　14301 轨道巷光纤光栅顶板离层智能感知系统组成框图

其中光纤 Bragg 光栅顶板离层仪是一种煤矿井下光纤光栅顶板离层的测量装置，适用于煤矿巷道顶板离层的监测。它可以分别显示顶板岩层浅部和深部的离层情况，为煤矿工程技术人员和监测工作人员确定浅部和深部的顶板状态提供科学依据，从而有效地防止顶板坍落事故的发生，确保煤矿安全生产。

光纤光栅式顶板离层仪主要用于煤矿井下巷道顶板离层的检测，检测值可直接由仪器刻度上读出，同时可以在经过信号解调处理后远程集中在线监控，通过对巷道顶板离层的检测，对巷道支护质量进行监控。

光纤光栅式顶板离层仪采用中空管状结构，设有两个锚固爪，使用时将两个锚固爪固定在围岩浅部和深部，当受到采动影响时，顶板出现离层，离层仪锚固爪会同步发生位移，通过高质量弹簧将力传递到 L 形悬臂梁上，粘贴在 L 形悬臂梁外侧的光纤光栅会感受到这种变化，并将岩层内的位移变化转化为光信号，解调信号后在客户端可以直观显示岩层位移变化。

2. 测站位置布置

根据对沙曲矿 14301 轨道巷的开采状况、煤层赋存特点、地质特征及工作面附近铺设网络情况进行井下现场调研，确定光纤光栅信号解调主机放置在南三采区变电所；14301 工作面全长 1288m，已采至第二开切眼位置(距巷口 800m)，考虑到工作面停采线位置，决定在 14301 轨道巷内布设 2 个综合测站，即第一综合测站距 14301 轨道巷巷口 350m，第二综合测站距 14301 轨道巷巷口 600m；在距 14301 轨道巷巷口 150m 位置处开始布置顶板离层仪，并且每隔 50m 布置一个，离层仪的安装位置分别在轨道巷 150m、200m、250m、300m、350m、400m、450m、500m、550m、600m，离层仪安装深度为深部 6m、浅部 2m，如图 6-17 所示。

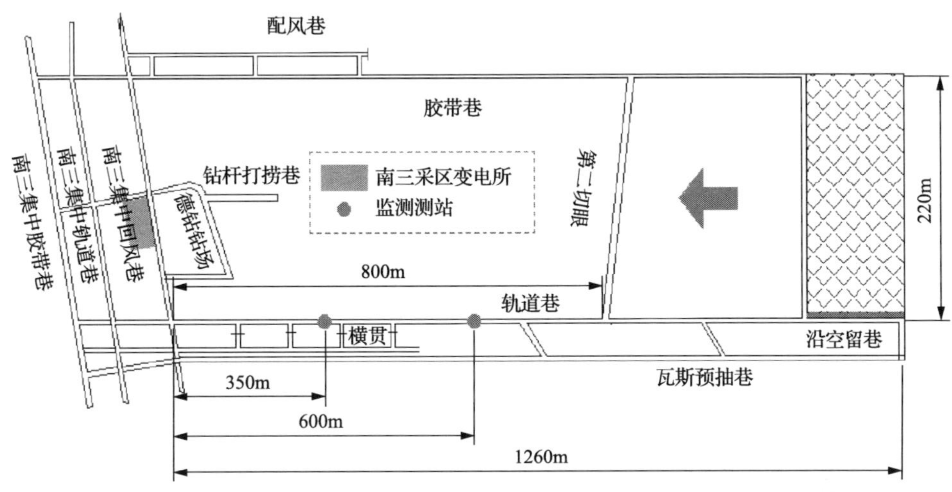

图 6-17　监测测站位置布置

每个综合测站包括一个锚杆杆体应力分布特征监测断面、一个顶板离层监测断面、一个锚杆载荷监测断面和一个煤岩体应力监测断面。

(1) 每个顶板离层监测断面内，在顶板布置 1 个光纤光栅顶板离层仪，试验巷道内每 50m 布置 1 个光纤光栅顶板离层仪，与综合测站重复处安装 1 个，整条巷道共布置 9 套光纤光栅顶板离层仪。

(2) 每个锚杆杆体应力分布特征监测断面内，安装 2 根光纤 Bragg 光栅顶板离层仪，光纤 Bragg 光栅顶板离层仪直径 22mm，长度 2000mm，分别布置在距巷道口 350m 和 600m 的两帮位置，安装高度距底板为 1.5m，两个测站共安装 4 根。

6.3.3　现场应用结果及分析

由于本章的理论研究和基础实验研究都是针对光纤 Bragg 光栅顶板离层仪展开的，因此不妨截取在 14301 轨道巷矿压观测期间顶板离层仪的观测结果进行分析。

1. 顶板离层仪监测实施方法

光纤 Bragg 光栅顶板离层仪的具体实施方法和普通的顶板离层仪的安装方法较为相近，光纤 Bragg 光栅顶板离层仪在安装前，利用风动锚杆钻机在煤矿巷道的顶板钻孔，松开光纤光栅顶板离层仪的两处紧固螺丝，用安装杆将光纤光栅顶板离层仪的两个锚固爪推至预定的位置，一个锚固爪推至钻孔顶端，另一个锚固爪推至与锚杆锚固端相同高度位置处，轻拉装置，使锚固爪与顶板岩石彻底锚固，然后固定好光纤 Bragg 光栅顶板离层仪的紧固螺丝，将光纤 Bragg 光栅顶板离层仪外露的光纤尾纤串接后连接至光纤接线盒。光纤 Bragg 光栅顶板离层仪的安装方法如图 6-18 所示。沙曲矿安装好的光纤光栅顶板离层仪如图 6-19 所示。

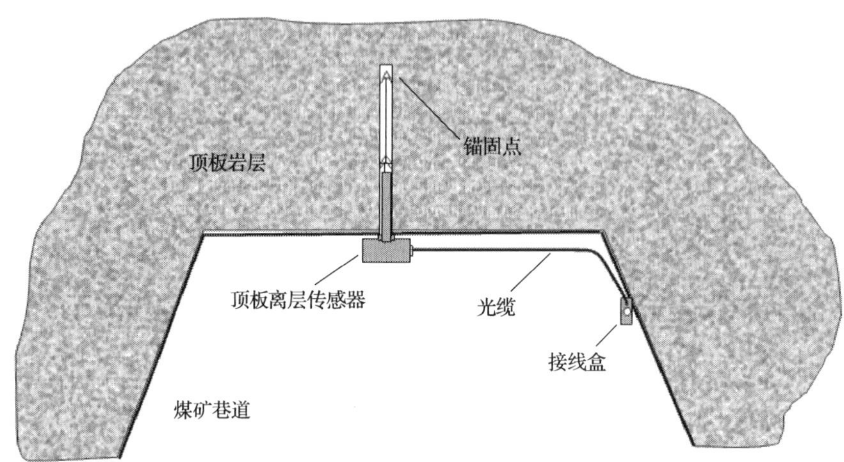

图 6-18　光纤 Bragg 光栅顶板离层仪安装方法图

图 6-19　安装好的光纤光栅顶板离层仪图

2. 观测结果及分析

由 $\Delta\lambda_{\mathrm{B}}=(1-p_{\mathrm{e}})\dfrac{6Fd}{Ebh^2}\lambda_{\mathrm{B}}$，将 E=80GPa，1–p_{e}=1.2，λ_{B}=1550nm 代入上式，对于不同波长的 Bragg 光栅，得到波长量变化所对应的离层值的关系表达式，拟合后绘制出离层值和光栅波长变化图，这样我们就可以由离层仪上得到的波长得到顶板的离层值。

本套光纤 Bragg 光栅顶板离层仪工况在线监测系统可以实现对顶板离层状态

的连续 24 小时不间断的监控，在 14301 轨道巷调试后应用效果较好。整理相关数据后绘制相应报表。

2 月 5 日，当工作面位置位于 762m 时，用观测到的数据绘制成的顶板浅部离层值变化曲线如图 6-20 所示。顶板深部离层变化曲线如图 6-21 所示。巷道顶板离层数据表见表 6-8。

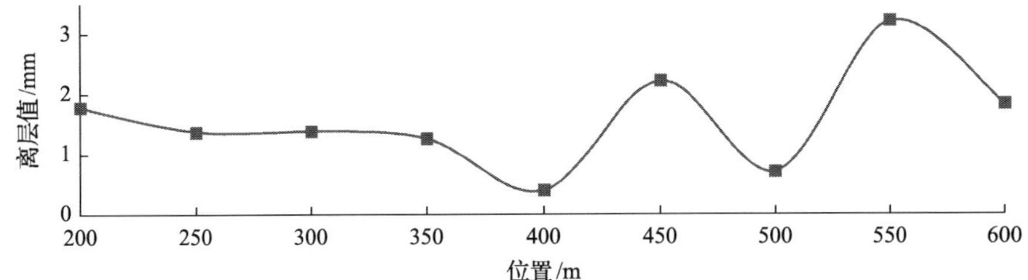

图 6-20　浅部离层数据(2 月 5 日)

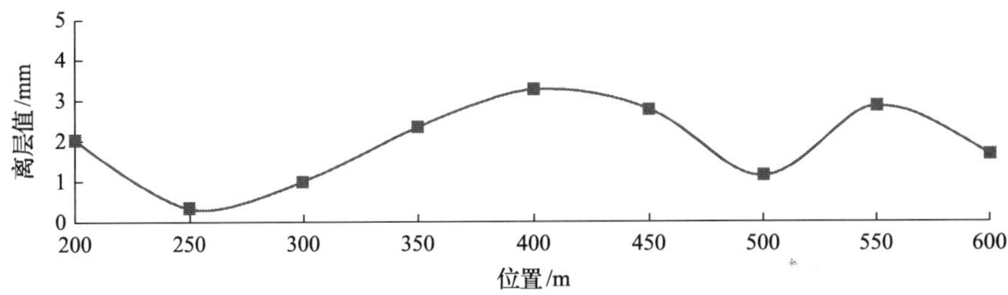

图 6-21　深部离层数据(2 月 5 日)

表 6-8　巷道顶板离层数据

离层仪位置/m	初始离层/mm		当前离层/mm	
	浅部	深部	浅部	深部
200	5	6.5	6.75	8.58
250	5.5	11	7.1	11.4
300	4	2	5.67	2.94
350	5.5	7	6.84	9.72
400	11	5	11.53	8.72
450	7	6	9.16	9.01
500	8	14	8.77	15.21
550	4	2	9.04	7.04
600	4	1	5.81	2.9

3. 结果分析

根据光纤光栅顶板离层仪所监测数据发现，14301 轨道巷 400m 处浅部离层量最大，达到 11.53mm；500m 处深部离层量最大，达到 15.21mm。7 天以来，550m 处浅部离层变化量最大，达到 5.04mm；400m 处深部离层变化量最大，达到 3.72mm。根据光纤光栅顶板离层仪所监测数据，距工作面较近的 550m 和 600m 处离层有所增加，但远小于预警上限。7 天以来，巷道顶板离层变化不大，基本上处于稳定状态，但是距离工作面较近的巷道离层受影响较明显，顶板总体稳定。

离层仪显示数值普遍偏小，这是离层仪两测点与围岩固结耦合效果较差，结构没有设置温补装置，施工质量不高等因素造成的。因此，进一步加强施工质量是很有必要的，而增加温补光栅排除温度影响可以显著提高光纤 Bragg 光栅顶板离层仪的测量精度。

第 7 章　巷道围岩智能感知云平台设计与实现

7.1　巷道围岩智能感知云平台需求分析

7.1.1　巷道围岩监测云平台的应用分析

当前使用的巷道围岩安全状态监测系统中普遍存在数据传输易受干扰、各系统间共享数据困难、历史监测数据维护成本高、存储效率低和难以实现共享等迫切需要解决的问题，而云平台可以利用自身的优势对数据进行集中存储、分析和共享，利用云技术对现有的监测系统进行改进和升级，从而提高监测系统的运行效率。

基于光纤传感技术的巷道围岩安全状态监测云平台相对于传统的监测系统具有很大的优势，通过对多个企业及煤矿巷道围岩安全状态监测系统的整合，将监测数据通过网络进行集中存储和分析，实现资源共享，对于解决煤矿安全问题具有重要意义，其优势主要表现在以下几个方面。

(1) 节约成本。云平台由许多廉价的主机连接组成，能够高效地存储和处理海量的监测数据，对各个企业的巷道围岩安全状态监测数据进行集中管理，有利于降低数据共享和管理成本。

(2) 通用性和易扩展性。云平台具有通用性，能够适配多种传感器的接入需要，在满足不同煤矿监测需要的同时，针对不同煤矿监测的特殊需求提供定制开发功能，以保证平台的扩展性。

(3) 高可靠性。巷道围岩安全状态监测云平台应能够持续稳定地进行数据采集、传输和存储，对监测数据进行周期性备份，以保证在发生故障时能够及时恢复。

(4) 按需提供服务。巷道围岩安全状态监测云平台可为煤矿提供数据共享、数据统计与查询、安全风险评价、灾害监测预警等多种服务。

采用云计算技术设计矿山压力监测系统，在光纤传感技术的相关巷道围岩安全状态监测传感器的基础上，构建基于云计算的信息集成、存储、处理和计算的数据服务平台。

云计算技术的出现为巷道围岩安全状态监测系统提供了良好的平台支持，伴随着云计算的发展，基于光纤传感技术的巷道围岩安全状态监测云平台在功能上将更加健全和完善。从长远来看，对于巷道围岩安全状态监测系统的发展是相当有益的。

7.1.2　巷道围岩监测云平台的功能及要求

目前使用的巷道围岩安全状态监测系统中，普遍存在多个煤矿之间的巷道围岩安全状态监测系统独立运行，无法实现监测数据的集中存储与共享，不利用灾害预测专家进行集中分析和处理并结合大数据等分析工具进行数据挖掘与分析的问题，而且目前存在的巷道围岩安全状态监测系统多采用客户端/服务器架构，系统不具备普适性，管理和维护成本高。另外，巷道围岩安全状态监测数据具有规模大、多样性等特点，传统的单数据库存储效率低下。为解决巷道围岩安全状态监测系统当前存在的数据共享以及监测数据的高效集中存储问题，需要建设一个能够满足大规模分布式采集、传输、存储和共享的巷道围岩安全状态监测云平台。

(1) 巷道围岩安全状态监测云平台应该具备如下主要功能：

①在满足光纤光栅巷道围岩安全状态监测传感器接入的同时兼容已存在的矿压采集设备，能够满足大规模分布式实时采集的需要，并保证采集的矿压数据的准确性。

②能够对光纤光栅传感器采集到的数据进行初步过滤和整理，并最终汇总成为相对应的报表供导出；能够对采集到的数据进行分析等，并结合现场实际情况的标准对危险值进行判别和提醒相关工作人员。

③系统应能满足可靠性及稳定性的要求，保证在不同的传感器及网络情况下可靠地记录监测数据并对数据进行存储，满足历史数据查看的需要；

④系统的设计应遵循开闭原则，保持良好的扩展性，为大数据处理相关工具 Hadoop、Flume、Spark 等提供接入接口。

(2) 性能要求如下：

①稳定性：系统经过完整的严格的单元测试、集成测试，保证在部署运行后各个功能模块能稳定地对外提供服务，不会出现系统崩溃、服务器宕机等情况。

②可靠性：根据实际数据的特点，设置合理的过滤规则，排除不符合实际情况的输入数据，保证传感器所采集到的数据的准确性，从而保证巷道围岩安全状态监测云平台的可靠性，同时保证系统的稳定性，并能够在不同的环境下连续运行。

③可扩展性：系统采用分层分级的模块化的方式开发，建立基础框架，提供系统总体的服务，其他各个模块使用组件式开发思想，做到各个模块的独立性并支持热插拔。可以通过修改配置文件的方式完成不同服务的启动与停止，同时为今后的大数据模块开发预留接口，供系统的扩展调用。

④易于维护性：系统需在吸收国内外已有系统的优点基础上进行方案设计，将各个模块独立开发为不同的服务，可同时部署多台服务器，方便维护和检修，从而保证系统的易于维护性。

⑤安全性：使用加密身份验证技术，用户权限与模块功能绑定，特定的服务只能开放给特定的职责人员，保证系统的安全性。

7.1.3　回采巷道支护监测需求分析

巷道围岩安全状态监测云平台包括支持多种矿压数据采集传感器的接入，以及传感器信息管理、采集数据管理、告警监控、历史数据分析等，为企业提供实时完整的巷道围岩安全状态监测信息，提高煤矿企业安全生产水平。

目前应用于回采巷道围岩安全状态监测的光纤光栅传感器有以下几种。

(1)光纤光栅顶板离层仪：针对回采巷道顶板离层情况进行监测，分为深部测点和浅部测点。单位通常为 mm，量程通常在大约 1200mm 以内。

(2)光纤光栅锚杆(索)测力计：针对锚杆、锚索的受力载荷进行监测，每个测力计监测一根锚杆，采集一个监测数据。

(3)光纤光栅测力锚杆：针对锚杆的轴向力和扭矩的大小进行监测。测力锚杆上布置多个测点，每个测点监测对应位置的轴向力变化；

(4)光纤光栅钻孔应力计：针对监测方案中特定位置的垂直应力进行监测。在巷道两帮布置多个光纤光栅钻孔应力计，可分析出巷道两帮垂直应力分布以及应力增高区域范围。

结合已有巷道围岩控制理论、现场实践技术以及光纤光栅传感矿压采集传感器等知识，基于光纤传感技术的巷道围岩安全状态监测云平台需要提供统一的接入接口，供巷道围岩安全状态监测传感器接入，在兼容已有的矿压数据采集传感器的同时支持基于光纤光栅技术的顶板离层仪、锚杆和锚索测力计、测力锚杆和钻孔应力计等新型传感器的接入。

7.2　巷道围岩光纤感知云平台数据采集

基于光纤传感的巷道围岩安全状态监测云平台中核心的问题是矿压数据的采集、转换及传输，准确地采集巷道围岩安全状态监测数据并将经过转换的巷道围岩安全状态监测数据传输至云平台，才能保证巷道围岩安全状态监测云平台可靠地工作并发挥作用。

现有巷道围岩安全状态监测传感器主要存在数据采集滞后、不连续，采集传感器容易受到外界环境干扰、可靠性低、寿命短，无法实现大规模实时监测等技术问题。基于光纤传感技术的巷道围岩安全状态监测传感器不仅具有无源特性，而且传输距离远、精度高，可满足大规模实时监测的需要。

由于现有巷道围岩安全状态监测传感器所采集的数据格式种类较多，文件类型不统一，所以无法将数据应用于云平台，因此，需要对这些不同格式的监测数据做初步的兼容处理，即对不同的传感器采集到的数据按照一定的标准做分类处理，经处理后的数据格式满足云平台数据接入接口的统一要求。

为最大限度地兼容现有巷道围岩安全状态监测传感器，充分利用现有煤矿监测系统，在满足光纤光栅矿压采集传感器接入需要的同时，为其他矿压采集传感器提供数据处理程序，巷道围岩安全状态监测数据将以数据包的形式传至云平台的数据中心进行存储。

7.2.1　巷道围岩监测的数据采集

数据采集工作主要负责将光纤光栅采集传感器所中光栅受外界应力及温度的变化而引起的光的波长变化传输至光纤光栅解调仪的接收端。

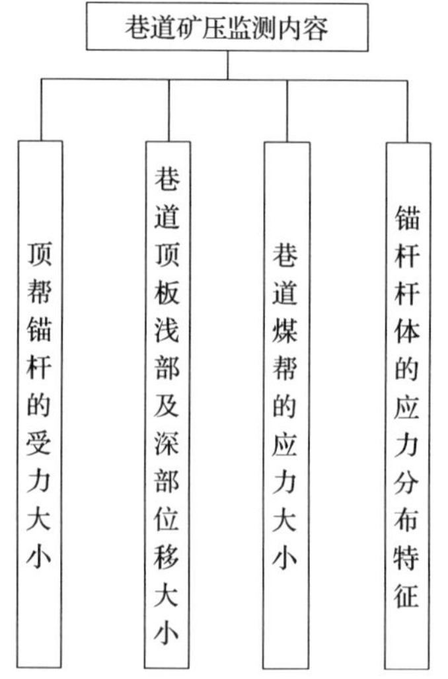

图 7-1　巷道围岩安全状态监测内容

巷道围岩安全状态监测对于回采巷道的支护等方面有着重要的意义：通过对回采巷道的巷道围岩安全状态进行监测，分析确定应力分布区域，进而分析由于工作面回采引起的巷道变围岩变形与破坏情况。对现有支护安全进行可靠性评价，为合理支护及超前加固支护提供依据，防止由于回采巷道支护失效而造成的巷道塌冒事故，为安全生产保驾护航[192-194]。

通过对回采巷道顶板围岩应力应变的监测，对顶板离层仪、锚杆、锚索等受力进行监测与分析，进而确定回采巷道矿压显现规律，主要监测内容如图 7-1 所示。

针对回采巷道围岩安全状态监测的需要，采用基于光纤传感技术设计的顶板离层、孔应力计、测力锚杆等传感器对巷道围岩安全状态监测数据进行采集。

7.2.2　巷道围岩监测的数据转换

巷道围岩安全状态监测数据转换主要是将光纤光栅矿压采集传感器收集到的光波长变化结合温度条件转换系统所需要的物理量，采用光纤光栅解调仪将光信号转换为可进行网络传输的数字信号。

1. 光纤光栅信号处理

光纤光栅传感采集传感器所采集到光信号转换为系统可用的数字信号是系统

发挥作用的关键，光纤光栅解调仪(图 7-2)主要是用来对数据做初步处理[195,196]。虽然在实际应用中不同的厂家会研发出各种各样光纤数量及波长范围不同的光纤光栅采集传感器，但光纤光栅解调仪采用不同的通道供传感器以光缆的方式接入，可以达到有效屏蔽这些差异的目的。

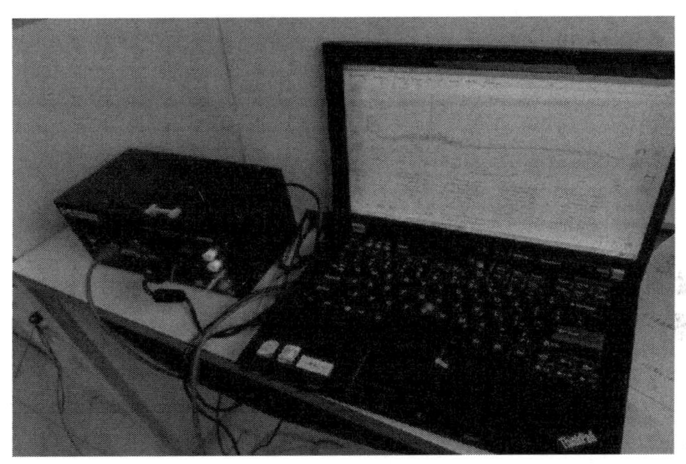

图 7-2　光纤光栅解调仪

光纤光栅解调器主要由两大部分组成，第一大部分由模拟电路组成，主要功能是将光栅受到的应变或者温度变化引起的光波长变化转换成相应的电信号；第二大部分由数字电路组成，主要功能是通过单片机将电信号转换为上位机能够直接使用的数字信号，转换后的数字信号利用相应的公式中的对应关系，在单片机中对数据进行处理，最终转变为波长值(也可以是具体的温度值或者应变值)。同时解调仪还必须完成数据的误差补偿及修正，解决由于外界环境影响等引起的精度问题[197]。

光纤光栅传感器由于受外界温度和应变作用而引起的栅距变化，造成反射光中心波长的变化，光纤光栅解调仪根据光纤光栅传感器的 $\Delta\lambda$ 及应变特性计算出应变值或温度值。

$$\Delta\lambda = \lambda - \lambda_0 \tag{7-1}$$

式中，λ 为测量波长；λ_0 为初始波长(温度 20℃)。

(1)对温度值的计算。传感器的温度值 ΔT 为(标定温度 20℃)

$$\Delta T = \frac{\Delta\lambda}{\partial_{\mathrm{T}}} \tag{7-2}$$

式中，∂_{T} 为温度灵敏系数(平均 9.54829pm/℃)。

(2)对应变值的计算。传感器的应变值与波长变化量之间的线性拟合关系为

$$\varepsilon = \frac{\Delta\lambda - \alpha_{T}\Delta T}{\alpha_{\varepsilon}} \tag{7-3}$$

式中，α_{ε} 为传感器的应变特性，平均值为 1.21477pm/με；α_{T} 为温度修正系数(取 10pm/℃)；ΔT 为相对标定温度的变化量。

2. 巷道围岩安全状态监测数据的传输

数据传输工作包括光纤光栅解调仪数据传输至巷道围岩安全状态监测云平台数据采集集群，数据采集集群数据通过消息队列传输至系统后端处理程序入口，后端处理程序接收数据后传输至 Websocket 及数据库等流程。

光纤光栅解调仪内部单片机提供 I/O 接口，供解调仪与外部传感器进行数据交换，经光纤光栅解调仪解析后的巷道围岩安全状态监测数据采用 TCP/IP 通信协议传入，以数据包的形式传入通信网络，外部传感器可通过配套的应用软件从网络中获取解调仪数据(图 7-3)。数据采用规范化的统一的格式，提供统一的数据获取接口，以屏蔽不同后端处理系统之间的差异。

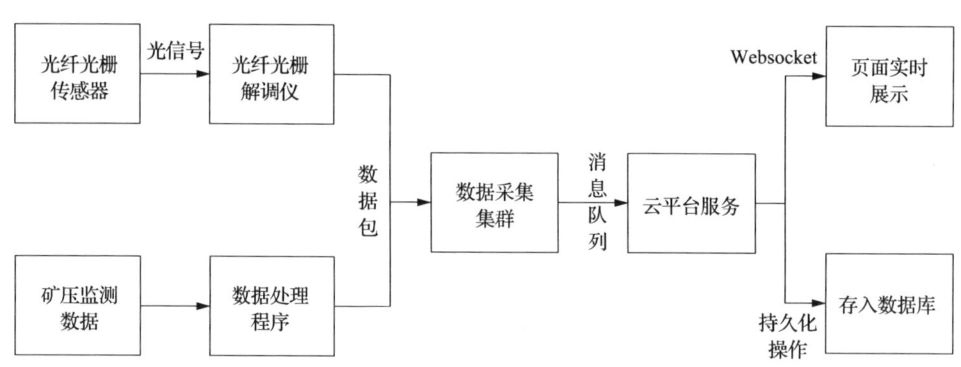

图 7-3　巷道围岩安全状态监测数据传输流

对于现有矿压采集传感器采集到的巷道围岩安全状态监测数据，经数据处理程序处理后，采用 TCP/IP 协议以数据包的形式传输至云平台的数据采集集群。

首先光纤光栅采集传感器是基于光的波长变化来区分不同的数据，当反射光中心波长变化经光纤传输至光纤光栅解调仪，经解调仪根据对应的公式转换及修正后，通过 TCP/IP 协议以数据包的形式发送至数据采集集群程序所在端口。同时，考虑到已有巷道围岩安全状态监测数据需要录入系统的情况，设置数据处理程序，将已有巷道围岩安全状态监测数据经特定格式输入程序后，由数据处理程序以数据包的形式发送至数据采集集群。数据采集集群接收到数据后，首先要对数据的

格式和正确性进行校验，经校验合格的数据以直接生产者的身份发送至 Kafka 消息队列。系统后端处理程序作为消费者订阅对应的 Kafka 消息队列，当接收到生产者所生产的数据后，发送至 Websocket 供客户端浏览器展示，同时将数据写入缓存 Redis 中，系统周期性地将 Redis 中的数据持久化至 MySQL 数据库中。

在数据传输过程中，在企业信息表中设置 topic 及 Websocket 字段来限制每条数据的流向，不同企业安装的传感器所采集到的数据相互隔离。

7.2.3　巷道围岩监测的数据结构

为保证光纤光栅解调仪可以适用于各种不同平台、不同类型的后端数据处理传感器，采用面对对象的思想对解调仪的数据获取接口做统一的封装，封装后提供统一格式的数据结构。

从数据获取接口输出的巷道围岩安全状态监测数据，应该具备结构合理清晰、内容表述完整、层次分明、表示灵活、解析方便的特征，因此，对解调仪数据格式做如下定义：如图 7-4 所示，每条数据表示为一个 Object，使用两个大括号包含“{}”，数据内容 Value 以键/值对的方式出现，键用来标识数据的作用，Value 用来记录数据内容。如图 7-5 所示，数组用 Array 表示，使用两个方括号包含“[]”。对象与数组可以相互嵌套使用，即一个对象内可以出现多个数组，数组中包含多个对象。Value 之间用逗号“,”进行分割。采用这样的数据结构，既能满足解调仪数据的要求，又能满足灵活性的需要，实际使用中可以根据解调仪的通道个数改变数组的大小，而不用重新设计数据结构。

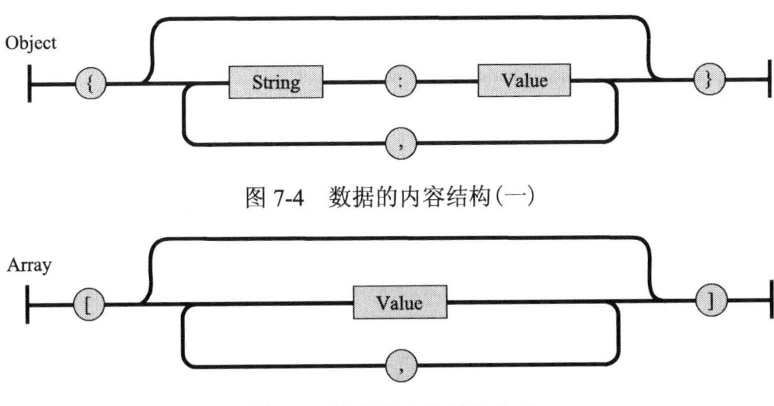

图 7-4　数据的内容结构(一)

图 7-5　数组的内容结构(二)

根据上述数据结构设计要求，设计出通用的光纤光栅调节仪的状态相关项和数据相关项，分别见表 7-1 和表 7-2。其中，“dt”表示数据集合，是由一条或多条传感器信息组成的数组，根据实际安装传感器数量及使用解调仪的通道数，可以确定出有多少条数据产生。每条数据为一个 object，包含有校验码、数据编号、通道、波长、物理量等信息。

表 7-1 解调仪状态相关项

名称	说明
Code	表示从接口获取数据的状态，200 表示成功
Description	获取操作描述
Redirect	重定向操作
Value	解调仪数据相关

表 7-2 解调仪数据相关项

名称	说明
Name	表示从接口获取数据的状态，200 表示成功
Counter	获取操作描述
Count	重定向操作
dt	DataSet(数据集)的简写，表示解调仪数据集合
CYC	数据校验
SN	数据编号
CH	解调仪通道
WL	波长信息
PV	物理量，即转换后的数据值

7.3 巷道围岩光纤感知云平台总体架构设计

由于巷道围岩安全状态监测数据的采集、传输、存储及安全预警中存在一系列的问题，为解决当前技术条件下的这些问题，使巷道围岩安全状态监测能够分布式、大规模、同时监测，对监测数据进行集中管理与共享，并利用大数据工具对监测数据进行数据挖掘，分析其科研价值，有效地监测矿压的变化，提高煤矿企业安全生产效率，防范煤矿生产事故的发生。

随着软件开发技术的发展、分布式系统中间件的完善以及云技术的发展，本书将光纤光栅传感技术及云平台技术应用于巷道围岩安全状态监测，完成了巷道围岩安全状态监测云平台的总体架构、主要功能模块、网络及巷道围岩安全状态监测数据存储的设计，并分析了实现巷道围岩安全状态监测云平台所使用的 J2EE 及分布式等软件开发技术，为后续云平台的实现奠定了基础。

7.3.1　巷道围岩监测系统总体架构

1. J2EE 的多层架构及分布式中间件

Java EE 应用的架构被划分为了多个层次：客户端层、中间层(包含了 Web 层与业务层)，以及企业信息系统层，将应用隔离为不同层次会带来极大的灵活性与适应性，可以选择添加或是修改某个特定的层次，而不必重构整个应用。每个层次从物理上来说是分开的，位于不同的机器上。对于 Web 应用来说，客户端层则遍布于全世界任何能够访问互联网的地方。

如图 7-6 所示，Java EE 位于中间层领域，从客户端应用接收请求，其中的 Web 层会处理请求和准备响应，然后将其发送给客户端。业务层则会先处理业务逻辑，然后将其持久化到企业信息系统层。

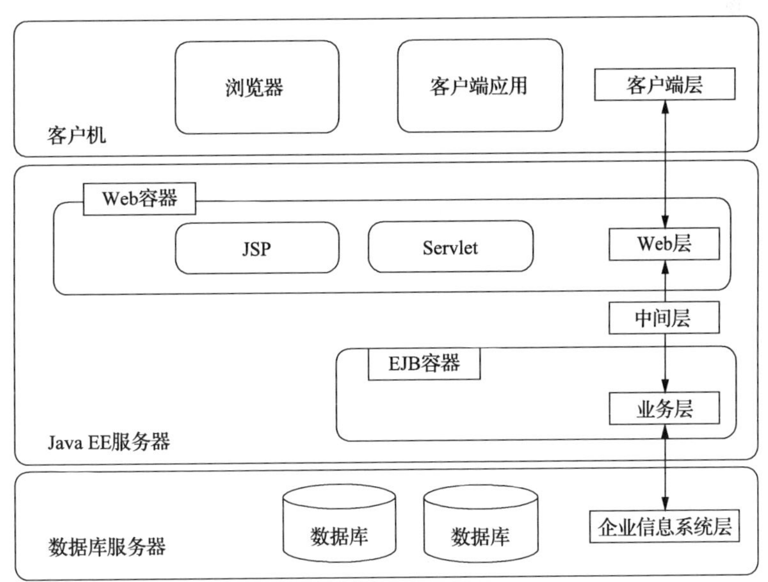

图 7-6　Java EE 各层之间的交互

客户端层通常为浏览器，通过 HTTP 协议连接到 Java EE 服务器，也可以是其他位于任何机器上的任何应用程序，只要表现为服务器-客户端关系中的客户端即可。客户端应用可以从服务器获取某个资源。

Java EE 服务器位于中间层，提供了两种逻辑容器：Web 容器和 EJB 容器。从大体上看，这两种容器分别对应于 Web 层和业务层。

Web 层管理着客户端层与业务层之间的交互。Web 层会从客户端层接收针对某个特定资源的请求；接下来会处理请求，如有必要，Web 层与业务层之间还会进行交互；最后会以某种形式(对于浏览器来说，通常以长文本标记语言 HTML

的形式)动态地准备响应，并发送给客户端。

业务层会执行业务逻辑，从而解决业务问题或满足业务领域中特定业务的需求。通常情况下，涉及从企业信息系统层的数据库中检索或是从客户端收集的数据。业务层中存放的是业务应用的核心逻辑。

业务层所使用的数据则是通过 Java Persistence API(JPA)、Java Transaction API(JTA)、Java Database Connectivity(JDBC)以及基于 JDBC 封装的各种框架从企业信息系统层获取的。企业信息系统层包含了数据存储单元，通常的形式是数据库，也可以是提供数据的任何资源。

Zookeeper 是一个可以实现分布式应用协调服务的组件，可以使用 Zookeeper 提供的接口方便地实现一致性、组管理、Leader 选举及常用协议。使用 Zookeeper 中间件可以有效地解决不同服务间协调可能处于竞争状态导致死锁的问题。

Apache Kafka 是消息中间件的一种，负责将数据从一个应用进程传递到另一个应用进程，从而实现在多个应用程序之间进行异步数据传输。

2. 巷道围岩监测系统架构设计

根据系统需求分析，需要实时获取光纤光栅采集传感器的数据，处理数据量大且实时性强，同时要求系统能够兼容多种采集仪器，系统应用程序能够分布于不用的网络环境并部署于多种物理服务器上。系统各个模块间应该能够相互独立部署运行，共同组成系统的完整功能，模块间降低耦合度，使系统满足扩展性的要求。通过矿山压力与岩层控制理论与软件工程理论的结合应用，并采用主流的软件系统设计模型，对系统进行架构设计。

巷道围岩安全状态监测云平台系统采用 Browser/Server 结构，用户只需要使用能连接互联网的计算机、智能手机、平板计算机及其他智能终端即可访问系统进行操作。

采用面向对象程序设计语言 Java 及主流 Web 开发框架技术，采用模块化设计思想，关注点分离结合 MVC 设计模式，采用前后端分离的方式，设计出符合 REST 风格的应用程序。系统部署于服务器中，运行环境为 JVM(Java Virtual Machine)，使用集成开发环境 Intellij IDEA 完成系统功能的实现。

系统逻辑架构图如图 7-7 所示，监测数据由光纤光栅采集传感器采集原始数据，经解调仪转换后通过 TCP/IP 通信协议发送至数据采集集群，集群接收数据后一方面进行实时消费经 Websocket 后显示在客户端界面，另一方面将采集到的数据发送至数据中心进行持久化处理。数据中心主要保存历史数据，在系统设计时为数据分页服务预留接口，供大数据处理工具 Hadoop、Spark 等进行数据分析和挖掘，在大数据环境下发现规律，为科研应用提供帮助。

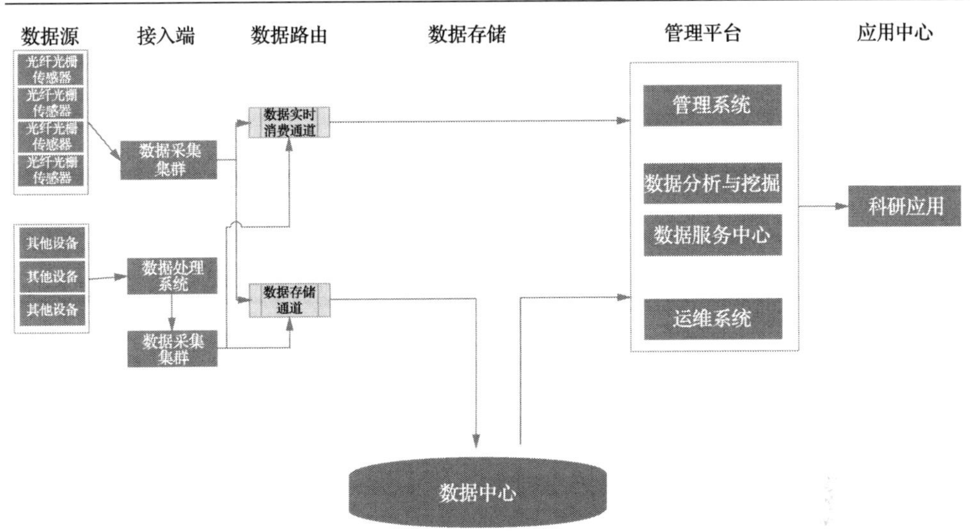

图 7-7　巷道围岩安全状态监测系统逻辑架构图

信息平台在结构上主要包含信息门户、设备接入、实时监测、数据管理、任务调度、系统管理等模块(图 7-8)，各个模块之间共同协作。

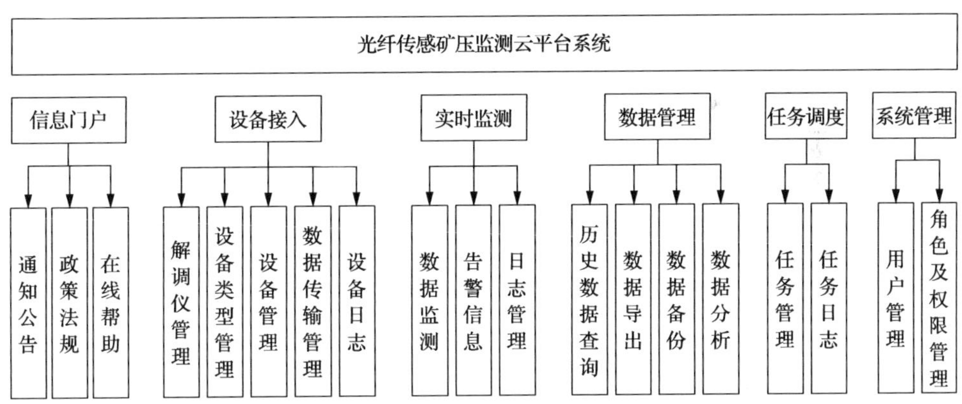

图 7-8　巷道围岩安全状态监测系统结构设计

监测系统的部署架构如图 7-9 所示，系统部署在多个不同的服务器机房中，通过互联网互相通信。数据接入系统的企业在信息中心机房中部署数据采集程序，组成数据采集集群，将采集到的数据以数据包的形式发送至互联网中的应用服务器。用户访问请求经代理服务器及负载均衡服务器到达 Web 服务器，Web 服务器通过与数据服务中心服务器及平台管理应用服务器进行通信。数据存储主要依靠缓存服务器和 Mysql 服务器，当数据量达到一定程度时，将采用公有云及 Presto 集群进行存储，方便大数据接口进行数据分析及数据挖掘工作。

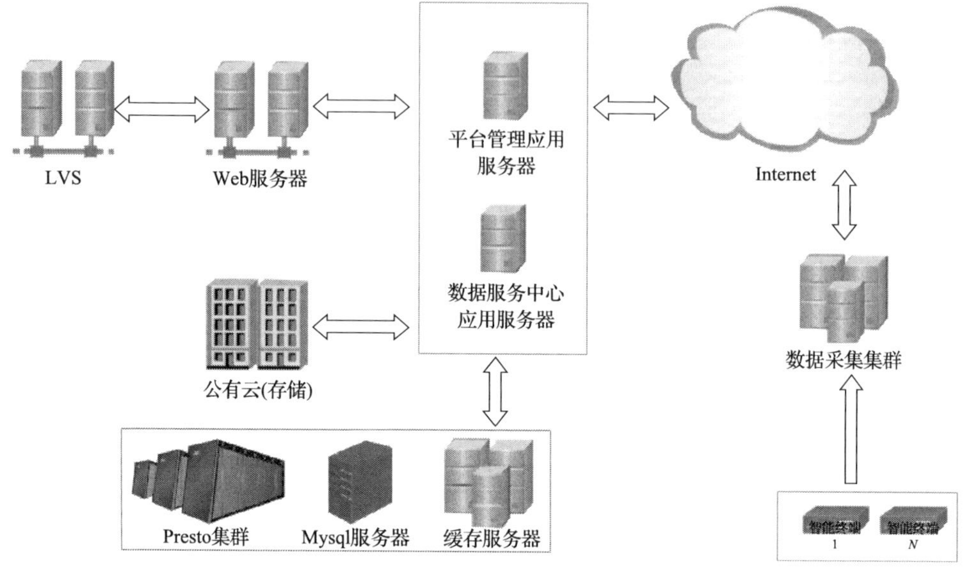

图 7-9　部署架构图

3. 巷道围岩监测系统主要功能模块设计

系统设计原则：

(1) 可行性原则。信息平台应该能够支持提供多种不同采集传感器的接入，应能够适应不同生产环境下的不同网络拓扑，同时，应能够最大限度地利用企业现有资源进行布置，尽量减少额外的经济投入。

(2) 安全可靠性原则。信息平台应能够稳定地采集巷道围岩安全状态监测数据并将其存入数据库系统中，同时提供数据历史巷道围岩安全状态监测数据查询服务。信息平台应能够稳定、安全地运行在 Internet 中，对于数据和系统入口采用严格的安全手段限制无权限的访问，另外，数据在设置访问权限的同时应具备可靠的数据备份与恢复机制。

(3) 可扩展性原则。随着云计算与大数据技术的不断发展，大数据技术在矿业工程实际问题的解决中扮演着越来越重要的角色，因此，云平台必须保持高度的可扩展性，主要包括巷道围岩安全状态监测数据分析、预警指标分析的数据访问接口的可扩展性，以保证大数据技术能够成功集成于信息平台中，挖掘潜在的数据价值，为科研提供更有价值的信息。

1) 巷道围岩安全状态监测系统入口设计

系统入口设计主要包括信息门户和系统管理两个模块(图 7-10)。基于角色访问控制原理，主要设定两大类用户：系统管理员和企业用户，两大类用户均可以通过浏览器、智能手机、平板计算机及其他可访问互联网的传感器登录系统。

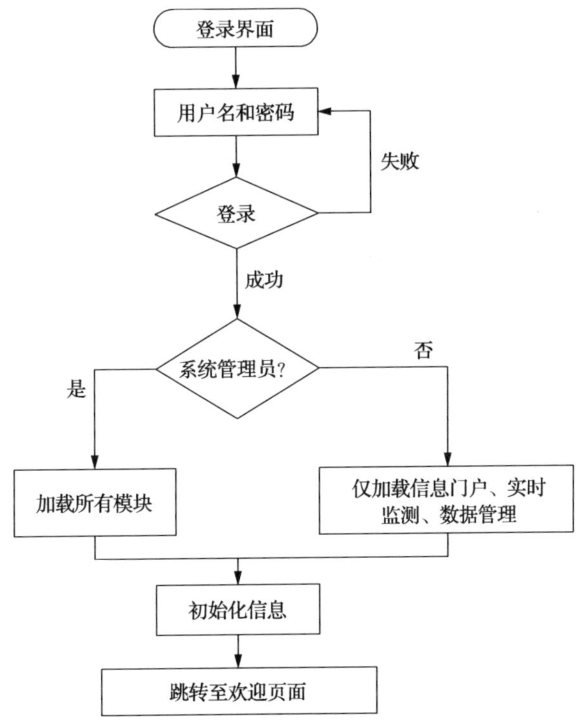

图 7-10　巷道围岩安全状态监测系统入口流程图

系统管理员具有整个系统的最高权限，可以访问所有模块并进行传感器的配置，添加、修改调度任务等，具体包括以下功能。①系统管理：添加、删除、修改用户，以及修改用户访问某个模块的权限等；②信息门户：添加、删除、修改通知公告及政策法规，同时可以与用户以通信时的方式进行沟通；③传感器接入：对解调仪进行管理，对传感器进行添加、删除和修改，对数据传输节点进行配置和更改；④实时监控：可以查看接入系统的所有企业的实时数据及告警信息；⑤数据管理：可以查看所有企业的历史数据，对整个系统的所有数据进行导出和备份；⑥任务调度：可以添加、删除、修改系统中的任务，如数据采集任务的采集频率等。

企业用户拥有第二大类权限，权限级别较低，只能访问该用户权限中规定的模块。除此以外，其他模块对于企业用户为不可见状态。企业用户默认可以访问的模块有如下几种。①信息门户：可以查看通知公告及政策法规，对于使用系统中出现的各种异常及问题，可以通过在线形式寻求管理员的帮助；②实时监测：可以查看用户所在企业的巷道围岩安全状态监测数据及告警信息；③数据管理：可以查看用户所在企业的历史数据信息，并可以导出相应格式的报表。同时可以对用户所在企业的数据进行导出备份及进行数据分析。

2)巷道围岩安全状态监测传感器接入模块设计

传感器接入模块主要包括数据采集和数据传输两大方面，同时还包括光纤光栅解调仪及光纤光栅采集传感器的管理，其中采集传感器的管理主要内容包括采集传感器类型的管理及传感器管理两方面。采集传感器类型管理主要维护 device_type 表，对传感器类型的增加、减少、更新等操作即对该表的增、删、改、查。

为保证采集数据的可靠性及系统运行的稳定性，采集传感器的更新需要对传感器运行状态作出判断，如果传感器正在运行中，则需要停止传感器运行后再对传感器的信息进行更新操作，更新后将数据持久化至数据库。信息更新后的传感器经有效性校验后，若校验合格则可更新数据库，否则结束操作(图 7-11)。

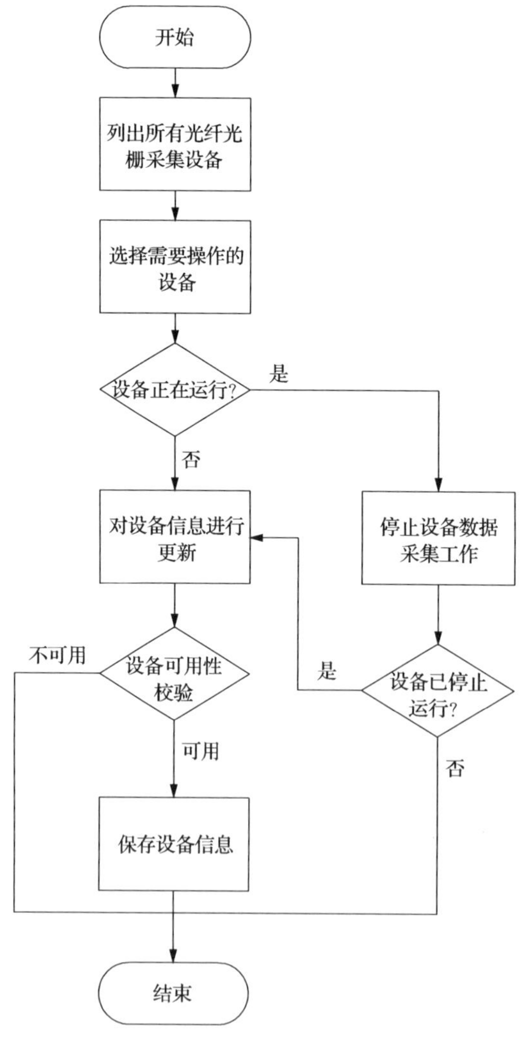

图 7-11　矿压采集传感器更新流程图

3) 矿压实时监测模块设计

矿压实时监测模块主要对数据采集集群发送至 Kafka 消息队列的数据进行及时消费，并按照预设的专家指标对数据进行检验，将数据推送给前端展示及对数据的持久化等操作(图 7-12)。

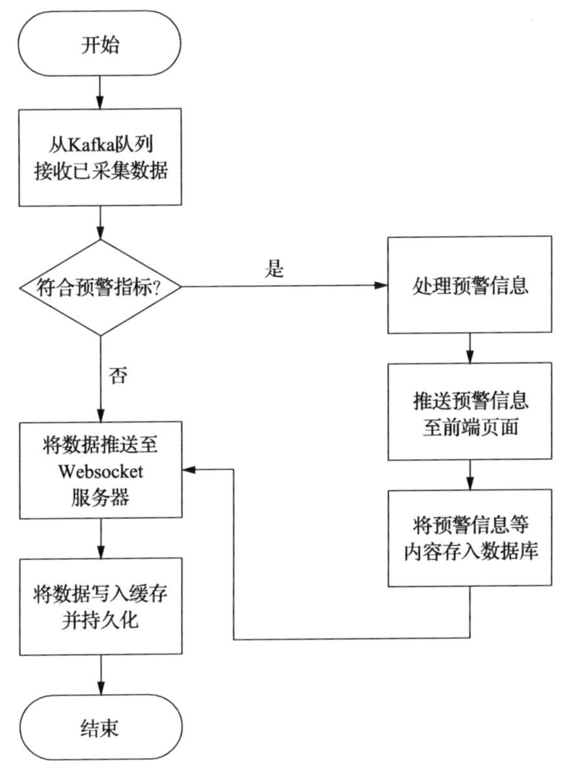

图 7-12　实时监测数据处理流程

矿压实时显示部分借助百度团队研发的 Echarts 图表组件及 HTML 前端展示组件，利用文本、图表、图形图像等对顶板离层仪、锚杆(索)载荷、锚杆轴向力和巷道两帮垂直应力等监测数据和分布情况进行实时展示。

(1) 巷道离层分布实时曲线。巷道离层分布实时曲线采用随时间动态变化的折线图表示。横轴表示回采巷道位置及光纤光栅顶板离层仪安装位置，纵轴表示离层值的大小。

(2) 锚杆(索)载荷实时监测。采用随时间变化的折线图对锚杆(索)的实时载荷情况进行表示。横轴表示时间，纵轴表示锚杆(索)测力计采集的数据。

(3) 回采巷道两帮垂直应力实时分布曲线。采用随时间动态变化的折线图对回采巷道两帮垂直应力的变化情况进行表示。横轴表示时间，纵轴表示光纤光栅钻孔应力计采集的数据，通过曲线变化来动态展示回采巷道两帮垂直应力的变化。

(4)综采工作面液压支架压力曲线。采用随时间动态变化的折线图对综采工作面支架压力分布曲线进行表示。横轴表示时间，纵轴表示传感器采集的监测值，通过曲线变化动态展示综采工作面液压支架的受力状态和工作状态。

4)历史巷道围岩安全状态监测数据管理模块设计

历史巷道围岩安全状态监测数据管理模块主要涉及历史数据查询、数据导出、数据备份、报表导出等，其中历史数据查询可以为用户查询所选择时间段内的巷道围岩安全状态监测数据信息，并以图表的形式展示在用户端界面中；数据导出为用户提供导出 Excel、SQL 文件等格式的历史数据文件；数据备份会在系统中将企业监测数据以文件的形式备份至服务器中；报表导出部分主要提供 PDF、Word 格式的巷道围岩安全状态监测报表信息的导出及打印功能。

采集传感器在使用期间的所有监测数据都是非常有价值的，以图表显示一个时间区间的监测数据能够得到采集传感器所在地区矿压的连续变化规律。历史数据查询可选择一种或多种传感器，同时选择特定时间区间，经过时间区间校验后生成相对应的 SQL 查询语句，对数据库中的数据进行检索，若查询失败则返回至传感器选择处，否则将查询结果按照要求格式进行处理，最终用于生成图表，异步调用刷新界面函数将结果展示给用户，如图 7-13 所示。

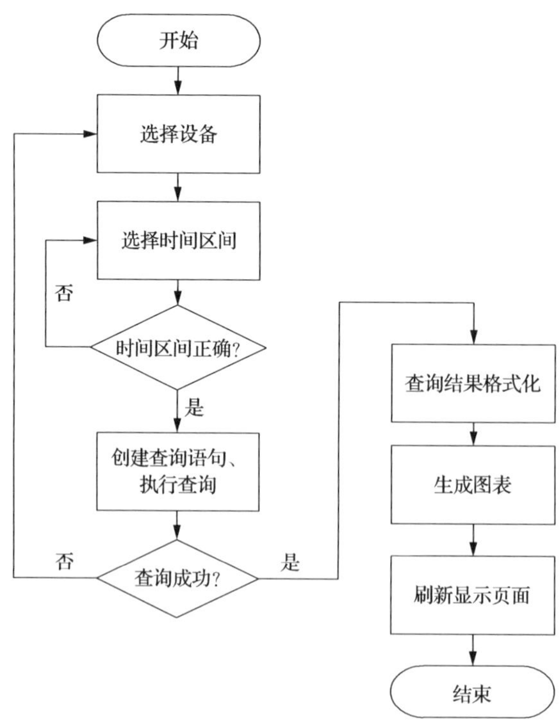

图 7-13　历史巷道围岩安全状态监测数据查询流程图

数据备份主要完成对监测数据的备份，用户每天可对数据进行一次备份，备份以 sql 文件的形式存放于服务器指定文件夹中，也可以利用系统的任务调度功能，启动数据备份任务，周期性地执行数据备份操作，完成自动备份。

报表导出功能是数据管理模块的核心功能，报表可以通过文本、图表等格式直观地展示系统的监测结果。报表内容由实时数据及历史数据分析结果共同组成，其中实时数据由程序读取 Redis 缓存获得，根据报表模板内容要求获取相应采集传感器的监测值；另一部分由数据分析组成，由程序根据采集传感器及时间区间查询数据库，并对时间区间内数据进行分析后得出结果，如图 7-14 所示。

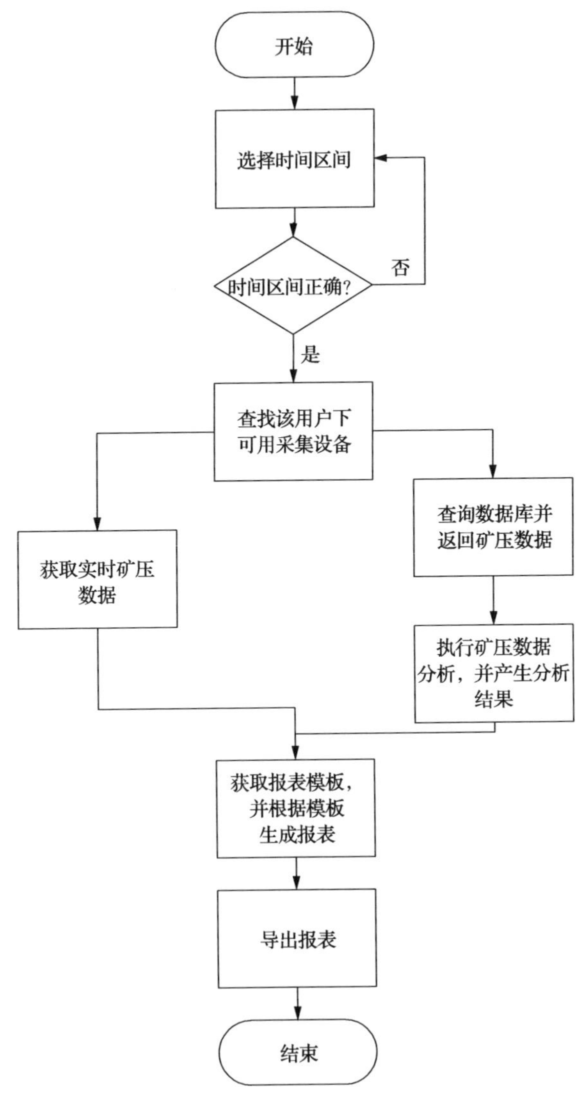

图 7-14　巷道围岩安全状态监测报表导出流程图

根据不同企业的实际生产情况，制定适合企业自身的报表模板文件，供生成报表时统一报表格式，巷道围岩安全状态监测报表主要由以下信息组成。

(1)监测煤矿的信息，主要包括工作面及巷道和支护方案等基本信息。

(2)回采巷道顶板离层分布曲线或选定时间区间内光纤光栅顶板离层仪采集的数据的变化曲线。

(3)选定时间区间内光纤光栅钻孔应力计采集的回采巷道两帮垂直应力变化折线图。

(4)选定时间区间内光纤光栅锚杆(索)传感器采集的回采巷道内锚杆(索)载荷变化折线图。

(5)选定时间区间内光纤光栅测力锚杆采集的锚杆轴向力、扭矩分布图等。

采集传感器数据分析通过查询历史数据记录及告警信息表，并根据信息生成图表及文字告警信息，主要包括离层情况、锚杆受力情况、回采巷道两帮垂直应力分布情况、综采工作面支架压力工作状态等的分析。

5)巷道围岩安全状态监测任务调度模块

在分布式系统中，很多任务同时尝试访问系统共享资源，任务调度能够确保系统资源的合理分配，减少系统的平均响应时间，提供系统资源的利用。任务调度模块主要负责系统中的定时任务的添加、删除、修改以及定时任务的启动与停止操作，其中最主要的是数据采集任务。

数据采集任务负责周期性地访问光纤光栅解调仪的数据获取接口，并获取解调仪转换后的最新数据包。对数据包进行校验后，进行格式转换等操作，同时查询传感器配置的 Kafka 消息队列的 Topic，然后以生产者的身份将转换后的数据发送至传感器所属的 Topic 中。

拥有任务调度及传感器接入模块的系统管理员，在配置好光纤光栅解调仪后即可配置对应的数据采集任务，并开始执行任务。启动数据采集任务时，首先对解调仪所配置的 Kafka 消息队列可用性进行检查，检查通过则开始启动数据采集线程，否则提示配置错误并结束(图 7-15)。

7.3.2　巷道围岩监测云平台网络设计

1. 巷道围岩监测云平台中的数据传输协议及作用

1)TCP/IP 协议在矿压采集数据传输中的作用

实现分布在不同地域的主机之间的进程通信，以实现各种网络服务，是计算机网络最主要的目的。TCP/IP 协议是实现网络通信的基础，通过 TCP/IP 协议，处于不同地域的主机之间都可以进行通信，如图 7-16 所示。

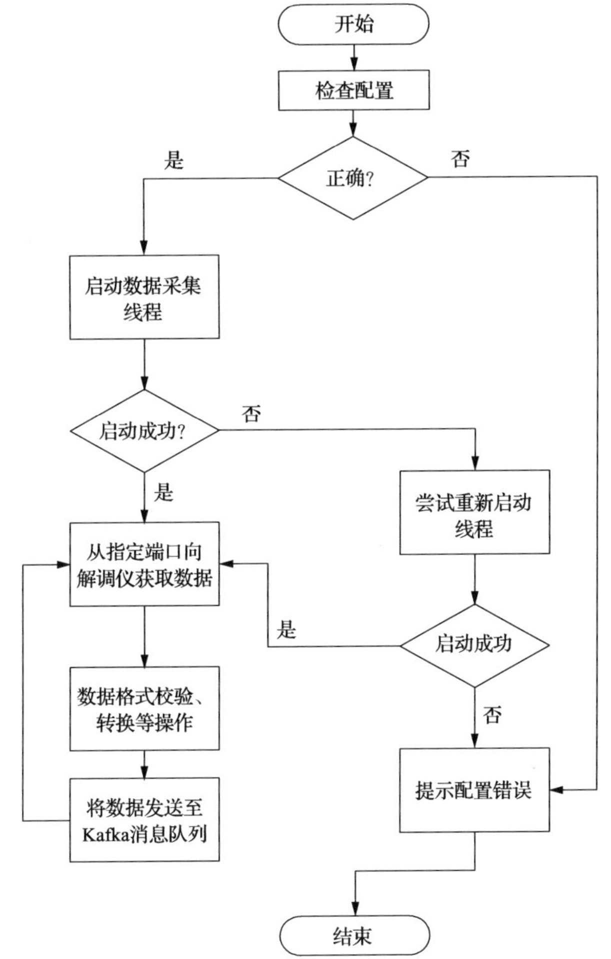

图 7-15　数据采集任务流程图

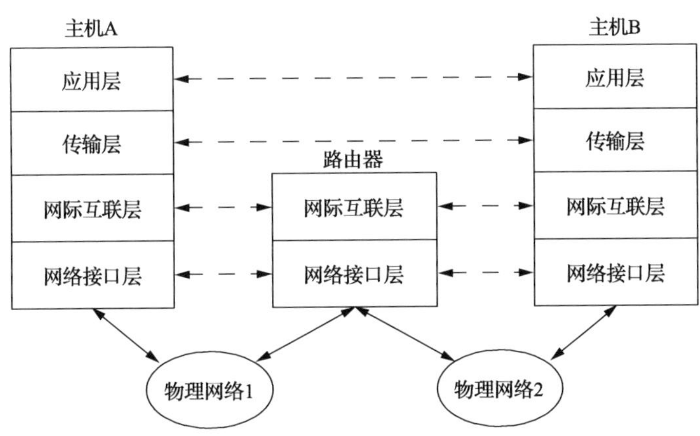

图 7-16　TCP/IP 参考模型的通信原理

在实际应用中，光纤光栅解调仪一般位于矿井井下环网中，而应用服务器通常位于矿井井上的信息网络中。因此，解调仪与服务器应用程序之间的通信及数据传输就分布于两个物理网络中，采用 TCP/IP 协议，并通过路由器及网关，解调仪数据便可经过传输介质发送到服务器端的接收程序中，以便应用程序进行处理。

2) HTTP 协议在巷道围岩安全状态监测云平台中的作用

在 Web 应用程序中，包括 HTML 网页、图片文件、视频文件等所有类型的内容来源都称为资源。

HTTP 协议是用于从服务器传输超文本到本地浏览器的传送协议，使用的是面向连接的可靠的 TCP 数据传输协议，能够确保数据在浏览器与服务器之间的传输过程中不会被损坏或产生混乱。

在实际应用中，Web 服务器集群位于固定的机房中，而 Web 客户端(浏览器、手机移动传感器)分布于生产科室、调度室、学校实验室等各个地区，客户端使用 HTTP 协议向 Web 服务器发送请求数据，Web 服务器也使用 HTML、报表文件等的形式将系统页面返回给客户端(图 7-17)。

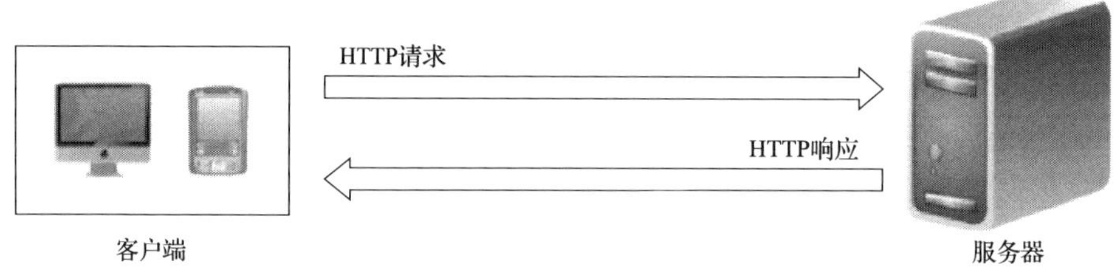

图 7-17　Web 客户端和服务器通信

3) Websocket 协议在巷道围岩安全状态监测云平台中的作用

Websocket 协议允许两个相连接的端在一个单一的 TCP 连接上进行全双工通信，主要用来作为托管在 Web 服务器上的 Web 应用和浏览器客户端之间的通信机制。在 Websocket 的场景中，连接通过 HTTP 和 Websocket 断电交互的方式建立。连接的发起者发送一个专门制定的 HTTP 请求，其中包含其希望连接的 Websocket 端点的 URL，如果服务器接受了连接，就会制定一个称为打开握手响应的特殊的 HTTP 响应并发送给客户端。此时，TCP 连接建立，能够保证 Websocket 消息的往返传递。连接将一直保持知道任意一方决定终止连接，或者是某些外部因素(超时或者物理网络故障)导致连接关闭(图 7-18)。

Websocket 的应用主要集中在系统的实时监控模块，当客户端打开浏览器时，服务器与客户端之间建立可靠的连接，连接建立后便可进行全双工通信，当服务器接收到采集传感器发送的监测数据时，即可将数据推送给客户端。

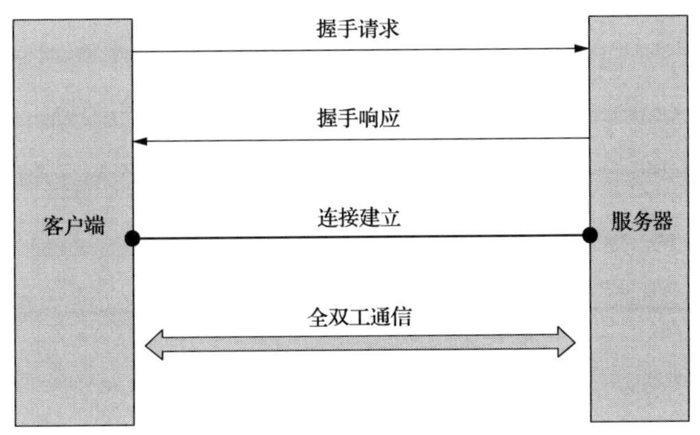

图 7-18　Websocket 通信过程

2. 巷道围岩监测云平台系统网络通信结构设计

客户端、服务器、光纤光栅解调仪分布于不同的地区及不同的网络环境中，需要通过采用相应的网络协议进行数据传输，保证网络可靠是系统稳定运行的基础。

系统总体网络通信结构如图 7-19 所示。

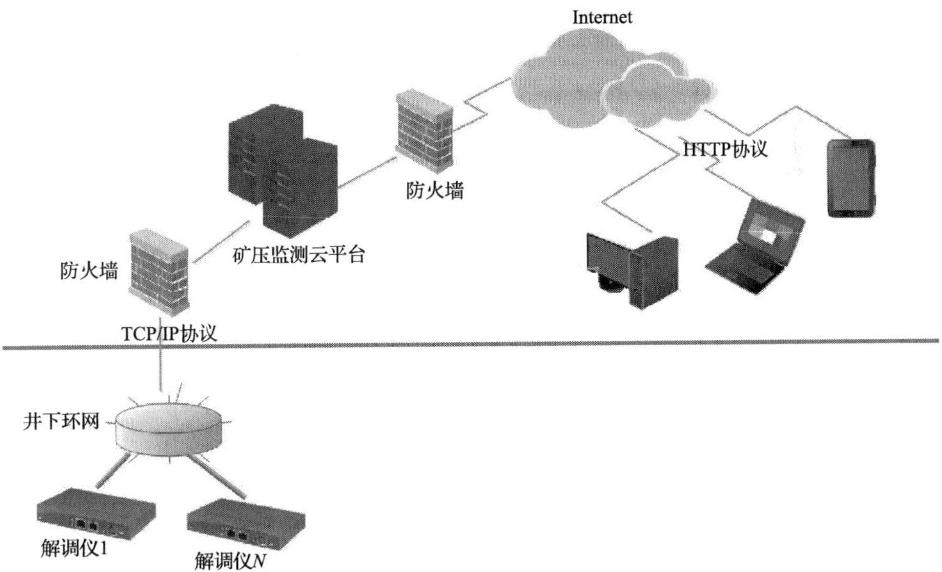

图 7-19　网络通信结构图

井下解调仪采集到的光信号经过转换后的数据通过 TCP/IP 协议传入井下环网，井下环网通过防火墙路由网关等传感器连接至井上的信息网络中。服务器接收到信号后，通过以太网进行传输。

计算机、移动传感器等通过 HTTP 协议访问系统就可以获取到数据。

7.3.3　巷道围岩监测数据的存储设计

1. 巷道围岩监测数据存储概述

巷道围岩安全状态监测数据存储主要包括两方面的工作，一方面是对采集的巷道围岩安全状态监测数据进行永久存储，另一方面是对实时性较高的巷道围岩安全状态监测数据暂时存储并提供快速查询功能。

考虑到系统的稳定性及开发维护成本等问题，对于需要永久存储的巷道围岩安全状态监测数据，采用开源 MySQL 数据库，实现对共享数据有效地组织、管理和存取，MySQL 提供数据定义语言(data definition language，DDL)供用户对数据库的结构进行定义和描述。MySQL 的功能强大、使用简单、管理方便、运行速度快，同时具有成本低、性能高、可靠性好等优势。

对于实时性较强的巷道围岩安全状态监测数据的缓存，采用 Redis 数据库进行实现。Redis 是基于内存的开源的非关系型数据库(non-relational database)，可以存储键(key)与 5 种不同类型的值(value)之间的映射(mapping)，实际中遇到的各种各样的问题都可以映射到这些数据结构上。在实际应用中，Redis 不但能够良好地支持集群同步，即将数据从主服务器向任意数量的从服务器上同步，将从服务器中的数据同步至关联其他从服务器的主服务器，还支持将数据持久化到硬盘进行存储，是非常优秀、非常高效的用来做缓存的数据库。

系统数据库名为“cumt_sensor”，根据实际情况需要，可以将其部署在单独的服务器中，也可分别部署于不同的企业，以集群的形式存在，各个主机之间通过网络进行数据同步。

巷道围岩安全状态监测系统数据库表(表 7-3)主要分为三类：第一类是云相关表，用于管理用户、企业等信息；第二类是采集传感器相关表，主要用于管理传感器信息；第三类数据表，包括监测数据表、告警信息表、报表信息表等，满足系统中实时监控、数据查询、报表生成等业务的需要。

表 7-3　数据库表说明

表名	说明
user	用户表
user_role	角色表
company	企业信息表
device	光纤光栅采集传感器信息列表
device_type	传感器类型表
monitor_values	存储采集传感器获取的数据
warning_info	存储告警信息
report_info	存储报表生成相关信息

为减少数据冗余，保证系统的可靠与稳定性，相关表之间采用外键关联的方式组合使用(图 7-20)，表中常用字段建立索引，提高了系统的查询效率。

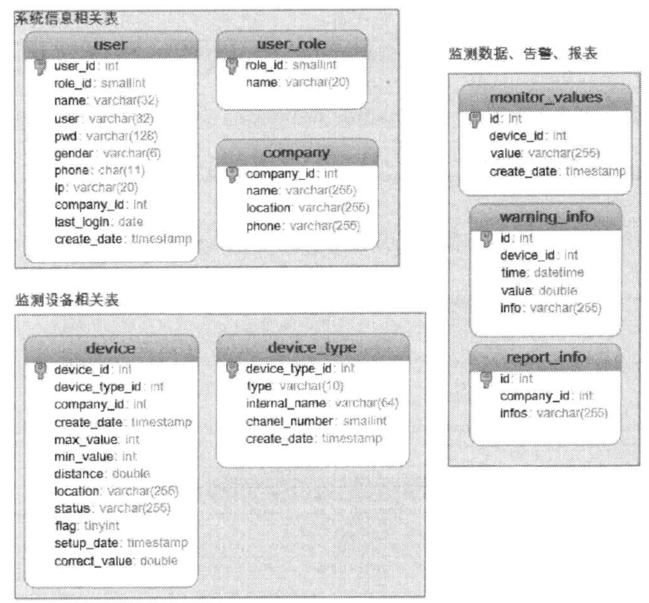

图 7-20　数据库表关系图

2. 巷道围岩监测云平台信息相关表设计

1) user 用户表(表 7-4)

用户表主要存储使用系统的用户及用户相关信息，每一条记录对应一个可登录系统的用户，每条记录中包含有用户登录名、用户姓名、用户密码、用户角色、用户所属企业、最近一次登录时间及 IP 地址等。系统入口使用该表信息作为是否允许进入系统的判断依据，用户表是系统中最基础的表。

2) user_role 用户角色表(表 7-5)

用户角色表主要用来存储用户角色信息。根据实际使用需求，在本系统中设定了两大类用户角色：第一大类为系统管理员(admin)，具有整个体统中最高的访问权限，可以访问和修改系统中的所有模块；第二大类为用户(user)，相对于 admin 来说用户的权限较小，只能访问 level 字段中规定的系统模块。

3) company 企业信息表(表 7-6)

企业信息表主要用来存储接入巷道围岩安全状态监测云平台的企业相关信息，对不同企业之间的监测数据进行隔离。

表 7-4　user 用户表中各个字段的解释

字段名	数据类型	主键	空值	说明
user_id	int(11)	是	否	用户 ID，在整个系统中唯一标识一个用户
role_id	int(11)		否	与 user_role 表关联，标识用户角色
user	varchar(32)		否	用户登录系统所使用的名称
name	varchar(32)		是	用户姓名
pwd	varchar(128)		否	用户密码
gender	varchar(6)		是	用户性别
phone	char(11)		是	用户联系方式
ip	varchar(20)		是	最近一次登录 IP 地址
company_id	int(11)		否	用户所属企业
last_login	date		否	最近一次登录时间
create_date	timestamp		否	该条记录创建日期

表 7-5　user_role 用户角色表中各个字段的解释

字段名	数据类型	键	空值	说明
role_id	smallint(5)	是	否	唯一标识一种用户角色
name	varchar(20)		否	角色名称
level	varchar(255)		是	记录该角色下的用户在系统中可以访问的模块

表 7-6　company 企业信息表中各个字段的解释

字段名	数据类型	主键	空值	说明
company_id	int(11)	是	否	唯一标识一家企业
name	varchar(255)		否	企业名称
location	varchar(255)		否	企业地址
phone	varchar(255)		否	企业联系方式

3. 巷道围岩监测传感器相关表设计

1) device 采集传感器表(表 7-7)

采集传感器主要存储用于采集的巷道围岩安全状态监测数据的光纤光栅传感器的相关信息，每一条记录对应实际中的一个已安装传感器，所有安装传感器都需要在此表中注册并记录。每条记录中包含传感器的类型，采集传感器所属企业，传感器采集数据的最大/最小值，传感器在现场中的安装位置、安装时间，测站信息，传感器的工作状态及可用性信息，采集传感器表是实时监控模块的基础。

表 7-7　device 采集传感器表中各个字段的解释

字段名	数据类型	主键	空值	说明
device_id	int(11)	是	否	传感器 ID，在整个系统中唯一标识一个光纤光栅采集传感器
device_type_id	int(11)		否	关联 device_type 表，标识传感器类型
company_id	int(11)		否	标识传感器所属企业
max_value	double		否	传感器的最大可用值
min_value	double		否	传感器的最小可用值
distance	varchar(255)		是	传感器测站信息
location	varchar(255)		是	传感器安装位置信息
status	tinyint(2)		否	传感器工作状态。1：正常，0：故障
flag	tinyint(2)		否	传感器可用性。1：可用，0 不可用
setup_date	date		否	传感器安装日期
create_date	timestamp		否	该条记录创建日期

2) device_type 传感器类型表(表 7-8)

传感器类型表主要用来存储采集传感器信息，每一条记录对应一种采集传感器，以方便地兼容旧传感器和扩展新传感器。每条记录中包含传感器的类型，内部名称，传感器采集数据的传感器个数，即该传感器有几个值需要进行存储，data_format 字段规定了传感器采集数据的格式。采集数据的格式统一采用 Json 数组的方式进行规范，以方便数据在网络传输过程中的序列化和反序列化操作。

表 7-8　device_type 传感器类型表中各个字段的解释

字段名	数据类型	主键	空值	说明
device_type_id	int(11)	是	否	唯一标识一种传感器类型
type	varchar(20)		否	传感器类型
internal_name	varchar(64)		否	传感器类型内部名称
chanel_name	smallint(5)		否	传感器个数
data_format	varchar(255)		否	采集数据记录格式
create_date	timestamp		否	该条记录创建日期

4. 巷道围岩监测数据等表的设计

1) monitor_values 传感器采集数据表(表 7-9)

传感器采集数据表主要用来存储已安装的传感器所采集的数据信息，每条数据包含全局唯一 ID、采集传感器 ID、数据内容及采集时间信息。通过 device_id 字段可以获取相关的采集传感器的所有信息，value 字段按照 device_type 表中 data_format 规定的格式对数据进行存储，方便后续的查询操作。系统实际运行中，对 device_id 及 value 字段建立索引，缩短了 SQL 查询时间，加快了系统响应速度。

表 7-9 monitor_values 传感器采集数据表中各个字段的解释

字段名	数据类型	主键	空值	说明
id	int(11)	是	否	唯一标识一条采集数据
device_type_id	int(11)		否	采集传感器 ID，根据该 ID 可以获取采集传感器的所有信息
value	varchar(255)		否	该字段存储采集数据
create_date	timestamp		否	该条记录创建日期

2) warning_info 告警信息表(表 7-10)

告警信息表用来存储系统在运行过程中实时检测到的采集数据过大、过小等情况时的信息。

表 7-10 warning_info 告警信息表中各个字段的解释

字段名	数据类型	主键	空值	说明
id	int(11)	是	否	唯一标识一条告警信息
device _id	int(11)		否	发生告警的传感器 ID
value	varchar(255)		否	发生告警信息时采集传感器采集到的数据值
info	varchar(255)			告警信息内容
time	timestamp		否	告警信息产生时间

3) report_info 报表信息表(表 7-11)

报表信息表用来存储不同企业需要生成报表中的数据，包括关联企业的 ID 信息，报表基础信息和报表模板文件的保存路径。

表 7-11 report _info 报名信息表中各个字段的解释

字段名	数据类型	主键	空值	说明
id	int(11)	是	否	唯一标识一条报表信息
company _id	int(11)		否	企业 ID
infos	varchar(255)		否	报表基础信息
template_file_location	varchar(255)		否	报表模板存放路径

7.4 巷道围岩光纤感知云平台实现及工业试验

7.4.1 巷道围岩监测云平台的实现

1. 软件开发工具及环境

IntelliJ IDEA 主要用于支持 Java 的集成开发工具，对目前主流的技术和框架提供非常友好的支持，非常擅长于 Web 应用的开发。其由于天然与各大主流框架的完美结合及出色的用户体验，被称为最受 Java 开发人员欢迎的开发平台。

开发环境与要求如表 7-12 所示。

表 7-12　巷道围岩安全状态监测系统开发环境与要求

项目	要求内容
操作系统	Windows、Linux、Unix
数据库管理系统(DBMS)	MySQL
数据库管理与设计语言	SQL
软件开发语言	Java
集成开发环境	IntelliJ IDEA
系统运行环境	Java Virtual Machine

2. 软件开发设计模式

模型、视图与控制器(MVC)模式(图 7-21)是 Java EE 企业应用开发中最常用的一种设计模式，基于关注点分离的思想，将应用数据的处理从数据展示上封装起来，使得对业务逻辑和用户界面的修改变得更加轻松、独立，从而降低系统耦合度，保证系统易于维护性和扩展。

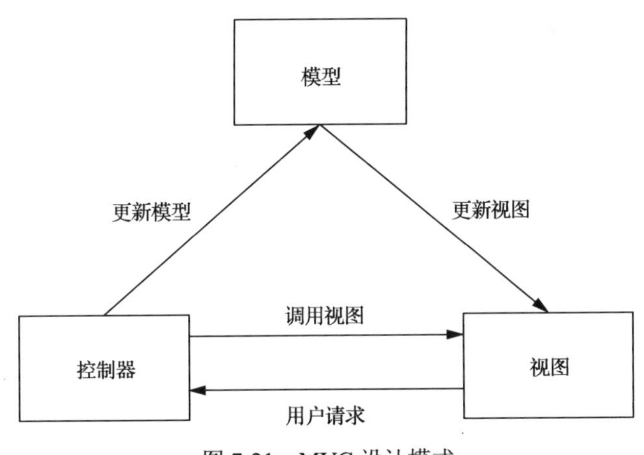

图 7-21　MVC 设计模式

在 MVC 模式中，模型表示的是应用数据以及相关的业务逻辑。模型可以通过一个对象或者是相关对象的复杂图来表示。在 Java EE 应用中，数据被封装在领域对象中，通常会被部署到 EJB 模块中，数据会传递给数据访问层或是从数据访问层获取，并通过数据访问对象(DAO)进行访问。

视图指的是对包含在模型中的数据的可视化表示。模型的子集会被表示为单个视图，这样，视图就作为模型数据的过滤器。用户通过视图的可视化表示与模型数据交互并调用业务逻辑，而业务逻辑反过来又会操纵模型数据。

控制器会将视图链接到模型上，并指定应用流。它会选择渲染视图来响应用户的输入以及要处理的业务逻辑。控制器会接收到来自视图的消息，然后将其转发给模型。模型接下来会准备响应数据并将其发回给控制器，而控制器则会选择视图并将其返回给用户。

3. 巷道围岩监测系统工程结构及访问接口设计

1）巷道围岩安全状态监测系统工程结构

巷道围岩安全状态监测系统采用分模块开发，工程结构如图 7-22 所示，其中 Common 负责整个系统的框架搭建、各种工具类的定义以及各种通用接口的定义及实现，Domian 负责 POJO 类及远程调用接口的定义以及业务接口的定义，Console 负责业务逻辑实现并负责将数据持久化至数据库，Restful 模块负责响应用户请求并提供 REST 接口供前端访问。

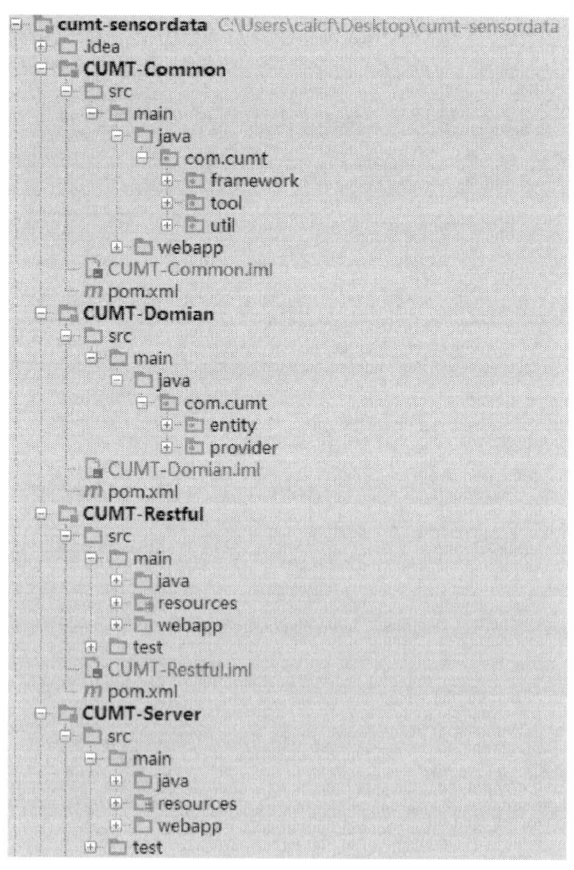

图 7-22 巷道围岩安全状态监测系统工程结构

2) 巷道围岩安全状态监测系统服务访问接口设计

服务接口调用规则：

(1) 接入方与服务端通信使用 HTTP 协议；

(2) 请求采用 GET/POST 等方式；

(3) 提交和返回结果采用 JSON 格式；

(4) 字符集默认使用 UTF-8，请勿使用其他字符集；

(5) 客户端与服务端之间接口的交互，都需要验证签名；

(6) 处理返回时，判断返回码为“success”表示成功，否则，表示失败。

采用标准操作方法 GET 及 POST 操作资源，定义符合 REST 格式的 API 供前端调用。接口信息主要包括所属业务说明、接口名称、请求路径及请求方法等信息。例如，用户管理部分的接口定义如表 7-13 所示，路径标识了可操作的后台资源，方法规定了接口能够处理何种 HTTP 请求。

表 7-13　用户管理接口定义

业务说明	序号	接口名称	路径	方法
用户管理	1	获取所有用户	/user/byAll	GET
	2	分页获取用户	/user/byPage?条件	POST
	3	根据条件获取用户	/user/byCondition?条件	POST
	4	获取指定 id 用户	/user/{id}	GET
	5	删除用户	/user/deleting?id={id1}，{id2}，...	GET
	6	新建用户	/user/creating?条件	POST
	7	更新用户信息	/user/updating?条件	POST

当应用部署至具体服务器后，即可通过浏览器等访问工具通过 HTTP 协议对接口进行访问，接口返回值统一使用 JSON 封装。以“/user/byPage?条件”为例，通过 POST 方法并传入请求参数，后台服务器接收请求后在数据库中进行查询，将查询后的结果以 JSON 结构返回，“status”中的内容表示一次请求是否成功，如果业务处理成功则返回“success”；“message”中的内容为系统业务处理中发生错误时调用栈及发生异常的程序的错误信息；“content”中的内容即为客户端可以用来渲染前端页面中图表的数据信息，其中“rows”中内容即为查询到的数据信息(表 7-14)。

表 7-14　用户分页接口规定

接口名称	byPage
功能说明	获取指定分页部分的驾驶行为事件信息列表
接口地址	http://ip:port/cumt/rest/base/user/byPage
提交方式	HTTP 协议——POST 方法
	请求参数

续表

```
{
"condition" : {},      // 查询条件
"desc" : "",           // 描述
"orderBy" : "",        // 排序方法
"pageNum" : 1,         // 页数
"pageSize" : 10,       // 每页记录数
"startRowNum" : 0,
"endRowNum" : 10,
"total" : 0,
"totalPageNum" : 0
}
```

返回值说明

返回满足条件的信息列表。status = success 表示成功，否则失败。content 为请求返回的具体数据。message 在请求失败时返回错误的原因，如果成功则返回空。

JSON 格式

```
{
"content": {
  "condition" : null,
  "desc" : "",             // 描述
  "orderBy" : "",
  "pageNum" : 1,           // 记录页数
  "pageSize" : 10,
  "rows" : [  {
    "user":"admin",
    "pwd":"admin"
  },
    ... ],
  "startRowNum" : 0,     // 记录开始行号
  "endRowNum" : 10,      // 记录终止行号
  "total" : 1,           // 记录总数
  "totalPageNum" : 1   // 记录总页数
},
"message": "",
"status": "success"
}
```

7.4.2 巷道围岩监测系统的云端实现

1. 云服务及 Docker 容器

云服务基本都可以归为下面几大类的一种或多种。

(1)基础设置即服务(infrastructure as a service，IaaS)，通常指在云端为用户提供基础设施，如虚拟机、服务器、存储、负载均衡和网络等。

(2)平台及服务(platform as a service，PaaS)，通常指的是在云端为用户提供可执行环境、数据库、网站服务和开发工具等。

(3)容器即服务(container as a service，CaaS)，随着容器的出现，在传统 IaaS 层出现了用容器替代虚拟机的服务模式，这种模式是虚拟机云主机的升级版，由

于容器的轻量级特性，在资源利用率和性能方面都比 IaaS 层的虚拟机高出很多。

一般认为 IaaS、PaaS 和 Caas 是云计算最基本的三种服务模式，其分层结构如图 7-23 所示。

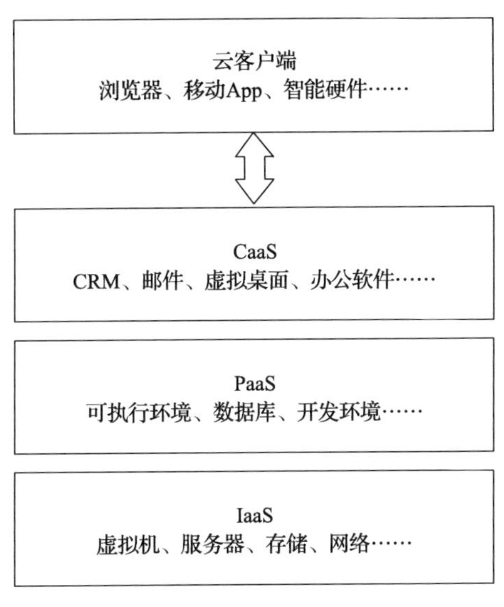

图 7-23　云计算服务模式图

云平台的实现依赖于虚拟化技术，而虚拟化技术分为硬件级虚拟化和操作系统级虚拟化。硬件级虚拟化模拟的是一个完整的操作系统。操作系统级虚拟化模拟的是运行在操作系统上的多个不同进程，并将其封装在一个密闭的容器里，也称为容器化技术。

Docker 是容器虚拟化技术中目前最流行的一种，Docker 省去了操作系统，整个层级更简化，可以在单台服务器上运行更多的应用，而这正是 IaaS 所需要的。

2. 基于 Docker 容器的巷道围岩监测系统部署

1) 硬件环境

本书搭建的巷道围岩安全状态监测云平台由 4 台服务器组成，详细配置信息如表 7-15 所示。

表 7-15　硬件环境

主机名	IP 地址	主要职责	配置(CPU、内存、硬盘)
Server1	192.168.99.165	数据采集	双核、4G、500G
Server2	192.168.99.166	提供服务	双核、4G、500G
Server3	192.168.99.167	数据存储	双核、4G、500G
Server4	192.168.99.168	数据存储	双核、4G、500G

2) 软件环境

巷道围岩安全状态监测云平台所需要的软件环境如表 7-16 所示。操作系统：CentOS；运行环境：Docker、JDK、Tomcat、Kafka、Zookeeper 等。

表 7-16　软件环境

软件名称	版本	作用
CentOS	CentOS-7-x64	提供操作系统环境支持
Tomcat	apache-tomcat-8.5.14	Web 应用服务器
Docker	Docker v1.10.0	虚拟化容器
JDK	jdk1.8.0_101	Java 应用运行环境
Kafka	kafka_2.11-0.10.0.1	解决不同服务间通信问题
Zookeeper	zookeeper-3.4.8	提供负载均衡支持
MySQL	mysql-community-5.6.23.0	数据库系统

3) 基于 Docker 的巷道围岩安全状态监测系统部署

基于光纤传感的巷道围岩安全状态监测系统经开发、测试完成后，使用打包工具分别打包为 CUMT-Gateway-1.0.jar、CUMT-Server-1.0.jar、CUMT-Restful-1.0.jar 三个工程包。使用 Docker 将前端页面、MySQL 数据库、工程包、Tomcat 服务器等封装起来，并创建 Docker File 部署文件，在云上进行部署。

使用 Docker 容器构建巷道围岩安全状态监测云平台的服务(图 7-24)，构建成功后启动服务即可查看服务运行状态(图 7-25)。

图 7-24　构建服务

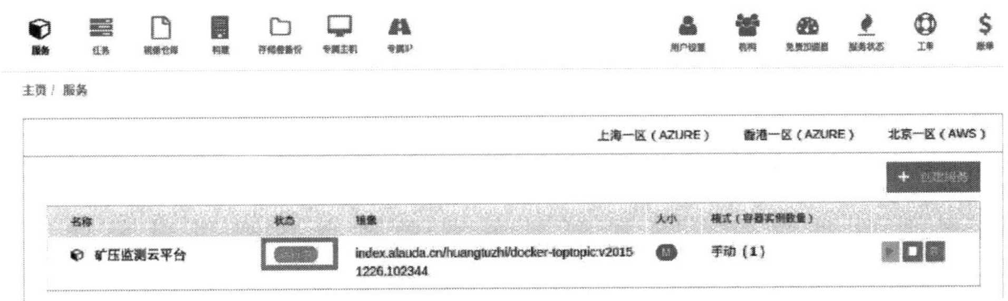

图 7-25　巷道围岩安全状态监测云平台运行状态

7.4.3　现场工程应用

1. 工程概况

1) 阳煤一矿矿井概况

阳泉煤业集团有限责任公司一矿(以下简称阳煤一矿)位于山西省阳泉市矿山北路，一矿井田与其他矿井相连，所在位置井田构造呈一单斜状，其走向为北西，倾向为南西。1956 年进行开采，是公司主要生产矿井，初期矿井生产能力为 240 万 t/a，主要开采煤层为 3 号、12 号、15 号。井田面积 83.6km^2，地质储量 10.6 亿吨，可采储量 6.4 亿吨。阳煤一矿地理位置如图 7-26 所示。

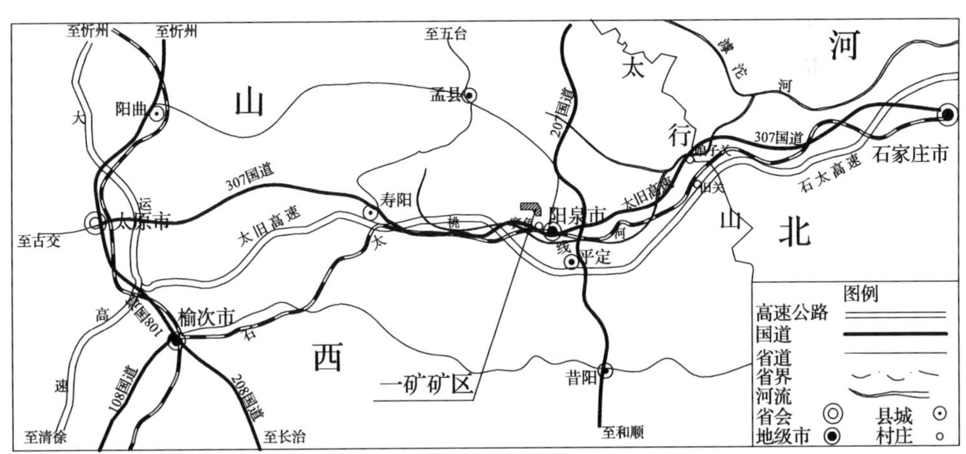

图 7-26　阳煤一矿地理位置

在井田内部存在断层、陷落柱，还有平缓的褶皱群，因此地质条件复杂多变，对于开采有一定困难和影响。因此在矿井开掘过程中要加强支护，遇到断层或者陷落柱要注意安全支护及顶板安全问题。

2) 阳煤一矿 81303 工作面概况

十三采区 81303 工作面位于北丈八井十三采区东翼的南部，十三采区 81302 工作面以东，81301 工作面以北，十三采区东部边界以西，十三采区 81305 工作面(未掘)以南。所掘巷道为 81303 工作面回风巷，布置在 15 号煤层中。81303 工作面回风巷总体长度为 2283m，总工程量为 2283m，巷道坡度最小 2°，最大 11°，平均 4°，巷道服务年限为 3 年。

阳煤一矿 81303 工作面回风巷构造呈现单斜构造状况，构造形态简单，整体状况呈现为东部高，西部低。煤层属于厚煤层，最厚达 7.80m，平均 7.05m 左右，地面标高 1123.0～1227.4m，井下标高 622.0～673.0m，局部地段成为次一级的向、背斜构造。煤层倾角大致在 2°～11°之间，一般为 4°左右。81303 工作面为十三采区第三个工作面，81303 工作面回风巷临近 81301 工作面(采空区)，该回风巷在掘进过程中由于地质条件影响矿压显现明显，故在掘进过程中要加强顶板与两帮管理。81303 工作面布置图如图 7-27 所示。

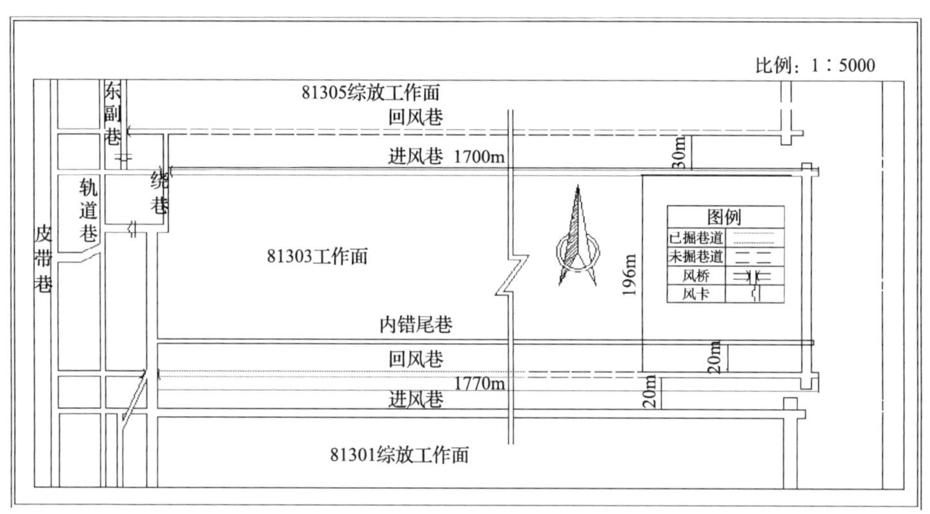

图 7-27　81303 工作面布置图

81303 工作面回风巷采用双锚支护，其形状开采为矩形。81303 工作面回风巷与十三采区轨道巷处为“十”字形交叉点。各交叉点均采用“锚索和槽钢”进行锁口维护。“十”字形交叉点锁口锚索呈“口”字形布置。锁口锚索必须覆盖全断面并向交叉点处的巷道两端各延伸不小于 5.0m。

交叉点前后 5.0m 范围内的巷道顶板采用缩小排距(不超 800mm)，或在原支护情况下每隔一排补打两根强度不低于原支护规格的锚索进行补强支护。前 30m 非采空侧永久支护，30m 以里采空侧永久支护：顶板采用联合支护，顶板破碎时顶板采用联合支护，前 30m 非采空侧巷帮支护为联合支护，30m 以里采用空侧巷帮支护为联合支护。81303 工作面回风巷断面支护图如图 7-28 所示。

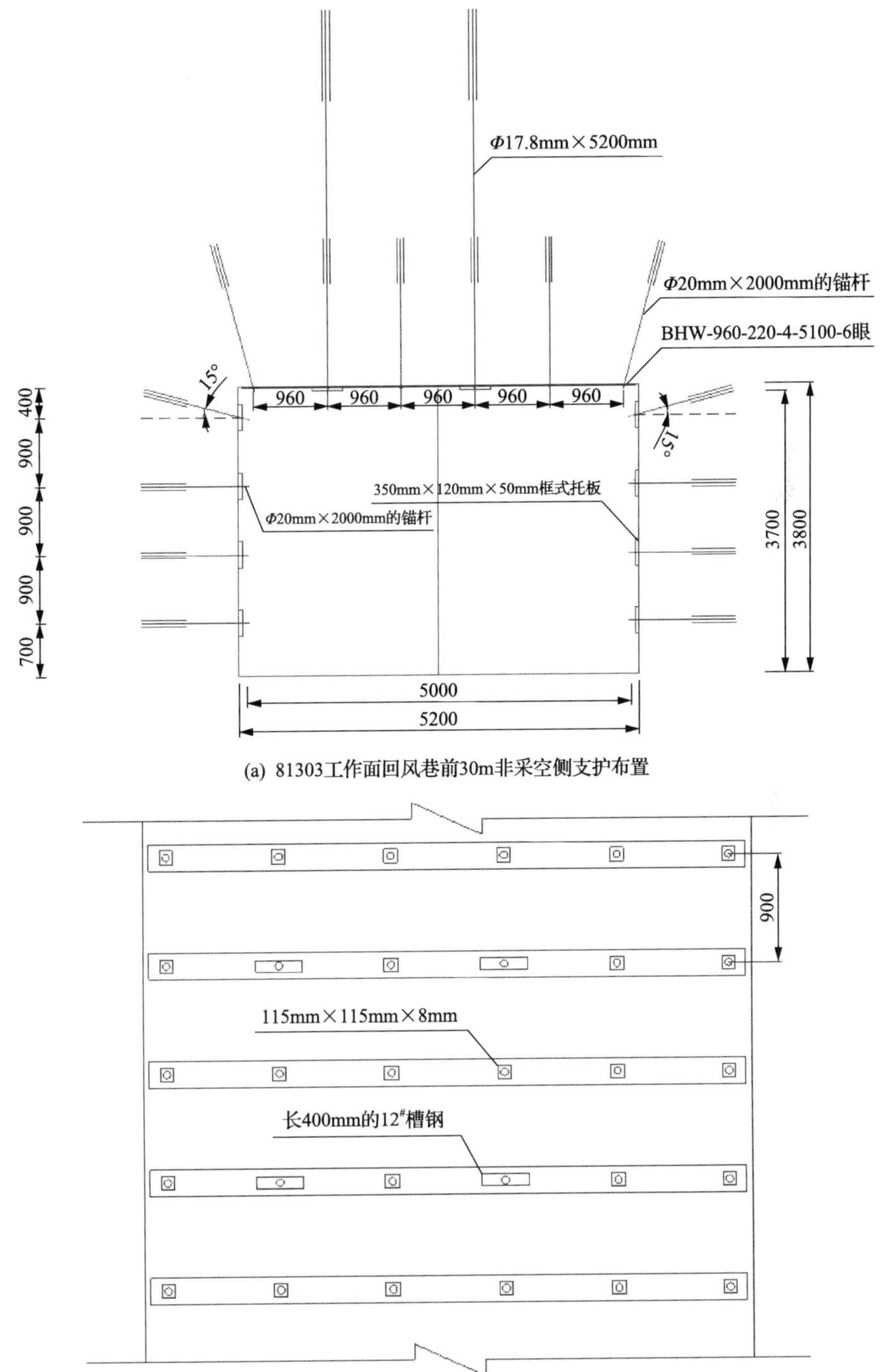

(a) 81303工作面回风巷前30m非采空侧支护布置

(b) 81303工作面回风巷前30m非采空侧顶板布置

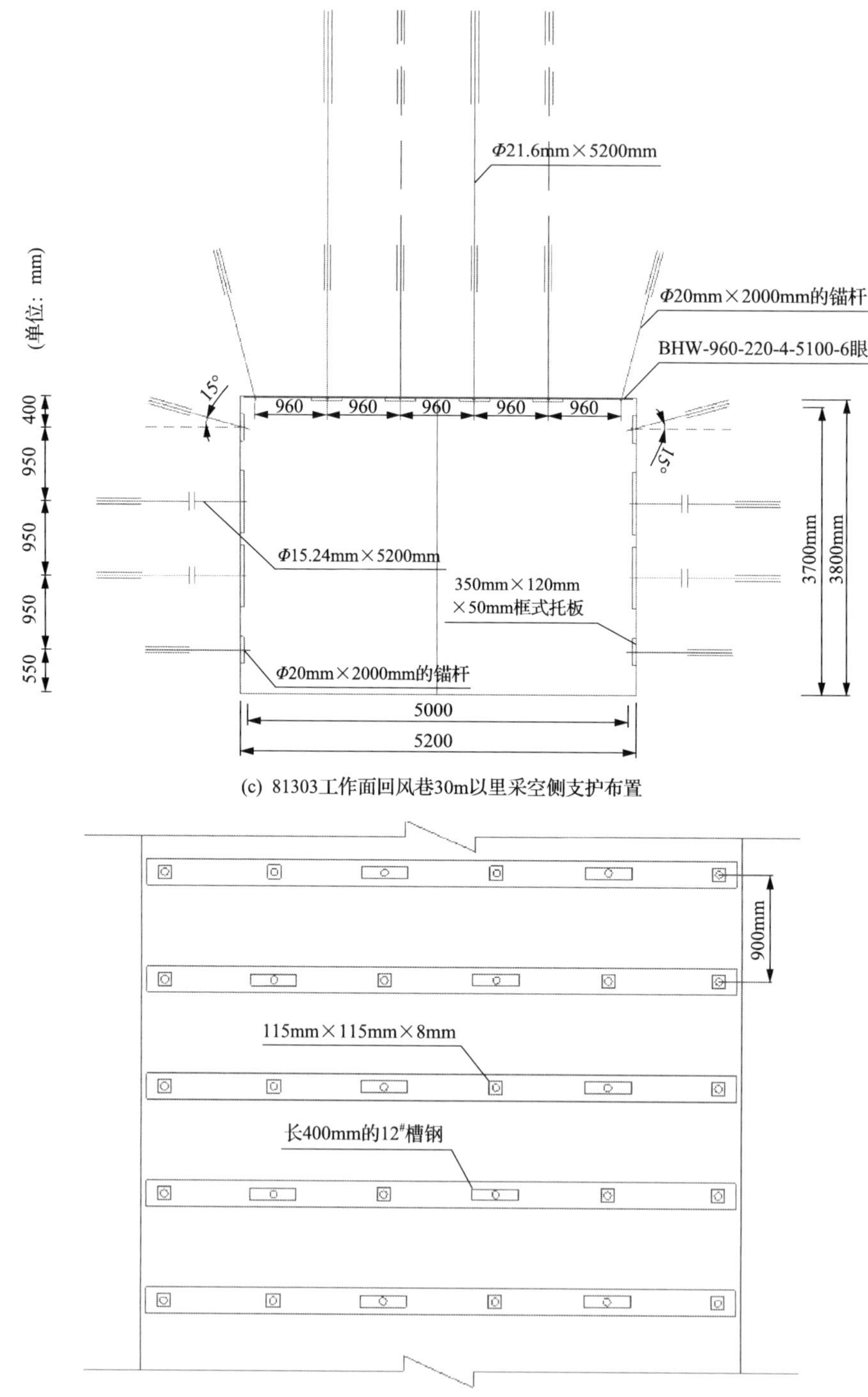

(c) 81303工作面回风巷30m以里采空侧支护布置

(d) 81303工作面回风巷30m以里采空侧顶板布置

图 7-28　81303 工作面回风巷断面支护图

2. 巷道围岩安全状态监测方案

1) 巷道围岩安全状态监测内容(表 7-17)

回采巷道围岩安全状态监测包括巷道顶板及两帮锚杆载荷监测、顶板离层监测、煤岩体应力监测、锚杆杆体应力分布特征监测等内容。采用新型的本质安全型的矿用光纤光栅采集传感器进行实时采集，对传感器采集到的数据进行实时检测及处理，对历史采集数据进行统计分析，生成报表文件。

表 7-17 监测内容

序号	监测内容	监测传感器
1	顶帮锚杆的受力大小	矿用光纤光栅锚杆(索)应力传感器
2	巷道顶板浅部及深部位移大小	矿用光纤光栅位移传感器
3	巷道煤帮的应力大小	矿用光纤光栅钻孔应力计
4	锚杆杆体的应力分布特征	矿用光纤光栅顶板应力传感器

2) 监测测站布置

通过对阳煤一矿 81303 工作面的煤层赋存特点、地质特征、巷道掘进计划、系统施工时间、光缆排线布置及掘进长度，结合井下工业以太环网的布置地点，最终确定将光纤光栅信号解调主机放在采区变电所，其中一矿采区变电所距 81303 工作面回风巷巷口 1000m。

在试验巷道内监测 300m 距离，在 300m 监测范围内布置 3 个综合测站(图 7-29)，每个综合测站包括一个锚杆(索)载荷监测断面、一个钻孔应力监测断

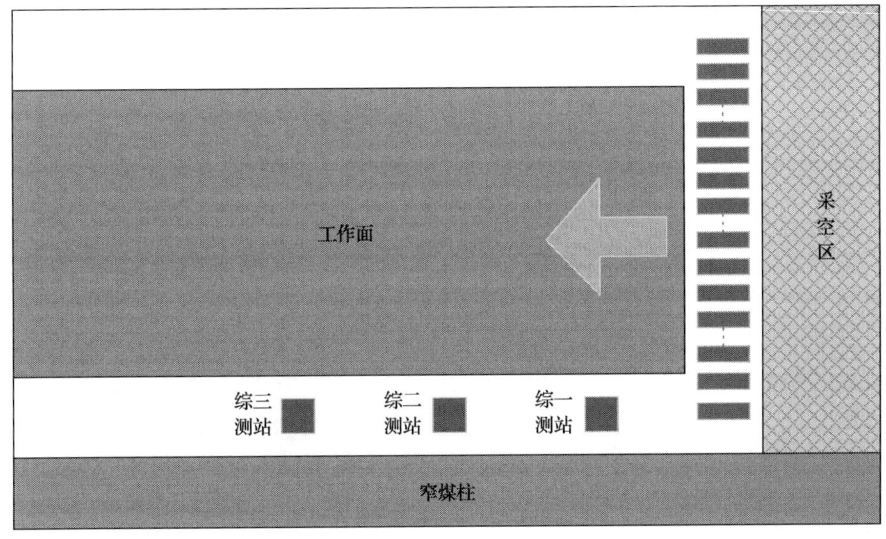

图 7-29 81303 工作面测站分布图

面、一个锚杆杆体应力分布特征监测断面，顶板离层监测在 300m 范围内每 50m 布置一个。

A. 顶帮锚杆受力监测

选择有代表性的锚杆索进行监测，能够反映支护断面各个位置的杆体受力状态，每个综合测站监测断面的锚杆测力计监测顶板 3 根锚杆和 2 根锚索，两帮各 1 根锚杆，共需要 7 个锚杆测力计，顶板和两帮锚杆测力计对称布置，3 个综合测站共布置 21 个钻孔应力计，锚杆受力监测布置图如图 7-30 所示。

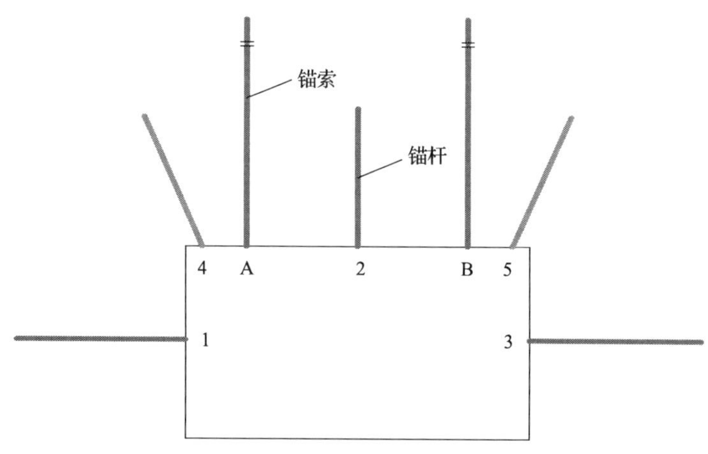

图 7-30　锚杆受力监测布置图

B. 顶板离层监测

顶板离层仪(图 7-31)在 81303 工作面回风巷监测段内，每隔 50m 布置一个，共布置 6 个顶板离层仪。离层仪安装深度为深部 6m、浅部 2m，监测顶板锚固区内和锚固区外顶板离层分布演化规律。巷道在开挖过程中以及开挖之后，围岩本身应力状态被破坏，顶板下沉出现不同程度的离层，针对顶板离层状况，不同深度的岩体离层的变化是不同的。这就导致了煤岩体的弹塑性变形、结构面(层理、节理、裂隙等)变形等，结构面变形是顶板离层变形中主要发生的部分，是导致顶板破坏的主要原因，因此通过顶板离层仪监测顶板不同深度离层状况对控制顶板、提前进行锚固具有重要意义。

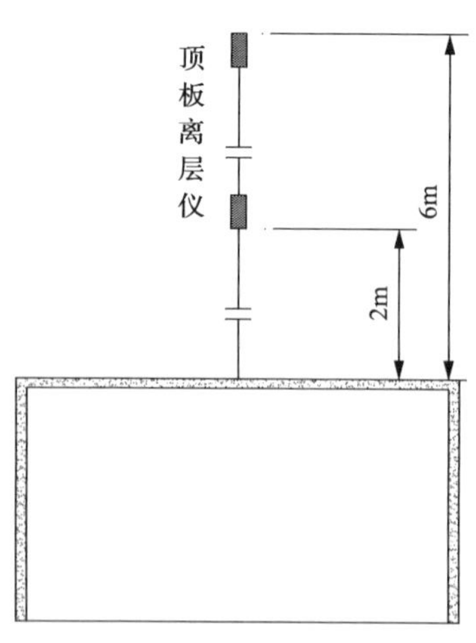

图 7-31　顶板离层仪监测布置图

C. 钻孔应力监测

81303 工作面回风巷监测钻孔应力，每个综合测站采空区侧及实体煤侧进行布置钻孔，采空区侧布置一个钻孔，实体煤侧布置三个钻孔，钻孔打孔位置在煤壁 1.5m 高度处，采空区侧钻孔深度为 4m，实体煤侧的钻孔深度分别为 1m、3m、5m，3 个综合测站共 12 个钻孔应力计，其布置如图 7-32 所示。在回采过程中，围岩应力不断发生变化。钻孔应力计监测的是回采过程中由于岩体扰动使钻孔内的应力计受到应力变化，钻孔应力计内光栅波长发生变化，从而监测围岩应变形态，分析巷道围岩塑性区的范围和高峰压力分布位置。

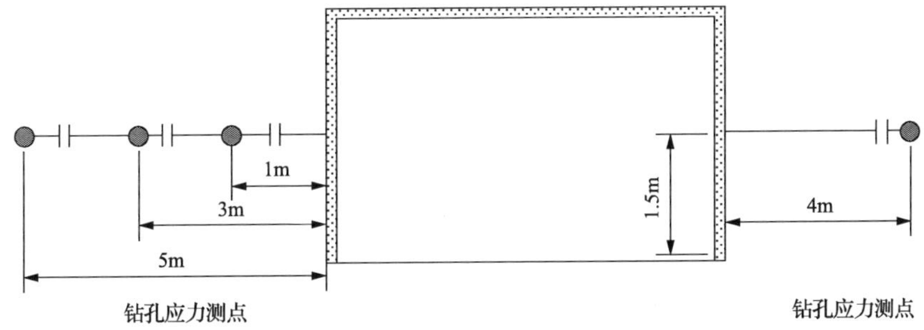

图 7-32　钻孔应力计监测布置图

D. 锚杆杆体应力分布监测

在 81303 工作面回风巷综合测站监测断面内的顶板和两帮各 1 根，共布置 3 根测力锚杆，3 个综合测站共布置 9 根测力锚杆，锚杆监测布置图如图 7-33 所示，安装高度距底板为 1.5m，顶板安装在回风巷正中间。锚杆杆体应力分布监测是光纤光栅矿山压力监测系统中必不可少的一部分，针对锚杆杆体应力分布监测可以监测锚杆轴向受拉时的应力大小，针对锚杆杆体某些点进行监测，整体分析锚杆受拉形态，在此基础上判断分析锚杆的屈服和破断情况，合理地预测顶板两帮岩体变形，采取合理支护方案，保证巷道支护安全。

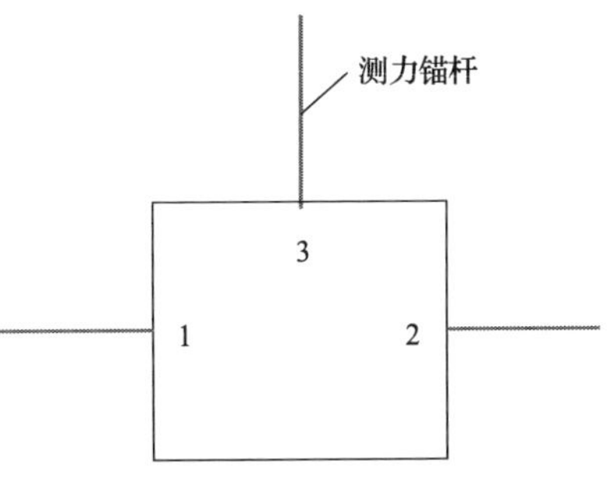

图 7-33　锚杆监测布置图

3) 光纤光栅解调仪布置

根据综合测站与传感器数量、每个传感器的光波长波动范围及光纤光栅信号解调主机每个通道的波长扫描范围，确定使用的通道数及每个通道可接传感器数量，光纤光栅信号解调主机的数据通道通过不同芯数的光缆进行各种光纤传感器连接及数据传输。考虑到现场施工的方便性及光缆重量，可将光缆按段进行设计和采购。

光纤光栅解调主机设置，解调主机为 16 通道，每通道波长扫描范围为 1525～1565nm，带宽 40nm，理论上最大可带 20 个传感器(纯应变)。阳煤一矿的巷道围岩安全状态监测系统配置相同，传感设备数量和类型一致，主要配置为：光纤光栅解调主机 1 台，光纤光栅钻孔应力计 12 个(光栅 12 个)，光纤光栅锚杆测力计 21 个(光栅 21 个)，光纤光栅测力锚杆 9 根(光栅 27 个)，光纤光栅顶板离层仪 6 个(光栅 12 个)，共光栅 72 个。

3. 巷道围岩安全状态监测云平台建设

根据企业实际情况，网络分为井上企业信息网及井下环网，其中企业信息网与 Internet 连接。井下环网经防火墙、网关、路由器与企业信息网连接，实现两个网络之间的数据通信，企业信息网接入互联网，并将应用服务器集群中的端口暴露在互联网中，供数据上传及远程客户端访问服务器。一矿企业网络结构如图 7-34 所示。

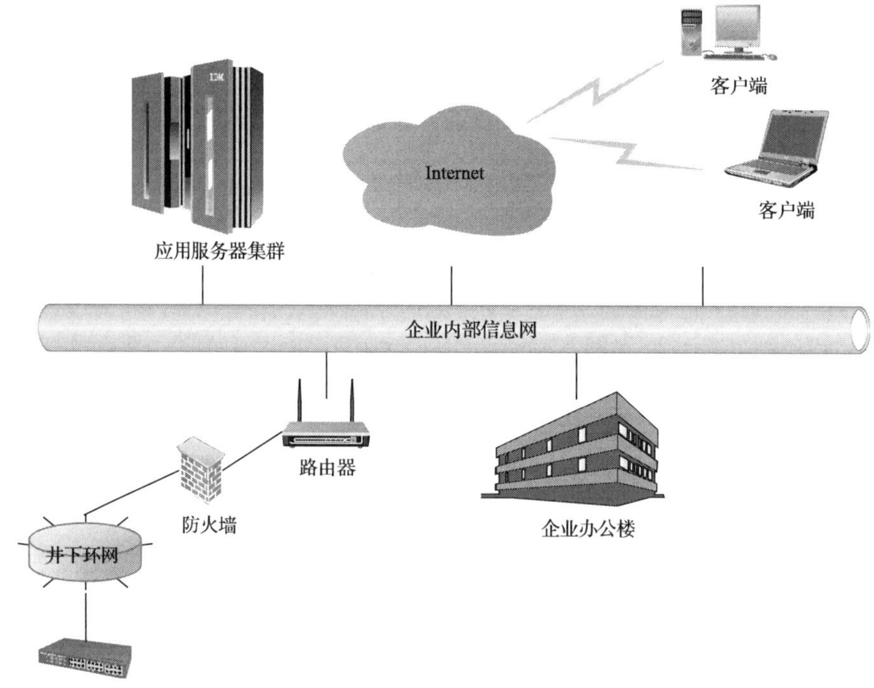

图 7-34　一矿企业网络结构图

系统开发完成经测试无误后，各个服务以独立应用的形式部署于不同的服务器环境中，采集服务器对外暴露统一的 IP 地址及端口，并通过 Haproxy、Keepalived 等工具进行负载均衡及主备双机备份，以保证整个系统的稳定和可靠。不同服务之间的数据通信使用 Kafka 消息队列集群并依赖于 Zookeeper 集群，见图 7-35。

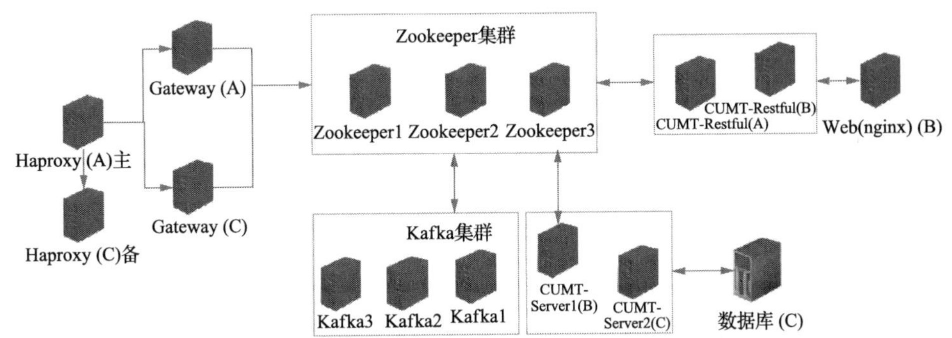

图 7-35　巷道围岩安全状态监测云平台部署架构图

4. 现场应用成果及分析

系统部署成功后，在煤矿企业生产工作人员及实验团队的配合下完成对光纤光栅采集传感器的安装，经光纤光栅解调仪配置采集传感器信息及转换公式等信息成功后，将解调仪通过网络接入信息平台中。通过信息平台对传感器各项参数进行配置，并启动采集调度任务，对数据进行实时采集。

信息平台登录界面如图 7-36 所示。

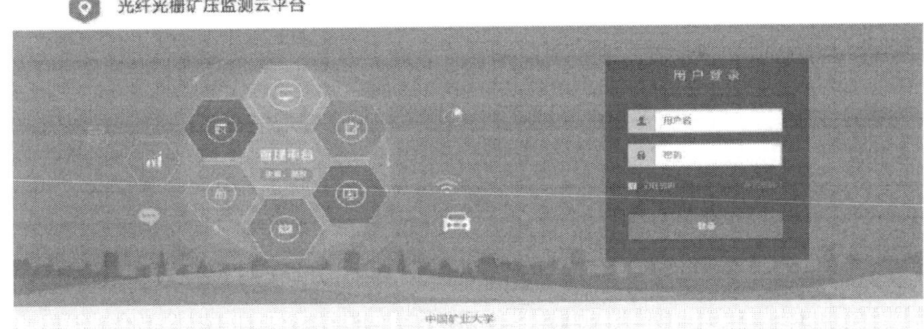

图 7-36　信息平台登录界面

系统管理员登录后默认跳转至管理界面，如图 7-37 所示，主要对系统中的传感器、调度任务等进行管理。

1) 巷道实时监测

实时监测主要是将光纤光栅采集传感器采集到的数据以图表的形式实时直观地展示在用户浏览器界面中。系统管理员登录后可以选择不同的企业进行监控，包括企业位置信息，并可以根据需要查看指定传感器的实时监测数据(图 7-38)。监测数据主要使用图表来展示，对于需要反映出变化情况的传感器数据，采用带有时间轴的图表控件，以时间线为横轴、以监测数据值为纵轴绘制监测图，展现矿压变化的趋势。

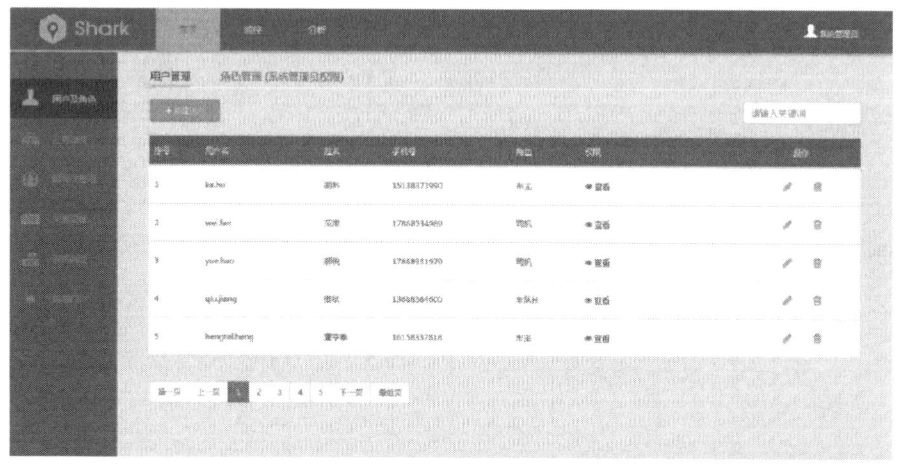

图 7-37　系统管理界面

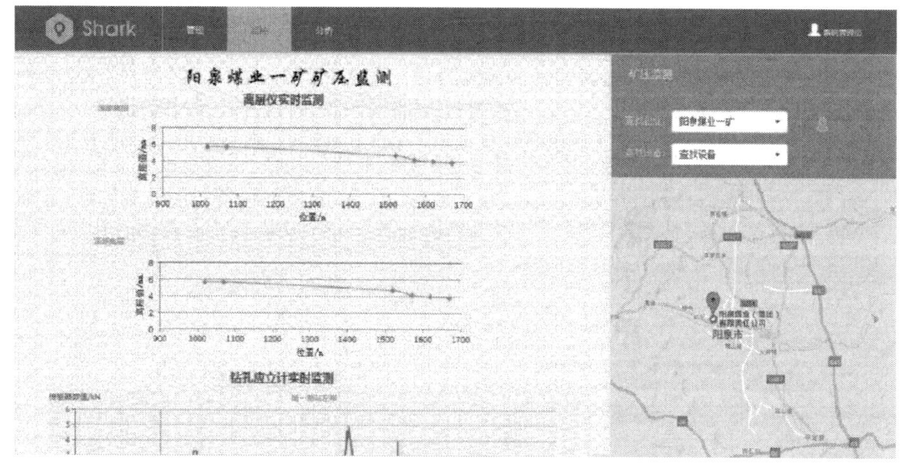

图 7-38　实时监控界面

2) 历史巷道围岩安全状态监测数据管理部分

在系统将采集传感器采集到的实时数据持久化至数据库后，可以根据需要查询历史数据，并将历史数据以图表的形式展示出来(图 7-39)。当选取指定传感器并选择相应的时间区间后，单击查询数据按钮，该传感器采集到的历史数据将以表格的形式显示在界面，并绘制该时间区间内的历史数据分布曲线图供用户保存。单击导出数据按钮后，指定时间区间内的数据将以 Excel 的形式导出，供用户下载。

3) 数据分析与预警

信息平台对采集传感器实时采集到的数据采用对应的专家指标进行分析、判断，当数据超过合理范围时，则产生告警信息并记录至数据库，工作人员可以对历史告警信息进行查看(图 7-40)。

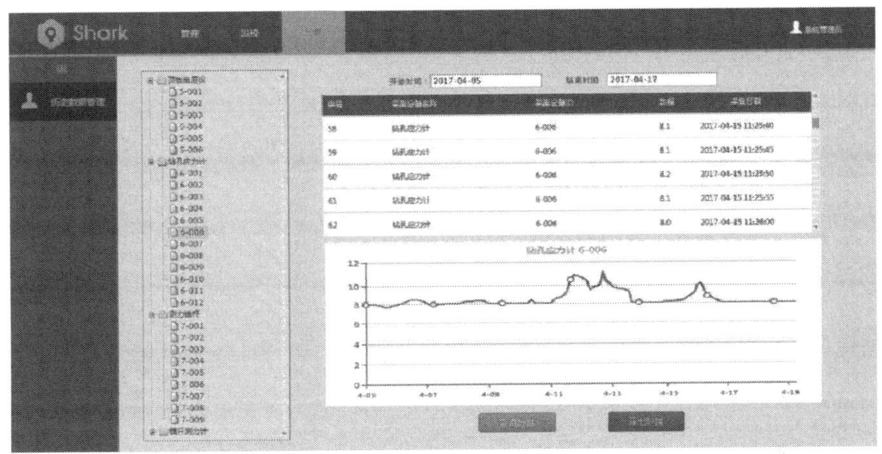

图 7-39　历史数据管理界面

批量操作　请输入关键词　搜索

	传感器	事件	采集值	采集日期	阈值	操作
☑	钻孔应力计6-003	应力超出最大值	14	2017-04-15 13:43:20	13	✔
☐	钻孔应力计6-003	应力超出最大值	14	2017-04-15 13:43:25	13	✔

上一页　1　下一页

图 7-40　告警信息界面

4) 采集传感器管理

对平台中的所有接入传感器进行管理，对已接入系统的光纤光栅传感矿压采集传感器的运行状态及有效性进行检测，及时发现故障传感器，方便相关工作人员对传感器进行维护，以保证传感器采集数据的连续性和可靠性，提供系统工作的稳定性，如图 7-41 所示。主要包括传感器编号、传感器安装位置、传感器有效性、传感器状态及数据采集方案等信息的更新操作，以及对传感器的删除操作。其中数据采集方案中指定了传感器采集数据的频率及周期等信息，用户单击修改按钮，即可弹出可更新传感器信息的模态框。

5) 巷道围岩安全状态监测报表

报表以图文的形式对巷道围岩安全状态监测情况进行说明，是在信息平台对巷道围岩安全状态监测历史数据进行整合计算后产生的 doc、pdf 等通用文档格式的报表。主要内容有：煤矿企业基本信息、监测巷道及综采工作面基本信息、顶板离层情况、围岩应力情况、锚杆支护情况、分析与建议等。以阳煤一矿的工业性实验监测报表为例对报表分析中的内容逐一进行介绍。

(1) 基本信息部分主要包含一矿的 81303 轨道巷的基本信息、回采巷道支护方案以及工作面基本信息。

序号	设备名	设备编号	设备安装位置	距离	有效性	运行状态	数据采集方案	操作
1	顶板离层仪	5-001	轨道巷：距起点50m	1720m	有效	正在运行	采集方案1	
2	顶板离层仪	5-002	轨道巷：距起点100m	1670m	有效	正在运行	采集方案1	
3	顶板离层仪	5-003	轨道巷：距起点150m	1570m	有效	正在运行	采集方案1	
4	顶板离层仪	5-004	轨道巷：距起点200m	1520m	有效	正在运行	采集方案1	
5	顶板离层仪	5-005	轨道巷：距起点250m	1470m	有效	正在运行	采集方案1	
6	顶板离层仪	5-006	轨道巷：距起点300m	1420m	有效	正在运行	采集方案1	

第一页 上一页 1 2 3 4 5 下一页 最后页

图 7-41　光纤光栅传感器管理界面

(2) 顶板离层情况部分主要反映巷道顶板离层情况，借助浅部离层曲线以及深部离层曲线的分布，可以对顶板离层情况做出直观的判断。

由顶板离层分布曲线(图 7-42)可知，沿巷道掘进方向上顶板离层变化量不大，离层值也较小，远远小于预警值，说明巷道掘进稳定及锚杆支护之后，巷道顶板处于比较稳定状态，没有发生较明显破坏。

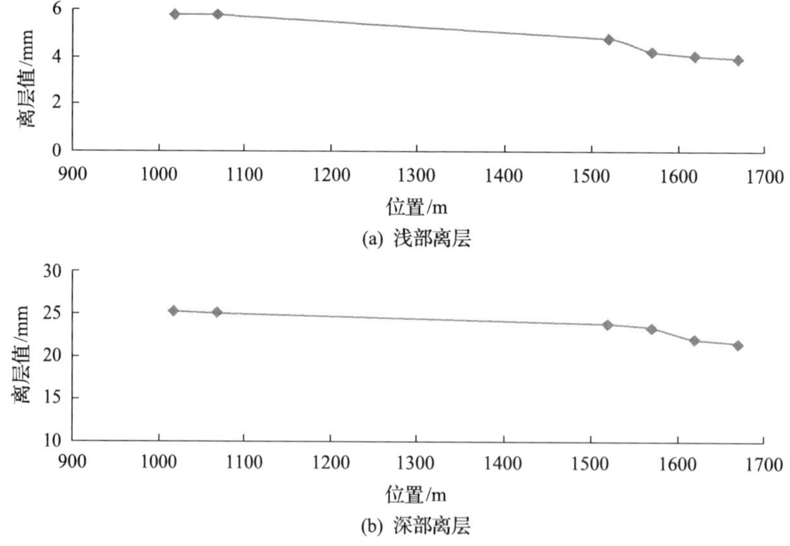

图 7-42　回采巷道顶板离层监测内容

(3) 回采巷道两帮围岩应力监测部分数据主要由光纤光栅钻孔应力计采集，根据其采集的数据绘制每个测站的两帮垂直应力分布图。

从数据图(图 7-43)可以看出：在距离巷道口 1630m 处，第一测站实体煤帮深度为 5m 的钻孔应力计应力最大，最大值为 24MPa；第一测站右帮窄煤柱中心深度为 4m 处的垂直应力最大，最大值为 16MPa。

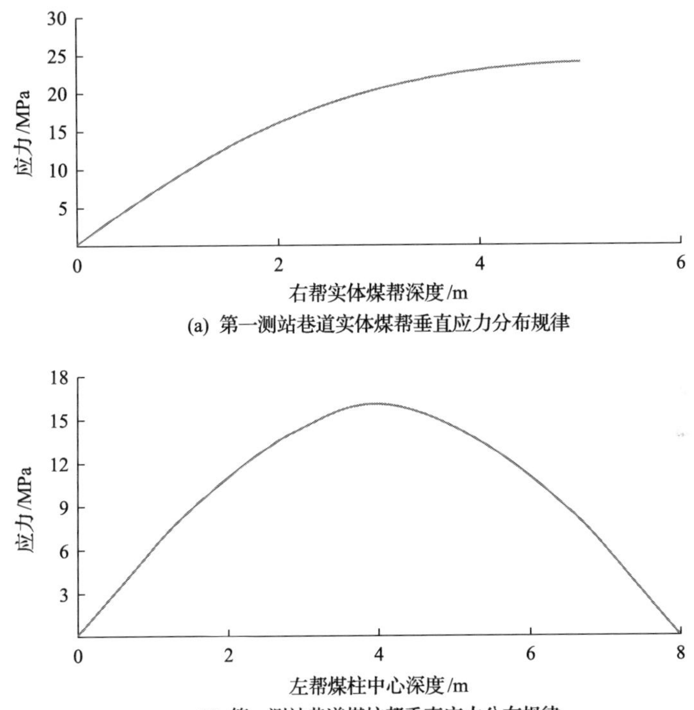

(a) 第一测站巷道实体煤帮垂直应力分布规律

(b) 第一测站巷道煤柱帮垂直应力分布规律

图 7-43　报表围岩应力监测内容

(4) 回采巷道锚杆支护监测部分数据主要由光纤光栅锚杆(索)测力计及测力锚杆传感器采集，根据时间区间绘制监测值分布曲线如图 7-44 所示。

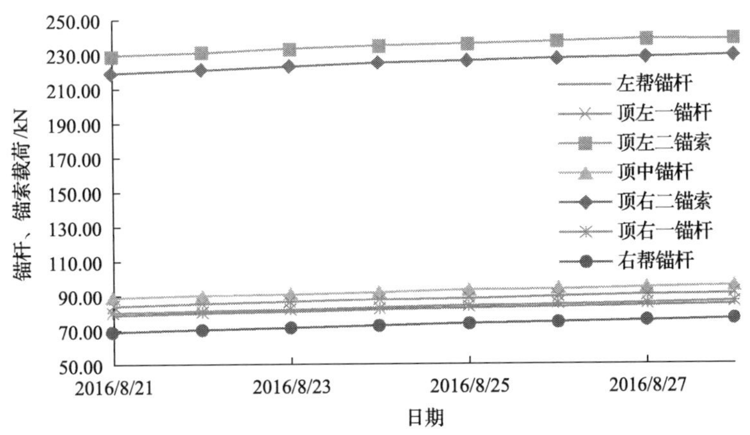

图 7-44　第一测站锚杆、锚索载荷变化曲线

根据第一测站锚杆(索)测力计监测数值大小及其随时间变化规律可知：顶板左右两根锚索所受载荷最大，远超锚杆载荷，达到218～238kN，锚杆载荷在70～95kN范围内，锚杆、锚索载荷随时间延长缓慢增加并逐渐趋向稳定，载荷值远小于屈服载荷，锚杆锚索处于安全范围内。

5. 工业性试验总结

基于光纤传感技术的巷道围岩安全状态监测云平台在阳煤一矿项目中进行了工业性试验，从监测结果来看符合矿压显现规律，表明光纤光栅矿压在线监测系统能够有效、可靠地监测巷道矿压。

通过光纤光栅传感器采集的顶板离层、锚杆载荷和锚杆杆体应力分布监测数据与现场监测数据的对比，发现两者监测的数据基本相符，验证了光纤传感巷道围岩安全状态监测云平台的可行性。结果表明：可以采用光纤光栅传感器对巷道围岩安全状态监测数据进行采集，进而通过云平台分析巷道支护安全程度；另外还可以将监测数据与安全指标进行比较，以判断巷道支护的合理性及锚杆支护参数的有效性。

6. 不足与需改进之处

虽然总体上完成了工业性实验的目标，但在巷道围岩安全状态监测云平台的设计及应用方面还存在一些不足之处，需要在今后的研究中不断改进。

(1)对于光纤光栅传感器的标定工作，需进一步加强，以提高传感器数据采集的精准度。

(2)对于巷道围岩安全状态监测方案，需要进一步优化，合理布置光缆，降低光波信号在传输过程中的衰减。

(3)当前只针对阳煤一矿的巷道围岩安全状态监测系统进行整合，难以发挥巷道围岩安全状态监测云平台的优势，在今后实践应用中需要整合寺家庄矿及其他矿的巷道围岩安全状态监测系统。对巷道围岩安全状态监测数据进行有效共享，利用大数据处理工具进行深入分析与挖掘，以充分发挥云平台的优势。

(4)对于巷道围岩安全状态监测云平台的数据存储的性能、可靠性和稳定性，需要进一步测试与优化。

参考文献

[1] BP 世界能源统计年鉴 2018 版[EB/OL]. (2018-7-30)[2019-11-13]. https://www.bp.com/zh_cn/china/home/news/reports/statistical-review-2019.html.

[2] 国家统计局. 2018 年国民经济和社会发展统计公报[EB/OL]. (2019-2-28)[2019-11-13]. http://www.stats.gov.cn/tjsj/zxfb/201902/t20190228_1651265.html.

[3] 陈炎光, 陆士良, 徐永圻, 等. 中国煤矿巷道围岩控制[M]. 徐州: 中国矿业大学出版社, 1994.

[4] 左建平, 史月, 刘德军, 等. 深部软岩巷道开槽卸压等效椭圆模型及模拟分析[J]. 中国矿业大学学报, 2019, 48(1): 1-11.

[5] 王雷, 王琦, 黄玉兵, 等. 深部高应力穿层巷道变形机制及支护技术研究[J]. 采矿与安全工程学报, 2019, 36(1): 112-121.

[6] 王金华. 我国煤巷锚杆支护技术的新发展[J]. 煤炭学报, 2007, (2): 113-118.

[7] 吴拥政, 康红普, 吴建星, 等. 矿用预应力钢棒支护成套技术开发及应用[J]. 岩石力学与工程学报, 2015, 34(S1): 3230-3237.

[8] 康红普, 林健, 杨景, 等. 松软破碎硐室群围岩应力分布及综合加固技术[J]. 岩土工程学报, 2011, 33(5): 808-814.

[9] 康红普, 林健, 杨景贺, 等. 松软破碎井筒综合加固技术研究与实践[J]. 采矿与安全工程学报, 2010, 27(4): 447-452.

[10] 康红普, 王金华, 林健, 等. 煤矿巷道锚杆支护应用实例分析[J]. 岩石力学与工程学报, 2010, 29(4): 649-664.

[11] 马鑫民, 雷尹嘉, 林天舒, 等. 大变形煤巷锚注支护一体化技术及应用[J]. 采矿与安全工程学报, 2017, 34(5): 940-947.

[12] 张妹珠, 江权, 王雪亮, 等. 破裂大理岩锚注加固试样的三轴压缩试验及加固机制分析[J]. 岩土力学, 2018, 39(10): 3651-3660.

[13] 方新秋, 薛广哲, 梁敏富, 等. 含水砂岩巷道破坏细观机理及锚注强化支护研究[J]. 中国矿业大学学报, 2014, 43(4): 561-568.

[14] 刘德军, 左建平, 郭淞, 等. 深部巷道钢管混凝土支架承载性能研究进展[J]. 中国矿业大学学报, 2018, 47(6): 1193-1211.

[15] Zhang W, He Z M, Zhang D S, et al. Surrounding rock deformation control of asymmetrical roadway in deep three-soft coal seam: A case study[J]. Journal of Geophysics and Engineering, 2018, 15(5): 1917-1928.

[16] Wang Q, Jiang B, Pan R, et al. Failure mechanism of surrounding rock with high stress and confined concrete support system[J]. International Journal of Rock Mechanics and Mining Sciences, 2018, 102: 89-100.

[17] Tao Z G, Zhu C, Zheng X H, et al. Failure mechanisms of soft rock roadways in steeply inclined layered rock formations[J]. Geomatics Natural Hazards and Risk, 2018, 9(1): 1186-1206.

[18] 侯朝炯. 煤巷锚杆支护[M]. 徐州: 中国矿业大学出版社, 1999.

[19] 康红普, 王金华. 煤巷锚杆支护理论与成套技术[M]. 北京: 煤炭工业出版社, 2007.

[20] Zhang K, Zhang G M, Hou R B, et al. Stress evolution in roadway rock bolts during mining in a fully mechanized longwall face, and an evaluation of rock bolt support design[J]. Rock Mechanics Rock Engineering, 2015, 48(1): 333-344.

[21] Hill K O, Fujii Y, Johnson D C, et al. Photosensitivity in optical fiber wave guide: Application to reflection fiber fabrication[J]. Applied Physics Letters, 1978, 32(10): 647-649.

[22] 李宏男, 李东升, 赵柏东. 光纤健康监测方法在土木工程中的研究与应用进展[J]. 地震工程与工程振动, 2002, (6): 76-83.

[23] Meltz G, Glenn W H, Morey W W. Formation of Bragg gratings in optical fibers by a transverse holographic method[J]. Optics Letters, 1989, 14(15): 823-825.

[24] Lemaire P, Siegler R S. Four aspects of strategic change: Contributions to children's learning of multiplication[J]. Journal of Experimental Psychology: General, 1993, 124(1): 83.

[25] Atkins S, Murphy K. Reflection: A review of the literature[J]. Journal of Advanced Nursing, 1993, 18(8): 1188-1192.

[26] Hill K O, Malo B, Bilodeau F, et al. Bragg gratings fabricated in monomode photosensitive optical fiber by UV exposure through a phase mask[J]. Applied Physics Letters, 1993, 62(10): 1035-1037.

[27] Jackson, Tanaka S, Takahashi N. Optical fiber vibration sensor using fbg fabry-perot interferometer with wavelength scanning and fourier analysis[J]. IEEE Sensors Journal, 1993, 12(1): 225-229.

[28] 刘浩吾. 混凝土面板堆石坝接缝止水的实验和分析[J]. 岩土工程学报, 1995, (5): 65-70.

[29] 杨建良, 郭照华. 光纤材料的研究进展[J]. 材料导报, 1997, (3): 6-7.

[30] 蔡德所, 戴会超, 蔡顺德, 等. 分布式光纤传感监测三峡大坝混凝土温度场试验研究[J]. 水利学报, 2003, (5): 88-91.

[31] 李宏男, 霍林生. Semi-active TLCD control of fixed offshore platforms using artifical neural networks[J]. China Ocean Engineering, 2003, (2): 274-279.

[32] 李宏男, 何晓宇, 霍林生. Seismic response control of offshore platform structures with shape memory alloy dampers[J]. China Ocean Engineering, 2005, (2): 185-194.

[33] 魏世明, 柴敬, 许力. 煤矿用光纤 Bragg 光栅火灾探测系统研究[J]. 工矿自动化, 2010, 36(5): 40-42.

[34] 张博明, 李嘉, 李煦. 混杂纤维复合材料最优纤维混杂比例及其应用研究进展[J]. 材料工程, 2014, (7): 107-112.

[35] 梁敏富, 方新秋, 陈宁宁, 等. 表贴式光纤光栅锚杆应变感知机理与应用研究[J]. 中国矿业大学学报, 2018, 47(6): 1243-1251.

[36] 梁敏富, 方新秋, 柏桦林, 等. 温补型光纤 Bragg 光栅压力传感器在锚杆支护质量监测中的应用[J]. 煤炭学报, 2017, 42(11): 2826-2833.

[37] 梁敏富, 方新秋, 薛广哲, 等. FBG 锚杆测力计研制及现场试验[J]. 采矿与安全工程学报, 2017, 34(3): 549-555.

[38] 方新秋, 梁敏富, 刑晓鹏, 等. 光纤光栅支架压力表的研制及性能测试[J]. 采矿与安全工程学报, 2018, 35(5): 945-952.

[39] 百度文库. 2019-2025 年中国光纤传感器市场竞争格局报告[EB/OL]. (2018-10-27)[2019-10-24]. https://wenku.baidu.com/view/ee72ca79492fb4daa58da0116c175f0e7cd119d3.html.

[40] 中共中央关于制定国民经济和社会发展十年规划和“八五”计划的建议[J]. 中华人民共和国国务院公报, 1991, (2): 37-65.

[41] 王家全, 陆梦梁, 周岳富, 等. 土工格栅纵横肋的筋土承载特性分析[J]. 岩土工程学报, 2018, 40(1): 186-193.

[42] 孙润生. 土工格栅在拓宽公路中加固效果及其应用技术研究[D]. 山东大学硕士学位论文, 2018.

[43] 王正方. 桥隧工程安全监测的光纤光栅传感理论及关键技术研究[D]. 山东大学博士学位论文, 2014.

[44] 徐春一, 逯彪, 余希. 玻纤格栅配筋砌块墙体抗震性能试验研究[J]. 工程力学, 2018, 35(S1): 126-133.

[45] 侯和涛, 马素, 王琦, 那个. 薄壁钢管混凝土拱架在隧道支护中的受力特性[J]. 中南大学学报(自然科学版), 2017, 48(5): 1316-1325.

[46] 谢月风. 某车型主动进气格栅优化设计[D]. 湖南大学硕士学位论文, 2018.
[47] 黄飞, 周健, 谢新华, 等. 百万机组塔式炉脱硝供氨系统优化设计应用研究[J]. 热能动力工程, 2018, 33(7): 95-99, 113.
[48] 李海亮, 李振林, 黄瑞泉, 等. 露天转地下开采边坡滑移产生地压灾害的预防与控制[J]. 中国矿山工程, 2016, 45(5): 16-21.
[49] 周立, 李桥龙, 陈晓华, 等. 北京槐房地埋式污水厂除臭通风一体化系统设计[J]. 中国给水排水, 2018, 34(16): 55-60.
[50] 周凤丽. 基于污水处理控制系统智能化技术应用[J]. 自动化与仪器仪表, 2018, (5): 190-194.
[51] 张季如, 唐保付. 锚杆荷载传递机理分析的双曲函数模型[J]. 岩土工程学报, 2002, 24(2): 188-192.
[52] 高永涛, 吴顺川, 孙金海, 等. 预应力锚杆锚固段应力分布规律及应用[J]. 北京科技大学学报, 2002, 24(4): 387-390.
[53] 顾金才, 沈俊, 陈安敏, 等. 预应力锚索加固机理与设计计算方法研究[C]//第八次全国岩石力学与工程学术大会. 中国成都, 2004.
[54] 刘建庄, 张农, 韩昌良, 等. 弹性拉拔中锚杆轴力和剪力分布力学计算[J]. 中国矿业大学学报, 2012, 41(3): 344-348.
[55] Phillips S. Factors affecting the design of anchorages in rock[R]. Cementation Research Ltd, London, 1970.
[56] 肖世国, 周德培. 非全长粘结型锚索锚固段长度的一种确定方法[J]. 岩石力学与工程学报, 2004, 9: 1530-1534.
[57] 蒋忠信. 拉力型锚索锚固段剪应力分布的高斯曲线模式[J]. 岩土工程学报, 2001, 24(6): 696-699.
[58] 邬爱清, 韩军, 罗超文, 等. 单孔复合型锚杆锚固体应力分布特征研究[J]. 岩石力学与工程学报, 2004, 23(2): 247-251.
[59] 尤春安. 全长粘结式锚杆的受力分析[J]. 岩石力学与工程学报, 2000, 19(3): 339-341.
[60] 尤春安. 锚固系统应力传递机理理论及应用研究[D]. 山东科技大学博士学位论文, 2004.
[61] 尤春安. 压力型锚索锚固段的受力分析[J]. 岩土工程学报, 2004, (6): 828-831.
[62] 赵同彬, 尹延春, 谭云亮, 等. 锚杆界面力学试验及剪应力传递规律细观模拟分析[J]. 采矿与安全工程学报, 2011, 28(2): 220-224.
[63] 李铀, 白世伟, 方昭茹, 等. 预应力锚索锚固体破坏与锚固力传递模式研究[J]. 岩土力学, 2003, 24(5): 686-690.
[64] 刘波, 李东阳, 段艳芳, 等. 锚杆-砂浆界面黏结滑移关系的试验研究与破坏过程解析[J]. 岩石力学与工程学报, 2011, 30(S1): 2790-2797.
[65] Ito F, Nakahara F, Kawano R, et al. Visualization of failure in a pull-out test of cable bolts using X-ray CT[J]. Construction and Building Materials, 2001, 15(5-6): 263-270.
[66] Spearing A, Mondal K, Bylapudi G, et al. The corrosion of rock anchors in US coal mines[C]//Proceedings of the SME Annual Meeting.Phoenix, 2010.
[67] 丁万涛, 刘金慧, 张乐文, 等. 不同锈蚀度时海底隧道锚固支护结构岩锚相互作用分析[J]. 中南大学学报(自然科学版), 2014, 45(5): 1642-1652.
[68] 肖玲, 李世民, 曾宪明, 等. 地下巷道支护锚杆腐蚀状况调查及力学性能测试[J]. 岩石力学与工程学报, 2008, 27(0z2): 3791-3797.
[69] 吴拥政, 康红普. 强力锚杆杆体尾部破断机理研究[J]. 煤炭学报, 2013, 38(9): 1537-1541.
[70] 康红普, 林健, 吴拥政, 等. 锚杆构件力学性能及匹配性[J]. 煤炭学报, 2015, 40(1): 11-23.
[71] Kang H, Wu Y, Gao F, et al. Fracture characteristics in rock bolts in underground coal mine roadways[J]. International Journal of Rock Mechanics and Mining Sciences, 2013, 62: 105-112.

[72] 肖同强，李怀珍，徐营，等. 深部构造应力区煤巷肩角锚杆破断机制及控制[J]. 岩土力学，2013，34(8)：2303-2308.

[73] 高德军，徐卫亚. 拉力型锚索极限承载力的解析解与试验研究[J]. 中南大学学报(自然科学版)，2010，41(1)：335-340.

[74] 何思明，王成华. 预应力锚索破坏特性及极限抗拔力研究[J]. 岩石力学与工程学报, 2004, 17: 2966-2971.

[75] Hsu S C, Chang C M. Pullout performance of vertical anchors in gravel formation[J]. Engineering Geology, 2007, 90(1-2): 17-29.

[76] 雒亿平，史盛，言志信，等. 抗拔荷载作用下锚固体与岩土体界面剪切作用[J]. 煤炭学报, 2015, 40(1): 58-64.

[77] 张发明，陈祖煜，刘宁，等. 岩体与锚固体间粘结强度的确定[J]. 岩土力学, 2001, 4: 470-473.

[78] 刘红军，李洪江. 基于能量法的锚杆失效模糊判别方法研究[J]. 岩土工程学报, 2013, 35(8): 1435-1441.

[79] Osgoui R R, Oreste P. Elasto-plastic analytical model for the design of grouted bolts in a Hoek-Brown medium[J]. International Journal for Numerical and Analytical Methods in Geomechanics, 2010, 34(16): 1651-1686.

[80] 何满潮，苏永华，孙晓明，等. 锚杆支护煤巷稳定性可靠度分析[J]. 岩石力学与工程学报, 2002, 12: 1810-1814.

[81] 韩建新，李术才，李树忱，等. 贯穿裂隙岩体锚固方向优化的模型研究[J]. 工程力学, 2012, 29(12): 163-169.

[82] 陶龙光，侯公羽. 超前锚杆预支护机理的力学模型研究[J]. 岩石力学与工程学报, 1996, 15(3): 51-58.

[83] 朱浮声，郑雨天. 全长粘结式锚杆的加固作用分析[J]. 岩石力学与工程学报, 1996, 15(4): 30-34.

[84] Muya M, He B, Wang J, et al. Effects of rock bolting on stress distribution around tunnel using the elastoplastic model[J]. Journal of China University of Geosciences, 2006, 17(4): 337-354.

[85] 康红普，姜铁明，高富强. 预应力锚杆支护参数的设计[J]. 煤炭学报, 2008, 33(7): 721-726.

[86] 康红普，姜铁明，高富强. 预应力在锚杆支护中的作用[J]. 煤炭学报, 2007, 32(7): 680-685.

[87] 张镇，康红普，王金华，等. 煤巷锚杆-锚索支护的预应力协调作用分析[J]. 煤炭学报, 2010, 35(6): 881-886.

[88] 张向阳，顾金才，沈俊，等. 全长黏结式锚索对软岩洞室的加固效应研究[J]. 岩土力学, 2006, 27(2): 294-298.

[89] 王继承，茅献彪，朱庆华，等. 综放沿空留巷顶板锚杆剪切变形分析与控制[J]. 岩石力学与工程学报，2006，25(1): 34-39.

[90] Indraratna B. Effect of bolts on failure modes near tunnel openings in soft rock[J]. Geotechnique, 1993, 43(3): 433-442.

[91] 侯朝炯，勾攀峰. 巷道锚杆支护围岩强度强化机理研究[J]. 岩石力学与工程学报, 2000, 19(3): 342-345.

[92] 杨苏杭，梁斌，顾金才，等. 锚固洞室抗爆模型试验锚索预应力变化特性研究[J]. 岩石力学与工程学报，2006，(S2): 3749-3756.

[93] 王飞虎. 地下洞室预应力锚杆支护机理及设计参数确定方法研究[D]. 西安理工大学硕士学位论文, 2001.

[94] 周辉，徐荣超，卢景景，等. 深埋隧洞板裂化围岩预应力锚杆锚固效应试验研究及机制分析[J]. 岩石力学与工程学报, 2015, 34(6): 1081-1090.

[95] 王东. 基于倾角补偿的矿用煤柱应力计[J]. 煤矿安全, 2016, 47(2): 109-112.

[96] 曹业永，张照发，和法友. 4401 工作面巷道冲击地压检测方法研究[J]. 山东煤炭科技, 2014,(11): 56-59.

[97] 李虎威，方新秋，梁敏富，等. 基于光纤光栅的围岩应力监测技术研究[J]. 工矿自动化, 2015, 41(11): 17-20.

[98] 周钢，李玉寿，张强，等. 陈四楼矿综采工作面采场应力监测及演化规律研究[J]. 煤炭学报，2016，41(5)：1087-1092.

[99] 任学坤，王恩元，李忠辉. 预制裂纹岩板破坏电位与电磁辐射特征的实验研究[J]. 中国矿业大学学报，2016，45(3): 440-446.

[100] 刘纪坤. 煤岩动力灾害电磁辐射信号特征研究[J]. 中国安全科学学报, 2015, 25(12): 105-110.

[101] 潘东伟. 冲击危险煤层超低频电磁辐射监测及响应规律研究[D]. 中国矿业大学硕士学位论文, 2014.

[102] 徐为民, 童芜生, 吴培稚. 岩石破裂过程中电磁辐射的实验研究[J]. 地球物理学报, 1985, (2): 181-190.

[103] 钱书清, 张以勤, 曹惠馨, 等. 岩石破裂时产生电磁脉冲的观测与研究[J]. 地震学报, 1986, (3): 301-308.

[104] 王春秋, 蒋邦友, 顾士坦, 等. 孤岛综放面冲击地压前兆信息识别及多参数预警研究[J]. 煤炭科学技术, 2014, 35(12): 3523-3529.

[105] 窦林名, 杨增强, 丁小敏, 等. 高压射流割煤技术在防治冲击地压中的应用[J]. 煤炭科学技术, 2013, 41(6): 10-13.

[106] 何学秋, 窦林名, 牟宗龙, 等. 煤岩冲击动力灾害连续监测预警理论与技术[J]. 煤炭学报, 2014, 39(8): 1485-1491.

[107] 蔡武, 窦林名, 李振雷, 等. 矿震震动波速度层析成像评估冲击危险的验证[J]. 地球物理学报, 2016, 59(1): 252-262.

[108] 孔令海. 煤矿采场围岩微震事件与支承压力分布关系[J]. 采矿与安全工程学报, 2014, 31(4): 525-531.

[109] 李楠, 王恩元, Maochen G E, 等. 微震震源定位可靠性综合评价模型[J]. 煤炭学报, 2013, 38(11): 1940-1946.

[110] 霍钰, 程永强. 数字摄影测量在煤矿巷道收敛检测中的应用[J]. 煤炭技术, 2016, 35(3): 257-259.

[111] 刘志刚, 曹安业, 井广成. 煤体卸压爆破参数正交试验优化设计研究[J]. 采矿与安全工程学报, 2018, 35(5): 931-939.

[112] 陈凡, 曹安业, 窦林名, 等. 基于区域划分与主控因素辨识的冲击危险性评价方法[J]. 煤炭学报, 2018, 43(3): 607-615.

[113] 荆洪迪, 李元辉, 张忠辉, 等. 基于三维激光扫描的岩体结构面信息提取[J]. 东北大学学报(自然科学版), 2015, 36(2): 280-283.

[114] 荆洪迪, 李元辉, 吴大伟. 一种新型巷道变形监测设备的结构及其应用[J]. 金属矿山, 2018, (7): 157-162.

[115] 冯春, 李世海, 郑炳旭, 等. 基于连续-非连续单元方法的露天矿三维台阶爆破全过程数值模拟[J]. 爆炸与冲击, 2019, 39(2): 110-120.

[116] 高悦, 刘风华, 苏永军, 等. 破碎带巷道稳定性数值模拟分析及变形监测[J]. 化工矿物与加工, 2018, 47(12): 37-40.

[117] 姜明. 高瓦斯矿井回采巷道收敛规律及支护参数优化研究[J]. 煤炭与化工, 2018, 41(11): 34-37.

[118] 赵海云, 侯朝炯, 张少华. 全长顶板离层仪的标定与特性分析[J]. 煤炭科学技术, 2003, (1): 21-23.

[119] 王云海. 顶板离层仪的工作原理及应用研究[J]. 煤炭与化工, 2013, (3): 100-101.

[120] 丁蛟腾. 基于悬臂梁结构的大量程光纤 Bragg 光栅位移传感器[D]. 武汉理工大学硕士学位论文, 2012.

[121] 苏鸣. 云计算技术发展展望[J]. 河南科技月刊, 2011, (18): 36.

[122] 牛升. 分布式文件系统的负载均衡策略研究[D]. 电子科技大学硕士学位论文, 2014.

[123] 吴畏. 面向云存储系统的副本策略研究[D]. 华中科技大学硕士学位论文, 2012.

[124] Martini B, Choo K K R. An integrated conceptual digital forensic framework for cloud computing[J]. Digital Investigation, 2012, 9(2): 71-80.

[125] Ryan M D. Cloud computing security: The scientific challenge, and a survey of solutions[J]. Journal of Systems & Software, 2013, 86(9): 2263-2268.

[126] 王永洲. 基于 HDFS 的存储技术的研究[D]. 南京邮电大学硕士学位论文, 2013.

[127] 梁兴辉. 云存储环境下数据副本技术研究[D]. 南京邮电大学硕士学位论文, 2013.

[128] 陈波. 基于 HDFS 的云计算动态副本策略研究[D]. 浙江理工大学硕士学位论文, 2015.

[129] Morsy R, Marzouk H, Haddara M, et al. Multi-channel random decrement smart sensing system for concrete bridge girders damage location identification[J]. Engineering Structures, 2017, 143(4): 69-76.

[130] 廖延彪, 苑立波, 田芊, 等. 中国光纤传感 40 年[J]. 光学学报, 2018, 38(3): 10-28.

[131] 饶春芳, 张华, 冯艳, 等. 镍金属保护光纤布拉格光栅的热处理及高温传感[J]. 光学精密工程, 2011, 19(9): 2006-13.

[132] Zhao Y, Zhang N, Si G, et al. A fiber Bragg grating-based monitoring system for roof safety control in underground coal mining[J]. Sensors, 2016, 16(10): 1759.

[133] Liang M, Fang X. Application of Fiber Bragg Grating Sensing Technology for Bolt Force Status Monitoring in Roadways[J]. Applied Sciences, 2018, 8(1): 107.

[134] Wu S P, Wei T, Huang J, et al. Modeling of coaxial cable Bragg grating by coupled mode theory[J]. IEEE Transactions of Microwave Theory Techniques, 2014, 62(10): 2251-2259.

[135] Liu P X, Xu D G, Yu H, et al. Coupled-mode theory for cherenkov-type guided-wave terahertz generation via cascaded difference frequency generation[J]. Journal Lightwave Technology, 2013, 31(15): 2508-2514.

[136] Hammer M. Hybrid Analytical/Numerical coupled-mode modeling of guided-wave devices[J]. Journal Lightwave Technology, 2007, 25(9): 2287-2298.

[137] Agrawal G P, Bobeck A H. Modeling of distributed feedback semiconductor lasers with axially-varying parameters[J]. IEEE Journal of Quantum Electronics, 1988, 24(12): 2407-2414.

[138] 尚韬, 舒学文, 刘德明, 等. 非均匀应变条件下的光纤光栅反射谱[J]. 华中理工大学学报, 2000, 28(9): 96-98.

[139] 杨国福. 横向非均匀应变作用下光纤光栅的特性分析[J]. 传感技术学报, 2007, 20(5): 1021-1024.

[140] 贾宝华, 盛秋琴, 冯丹琴, 等. 超结构光纤布拉格光栅的理论研究[J]. 中国激光, 2003, 30(3): 247-251.

[141] Kogelnik H. Filter response of nonuniform almost-periodic structures[J]. Bell System Technical Journal, 1976, 55(1): 109-126.

[142] 冯德军, 开桂云. 光纤布喇格光栅的多层膜分析方法[J]. 光通信技术, 1999, (4): 278-281.

[143] 韩群, 吕可诚, 李乙钢, 等. 改进的光纤光栅多层膜分析方法[J]. 光电子·激光, 2003, 14(1): 41-45.

[144] 孔伟金, 邵建达, 张伟丽, 等. 脉宽压缩光栅用的多层膜设计和性能分析[J]. 光学学报, 2005, 25(5): 701-706.

[145] Winick K A. Effective-index method and coupled-mode theory for almost-periodic waveguide gratings: A comparison[J]. Applied Optics, 1992, 31(6): 757-764.

[146] Peral E, Capmany J. Generalized Bloch wave analysis for fiber and waveguide gratings[J]. Journal of Lightwave Technology, 1997, 15(8): 1295-1302.

[147] Bouzid A, Abushagur M A G. Scattering analysis of slanted fiber gratings[J]. Applied Optics, 1997, 36(3): 558-562.

[148] 贾宏志. 光纤光栅传感器的理论与技术研究[D]. 中国科学院西安光学精密机械研究所博士学位论文, 2000.

[149] 陈根祥. 光波技术基础[M]. 北京: 中国铁道出版社, 2000.

[150] Yariv A. Coupled-mode theory for guided-wave optics[J]. IEEE Journal of Quantum Electronics, 1973, 9(9): 919-933.

[151] Erdogan T. Cladding-mode resonances in short- and long-period fiber grating filters: errata[J]. Journal of the Optical Society of America A, 2000, 17(11): 2113.

[152] 廖延彪, 金慧明. 光纤光学[M]. 北京: 清华大学出版社, 1992.

[153] 李宏男, 任亮. 结构健康监测光纤光栅传感技术[M]. 北京: 中国建筑工业出版社, 2008.

[154] 孟凡勇, 卢建中, 闫光, 等. 长啁啾光纤光栅分布式双参量传感特性研究[J]. 仪器仪表学报, 2017, 38(9): 2210-2216.

[155] 裴丽, 吴良英, 王建帅, 等. 啁啾相移光纤光栅分布式应变与应变点精确定位传感研究[J]. 物理学报, 2017, 66(7): 19-27.

[156] 林翔. 基于啁啾光纤光栅的波长解调仪研究[D]. 深圳大学硕士学位论文, 2017.

[157] Yamada M, Sakuda K. Analysis of almost-periodic distributed feedback slab waveguides via a fundamental matrix approach[J]. Applied Optics, 1987, 26(16): 3474.

[158] 恽斌峰, 吕昌贵, 王著元, 等. 非均匀应变场中光纤布拉格光栅的数值分析[J]. 光电子·激光, 2006, 17(2): 151-154.

[159] Peters K, Studer M, Botsis J, et al. Embedded optical fiber Bragg grating sensor in a nonuniform strain field: Measurements and simulations[J]. Experimental Mechanics, 2001, 41(1): 19-28.

[160] 杨爽. 基于等截面矩形悬臂梁光纤光栅传感器性能分析与研究[D]. 中国科学技术大学博士学位论文, 2018.

[161] 童峥嵘. 光纤光栅传感网络及解调技术的研究[D]. 南开大学博士学位论文, 2003.

[162] 孙丽. 光纤光栅传感技术与工程应用研究[D]. 大连理工大学博士学位论文, 2006.

[163] 刘兴国. 基于光纤光栅传感技术的围岩三维应力监测方法研究[D]. 中国矿业大学硕士学位论文, 2018.

[164] Han Y R, Suh H S. A Fiber ring laser dilatometer for measuring thermal expansion coefficient of ultralow expansion material[J]. IEEE Photonics Technology Letters, 2007, 19(24): 1943-1945.

[165] 温昌金, 李玉龙, 王裕波. 金属化光纤光栅高温失效及其光谱特性[J]. 激光与红外, 2016, 46(4): 481-485.

[166] 南秋明, 吴皓莹, 李盛. 一种光纤光栅振动传感器的金属化封装方法[J]. 焊接学报, 2016, 37(2): 17-20, 129-130.

[167] 丁旭东, 张钰民, 夏嘉斌, 等. 金属化封装光纤光栅传感器超低温特性研究[J]. 激光与红外, 2017, 47(6): 773-777.

[168] 江建锋. 金属化长周期光纤光栅传感机理建模及强度波分复用[D]. 南昌大学硕士学位论文, 2018.

[169] 崔庆波. 光纤布拉格光栅传感器超声波焊接封装及其热压传感特性[D]. 南昌大学硕士学位论文, 2017.

[170] 姜明月. FBG 温度增敏传感器及其监测系统软件设计[D]. 山东大学硕士学位论文, 2017.

[171] 张飞翔. 光纤 Bragg 光栅表面化学镀铜工艺及温度特性研究[D]. 西南科技大学硕士学位论文, 2015.

[172] Li Y, Hua Z, Yan F, et al. Metal coating of fiber Bragg grating and the temperature sensing character after metallization[J]. Optical Fiber Technology, 2009, 15(4): 391-397.

[173] 王楚虹. 基片式光纤光栅应变传感器金属化封装的关键技术[D]. 重庆大学硕士学位论文, 2017.

[174] 徐芝纶. 弹性力学[M]. 北京: 高等教育出版社, 2006.

[175] 刘单. 振弦式传感器工程应用研究[D]. 河北工业大学硕士学位论文, 2014.

[176] 张海荣, 索永录. 大采高开采扰动区煤岩应力分布特征[J]. 煤矿安全, 2014, 45(4): 187-190.

[177] 冉新涛, 马少平, 李西柳, 等. 光纤光栅压力传感器的理论建模及实验研究[J]. 应用光学, 2014, 35(5): 873-879.

[178] 宋广东, 孟祥军, 宫志杰, 等. 基于薄壁圆筒结构的光纤光栅瓦斯压力传感器[J]. 山东科学, 2015, 28(1): 51-55.

[179] 李丽君, 张旭, 唐斌, 等. 一种微型光纤光栅矿压传感器[J]. 煤炭学报, 2013, 38(11): 2084-2088.

[180] 李芳民. 工程机械液压及液力传动[M]. 北京: 人民交通出版社, 2006.

[181] 梁敏富, 方新秋, 薛广哲, 等. 光纤光栅测力锚杆的标定试验[J]. 煤矿安全, 2015, 46(1): 44-46

[182] 王玉田, 郑龙江, 张颖, 等. 光纤传感技术及应用[M]. 北京: 北京航空航天大学出版社, 2000.

[183] 周智, 赵雪峰, 武湛君, 等. 光纤光栅毛细钢管封装工艺及其传感特性研究[J]. 中国激光, 2002(12): 1089-1092.

[184] 张金涛, 刘士奎, 刘盛春, 等. 光纤光栅金属基片式封装结构及其温度传感特性研究[J]. 传感器世界, 2005, 11(4): 19-21.

[185] 胡志新, 王震武, 马云宾, 等. 温度补偿式光纤光栅土压力传感器[J]. 应用光学, 2010, 31(1): 110-113.

[186] He J P, Zhou Z, Ou J P. Simultaneous measurement of strain and temperature using a hybrid local and distributed optical fiber sensing system[J]. Measurement, 2014, 47: 698-706.

[187] 刘人怀. 精密仪器仪表弹性元件的设计原理[M]. 广州: 暨南大学出版社, 2006: 235-281.

[188] 文庆珍, 朱金华, 李桂年, 等. 光纤光栅压力传感器的增敏结构设计与实验研究[J]. 武汉大学学报(理学版), 2012, 58(5): 411-415.

[189] 王丹. 光纤光栅压力与温度双参量传感器的研究[D]. 哈尔滨工业大学硕士学位论文, 2006.

[190] 关柏鸥, 刘志国, 开桂云, 等. 基于悬臂梁结构的光纤光栅位移传感器研究[J]. 光子学报, 1999, 28(11): 983-985.

[191] 刘鸿文. 材料力学 I[M]. 北京: 高等教育出版社, 2017.

[192] 丁威. FBG 传感器在矿压监测系统中的实现[D]. 西安科技大学硕士学位论文, 2014.

[193] 柴敬, 兰曙光, 李继平, 等. 光纤 Bragg 光栅锚杆应力应变监测系统[J]. 西安科技大学学报, 2005, 25(1): 1-4.

[194] 弥旭锋. 基于光纤 Bragg 光栅传感技术的锚杆应力分布规律研究[D]. 西安科技大学硕士学位论文, 2013.

[195] 尹进, 黄俊斌, 李文锋, 等. 光纤光栅传感解调软件系统[J]. 湖北工学院学报, 2003, 18(2): 51-52.

[196] 王晓东, 王真之, 叶庆卫, 等. 光纤光栅传感系统数据采集与处理技术[J]. 仪表技术与传感器, 2008, 5: 47-48.

[197] 李霞. MVC 设计模式的原理与实现[D]. 吉林大学硕士学位论文, 2004.